José Carlos Vilar Amigo

Instrumentação para Automação Industrial

Parte 1

Editora Ciência Moderna

Editor: Paulo André P. Marques
Produção Editorial: Dilene Sandes Pessanha
Capa: Daniel Jara
Diagramação: Daniel Jara
Copidesque: Equipe Ciência Moderna

FICHA CATALOGRAFICA

AMIGO, José Carlos Vilar.

Instrumentação para Automação Industrial - Parte 1

Rio de Janeiro: Editora Ciência Moderna Ltda., 2023.

1. Automação Industrial
I — Título

ISBN: 978-65-5842-233-4 CDD 338.4

Editora Ciência Moderna Ltda.
R. Alice Figueiredo, 46 – Riachuelo
Rio de Janeiro, RJ – Brasil CEP: 20.950-150
Tel: (21) 2201-6662/ Fax: (21) 2201-6896
E-MAIL: LCM@LCM.COM.BR
WWW.LCM.COM.BR

01/23

SUMÁRIO

Conteúdo do Volume 2

Apresentação

A pertinência e o propósito deste trabalho

A automação no seu sentido amplo permeia toda a sociedade desde os aparelhos de uso diário, como utensílios domésticos, até complexos sistemas de satélites. Todas as modalidades de engenharia, e mesmo muitas que não são de engenharia, como administração, geologia, logística e medicina, lidam com sistemas de automação. É comum também em temas que versem sobre automação, a referência à indústria 4.0, que é hoje o paradigma da automação dos processos produtivos.

Pela pertinência e abrangência do tema automação, os cursos voltados para a formação de profissionais que irão atuar nas indústrias devem destinar algumas horas em seus currículos para discuti-lo. Este termo, no entanto, remonta a uma enorme quantidade de entendimentos e complementos. Assim, quem trabalha em robótica ou em controle de processos ou com sistemas pneumáticos ou lida com instrumentos de medição ou sistemas digitais de supervisão e controle de processos industriais, pode dizer que trabalha com automação. Dentro do termo ainda se pode referenciar áreas de aplicação como industrial, predial, de escritórios e residencial, dentre outras.

Devido à necessidade de um entendimento mais claro sobre os conceitos e as tecnologias básicas utilizadas em automação industrial, e com foco na instrumentação que é utilizada para obter dados e controlar sistemas fabris voltados para a produção, ou seja, para o chão de fábrica, para a área industrial em si, e pela percepção da falta de um material adequado que sirva de consulta e referência didática para alunos, professores e profissionais interessados em ter um entendimento básico sobre o tema é que desenvolvemos este trabalho. Sua proposta, portanto, é servir de material didático para ser utilizado em cursos de engenharia ou outros que exijam conhecimentos básicos de automação industrial e mais de perto, da instrumentação utilizada para este fim. Seu principal propósito é ajudar o leitor a formar conceitos relacionados à automação, instrumentação e controle, bem como a ter um entendimento básico de como funcionam os sistemas de instrumentação, das tecnologias utilizadas na medição e na coleta de dados de campo, e de como atuam os dispositivos de controle.

Sobre a estruturação do trabalho

De forma a atender ao seu propósito o trabalho foi dividido em duas partes: a primeira parte (volume 1) trata dos conceitos envolvidos na automação industrial. Pode-se dizer que são conceitos que permanecerão válidos por um longo período de tempo, pois se mantêm atuais independentemente da evolução da tecnologia utilizada na construção dos instrumentos como a pneumática, a eletrônica analógica ou digital e mesmo dos equipamentos utilizados para controle dos processos. Assim, no item 1.1 são tratados os conceitos de monitoração, controle e proteção e como a instrumentação viabiliza a implantação destes conceitos na indústria; apresenta também o conceito de indústria de processamento contínuo e de processamento discreto e os termos envolvidos no controle de cada um destes tipos de indústrias; no item 1.2 é apresentada a evolução do conceito de automação partindo dos instrumentos pneumáticos dedicados, avançando para a discussão sobre a pirâmide de automação e indo até o conceito da indústria 4.0 e dos princípios de projeto e fatores tecnológicos que levam à implantação deste modelo de indústria; no item 1.3 são apresentados o que chamamos de *funções básicas dos sistemas de instrumentação*, ou seja, são apresentadas as funções executadas por eles e os componentes mais comuns que entram na constituição dos sistemas de instrumentação voltados para monitoração, controle e proteção, como os transmissores, chaves, alarmes, indicadores, registradores, controladores, conversores de sinais e outros; no item 1.4 é discutido com mais profundidade o conceito, a terminologia e a filosofia básica envolvida no controle de variáveis de processo; no 1.5 discute-se, da mesma forma, os conceitos e a filosofia dos instrumentos envolvidos nos chamados controles lógicos, mais afetos à área de manufatura; finalmente no item 1.6, a simbologia encontrada na maioria dos documentos voltados para a implantação dos sistemas de automação industrial é olhada nos seus aspectos mais importantes.

A segunda parte do livro (volume 2) trata dos dispositivos de campo utilizados no sensoriamento, captura dos dados e atuação no processo. Esta parte do livro é voltada para uma discussão mais técnica. De forma a subsidiar e permitir a compreensão dos termos que serão utilizados para os sensores e medidores, o item 2.1 define transdutores, sensores e medidores e apresenta um sumário dos termos que são utilizados para explicitar as características aplicativas destes; nos itens de 2.2 a 2.9 são apresentados os instrumentos mais utilizados para as medições das variáveis de processo comumente encontradas nos processos industriais, sendo o item 2.2 central, pois trata dos chamados transdutores, que são dispositivos utilizados em diversos instrumentos para medição das diferentes variáveis de processo e que, portanto, serão referenciados nos demais itens que tratam de medição. O item 2.9 é também direcionado para uma abordagem específica, uma vez que, embora trate dos sensores já tratados nos itens anteriores, olha mais de perto os micro e nano sensores, provocando uma reflexão sobre sua utilização e avanço destes em substituição aos sensores e medidores convencionais.

No item 2.10 são discutidos os dispositivos de identificação e captura de dados, como os QR codes e os RFIDs, de uso cada vez maior para identificação e localização de materiais, estoques e mesmo pessoas, na automação industrial. Finalizando o livro, são descritos e olhados mais de perto os elementos finais do tipo válvula de controle. Este item aprofunda a abordagem iniciada no item 1.3, no item que trata da "função manipulação de variáveis de processo".

Particularidades do livro

Este trabalho, de forma diferente de outros que discutem o tema instrumentação, privilegiou mais de perto o funcionamento dos sistemas de instrumentação, seus objetivos e suas aplicações, evitando discutir detalhes construtivos voltados para a tecnologia que os permite funcionar. Neste sentido, procurou-se também dar ao trabalho uma visão prática, assentando as explicações em exemplos simplificados do cotidiano industrial.

Outro norteador que também dá a este livro um tom original é a abordagem direcionada para a automação industrial independentemente da indústria em consideração ser do tipo usualmente chamado "de processamento contínuo" ou do tipo "processamento discreto (manufatura)". Embora as diferenças em relação a elas existam, as similaridades no campo da automação e instrumentação são maiores. Desta forma procurou-se trabalhar mais em temas situados na interseção dessas indústrias do que nos temas dominantes em uma ou outra. Dentro desta orientação, discutimos os sensores e medidores que se aplicam aos dois tipos de processos industriais, sem deixarmos, porém, de discutir os conceitos de controle de variáveis de processo, mais afeto às indústrias de processamento contínuo, e o de controle lógico, mais afeto às manufaturas. Apresentamos também uma parte dedicada aos dispositivos de informação e captura de dados, de uso mais intensivo nas indústrias de manufatura, mas não exclusivo destas.

Com o objetivo de darmos uma visão didática dos sistemas de instrumentação o livro foi estruturado partindo da visão geral dos sistemas de automação e controle, tratados na primeira parte do livro (volume 1), para os sensores e medidores, objeto da segunda parte (volume 2). Procurou-se ainda neste livro destacar o essencial para o entendimento do funcionamento e aplicação dos sistemas de instrumentação e controle, fugindo tanto quanto possível das deduções matemáticas e dos detalhes nas teorias físicas que regulam seus funcionamentos, indo até o nível de física necessário à compreensão dos princípios que os regem.

De forma a ser um suporte didático e facilitar a aplicação deste trabalho em cursos de formação, ao final de cada item foram inseridas as denominadas "*Questões de síntese do conteúdo*". Estas questões têm por objetivo sublinhar os aspectos mais importantes de cada item levando o leitor a focar neles, servindo para o professor avaliar a absorção pelos alunos dos conceitos, termos e conhecimentos discutidos em cada item e para autoavaliação dos alunos.

Público-alvo

Este trabalho foi escrito pensando naqueles que estão se iniciando no estudo da instrumentação industrial e desejam entender a linguagem utilizada pelos técnicos desta área, compreender, de forma geral, como funcionam os sistemas de instrumentação e conhecer as tecnologias de instrumentação industrial de uso mais corrente em automação. Embora a tecnologia da área da automação como um todo, e da instrumentação como uma das suas sub áreas, evolua junto com os avanços da física, da informática, da ciência de computação, da área de materiais e outras, os conceitos chaves e conhecimentos básicos envolvidos nas aplicações dos instrumentos vêm se mantendo e podem ser facilmente entendidos por profissionais não voltados especificamente para a automação.

Um engenheiro ou técnico qualificado ou profissional de qualquer outra área de conhecimento que pretenda trabalhar em projetos, manutenção e operação de indústrias, sejam elas de processamento contínuo ou discreto, independentemente da especialidade em que trabalhe (mecânica, elétrica, produção e outras) não pode prescindir dos conceitos básicos da área de automação e, dentre os conhecimentos abrangidos por esta área, os de instrumentação e controle industrial.

Assim, este trabalho é dedicado àqueles que por força da formação ou por força das demandas de trabalho necessitam se iniciar no tema automação, objetivando fornece-lhes os conceitos chaves e os conhecimentos básicos dos instrumentos e sistemas de instrumentação. São direcionados principalmente para um elenco de leitores no qual se incluem os alunos de cursos técnicos e de engenharia das várias especialidades como química, mecânica, elétrica, naval, aeronáutica e nuclear, dentre outras, e que têm a disciplina de Automação/Instrumentação dentre as de seu currículo. Foi elaborado também pensando naqueles que ensinam automação, instrumentação e controle nas instituições de formação profissional.

Adicionalmente, este trabalho está estruturado para permitir que os professores que ensinam automação, instrumentação e controle tenham material que os ajude na organização das suas ementas e subsidiem os alunos com informações consolidadas e organizadas. Embora grande parte das informações inseridas neste livro sejam de acesso nos sites de fabricantes de instrumentos e entidades de normatização, este trabalho estrutura a forma de avançar nestas informações.

O *motivador* deste trabalho foi a escassez de material com orientação introdutória e estruturado didaticamente, de forma a apresentar o assunto numa ordem lógica, passo a passo, organizando o conhecimento na área e disponibilizando material propedêutico de consulta para os que se interessem por melhor compreender o tema Automação/Instrumentação e Controle. Àqueles que buscam se especializar na área recomenda-se um aprofundamento maior através de cursos e literatura direcionada aos temas de interesse.

Esperamos que este trabalho possa ser útil para professores e alunos de cursos formação diversos que tratem do assunto "instrumentação" de forma direta ou como subconjunto do grande tema automação.

Parte 1
Conceitos básicos de instrumentação e automação

- conceito de monitoração, controle e proteção;
- indústria de processamento contínuo e discreto;
- conceitos de controle de variáveis de processo (PID) e controle sequencial;
- evolução dos instrumentos de automação até a Indústria 4.0;
- a Indústria 4.0: conceituação e princípios de projeto;
- apresentação funcional dos elementos que compõem os sistemas de instrumentação;
- pontos relevantes sobre a representação dos sistemas de instrumentação em documentos de engenharia.

1.1 - Importância da instrumentação de medição e controle na indústria

1.1.1 - Conceitos preliminares

A norma ISA-S5.1 (2009, tradução nossa) define *instrumento* como "um dispositivo usado para medidas diretas ou indiretas, monitoração e/ou controle de uma variável, incluindo elementos sensores, indicadores, controladores, elementos finais de controle, dispositivos de computação, e dispositivos elétricos como anunciadores de alarmes, chaves (*switches*), e botoeiras". Por *instrumentação* se entende "a coleção de instrumentos, dispositivos, *hardwares*, ou funções ou suas aplicações com o propósito de medir, monitorar ou controlar um processo industrial ou máquina, ou qualquer combinação destas." O que é monitoração, controle, elementos finais e outros termos usados nas definições anteriores, veremos neste item.

Quando *na indústria* tomamos um material e o submetemos a uma transformação física ou química, como mudança de forma, tamanho, cor, estado físico, temperatura, pressão, vazão e composição, ou a outra transformação qualquer, dizemos que o material sofreu um *processamento* ou que o submetemos a um "processo industrial". Numa fábrica ou, de forma mais geral, numa indústria, ocorre uma sucessão de processos. Estes compõem o *processo industrial*. Os *sistemas industriais* são formados pelos meios físicos, quais sejam, equipamentos, tubos, bombas, compressores, instrumentos e outros, os quais interligados de forma adequada, permitem que os processos industriais se realizem atingindo seus objetivos. No *sistema industrial*, é comum chamarmos de "*matéria-prima*" ao material antes de sofrer a transformação, e de "*produto-final*" após a transformação. Um sistema industrial é também chamado de *Unidade Industrial, Planta Industrial, Indústria ou Planta* simplesmente.

Nas indústrias, para se avaliar se um processo está ou não caminhando para atingir os objetivos desejados, ou seja, transformar a matéria-prima em produto final, mede-se o valor de determinadas *grandezas químicas ou físicas* (ou outras, a depender do tipo de processo em questão), que modificam suas magnitudes durante o processamento e que são *relevantes para a avaliação* da qualidade do processo em andamento. Estas grandezas são chamadas de "*variáveis de processo*".

Assim, por exemplo, num processo de compressão de um gás como o esquematizado na figura 1.1.1, onde temos representado um compressor acionado por um motor elétrico, uma variável de processo relevante é a pressão do gás na saída do compressor. Esta é uma variável que deverá ser medida para se avaliar se o processo de compressão está ocorrendo como desejado. Necessitamos, portanto, de um dispositivo que meça o valor da pressão. Chamaremos este dispositivo, com o nome genérico de *instrumento de medida* ou, referenciando à variável medida, de instrumento de medida de pressão.

Figura 1.1.1 – Medição de variável de processo relevante (pressão) num processo de compressão de gás.

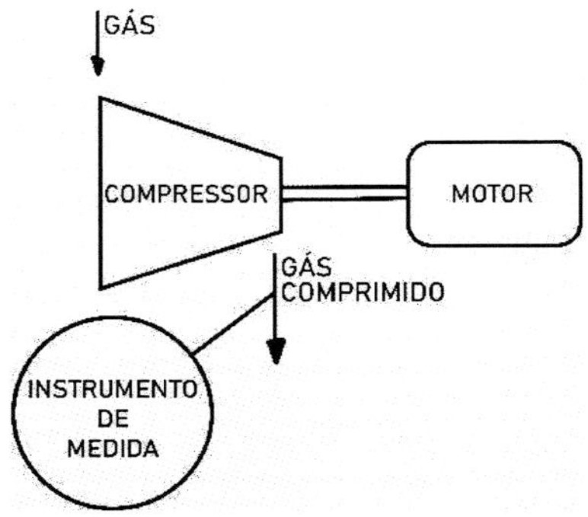

Fonte: autor

Conforme o tipo de variável que está sendo medida (pressão, temperatura, aceleração, etc.), o instrumento de medida será referenciado como medidor de pressão, temperatura, aceleração, etc. Os instrumentos para a medida das variáveis de processo geram informações que se destinam a diversos fins, como explicitar o valor instantâneo da variável medida, função desempenhada pelos indicadores (ver figura 1.1.2a), explicitar os valores históricos da variável medida na forma de gráficos ou de tabelas, função desempenhada pelos registradores (ver figura 1.1.2b) ou gerar um sinal elétrico ou de outra natureza, proporcional ao valor da variável que está sendo medida, função desempenhada pelos transmissores (ver figura 1.1.2c), além de finalidades de controle e alarme, dentre muitas.

Figura 1.1.2 – Diferentes utilizações das informações sobre a variável medida.

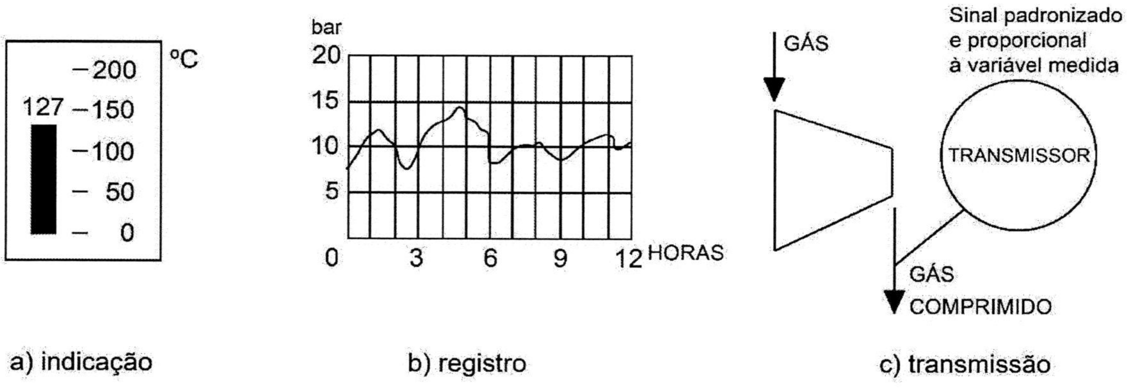

Fonte: autor

1.1.2 – Os sensores são o coração de qualquer medida

A medida de qualquer variável de processo começa com um sensor.

Sensor é qualquer dispositivo capaz de gerar uma informação relacionada com o valor da variável que está sendo medida. Assim, por exemplo, para medirmos uma temperatura, seja para fins de indicação, registro, transmissão, controle, acionamento de alarmes ou outra função qualquer de interesse, necessitamos um sensor de temperatura. Discutiremos sensores de temperatura quando tratarmos de medida de variáveis de processo na segunda parte desse livro, mas utilizaremos aqui dois deles como exemplo.

Um sensor que já foi muito utilizado e é ainda encontrado em sistemas de refrigeração industrial e domiciliar é o chamado sistema de bulbo pressurizado ou sistema cheio (em inglês *filled system*). Este instrumento é de fato um *sistema* de medida, pois é composto de três partes interligadas com o objetivo de medir temperatura: um bulbo, um tubo fino (capilar) e um dispositivo capaz de perceber variações de pressão ocorrideas no bulbo (sensor de pressão). Todas as partes desse termômetro são preenchidas com líquido ou gás, chamado fluido de enchimento, vindo daí a denominação em inglês de "*filled system*". (ver figura 1.1.3).

Figura 1.1.3 – Sistema de bulbo pressurizado ou sistema cheio (*filled system*)

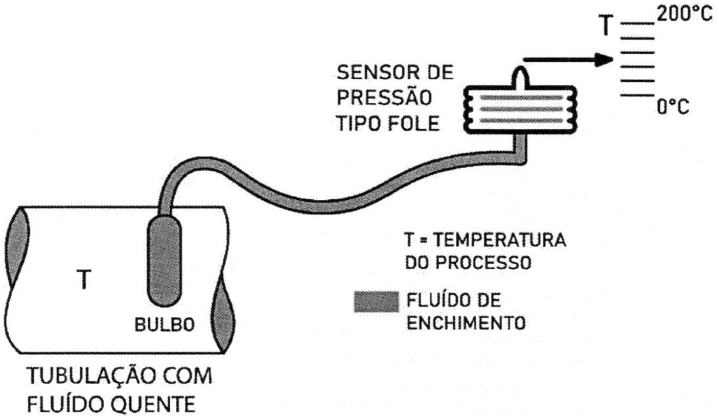

Fonte: autor

Na figura 1.1.3 representamos o termômetro de bulbo pressurizado inserido em uma tubulação pela qual passa um fluído quente cuja temperatura desejamos medir. Na situação representada, uma variação na temperatura do fluido na tubulação, por exemplo, produzirá uma dilatação ou contração do volume do fluído que estiver preenchendo o termômetro (fluido de enchimento). Esta expansão ou contração do fluido movimentará o fole (sensor de pressão, semelhante a um fole de um acordeom) que compõe o termômetro, expandindo-o ou contraindo-o, conforme a temperatura do sistema aumente ou diminua, respectivamente. O movimento do fole, após calibração do instrumento, terá uma relação conhecida com a temperatura medida, permitindo que, como no exemplo da figura 1.1.3, se indique a temperatura medida. O mesmo dispositivo sensor, em lugar de movimentar o ponteiro de um indicador, como na figura 1.1.3, poderá acionar contatos elétricos, instrumentos transmissores e outros dispositivos funcionando, portanto, como um sensor de temperatura.

Outro exemplo de sensor de temperatura muito utilizado em aplicações industriais é o *termopar* (figura 1.1.4). Este sensor é composto de um par de fios metálicos de materiais diferentes, os quais tem uma extremidade com os dois fios unidos e a outra com um voltímetro.

Figura 1.1.4 – Sensor de temperatura tipo termopar.

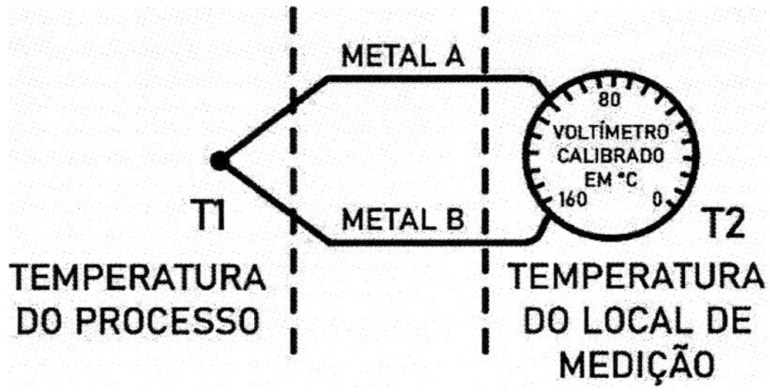

Fonte: autor

Um termopar produzirá uma tensão elétrica no extremo em que o voltímetro estiver conectado. A tensão produzida, ΔV, terá valor variando proporcionalmente à diferença entre a temperatura T1 (temperatura que queremos medir) e a T2 (temperatura onde está localizado o medidor de tensão elétrica), ou seja, $\Delta V=K(T1-T2)$, onde o valor da constante K dependerá dos materiais de construção dos fios do termopar. Supondo conhecida a temperatura T2 onde se localiza o medidor de voltagem, poderemos conhecer a temperatura T1 que queremos medir no processo. O voltímetro pode ter sua escala calibrada em unidade de temperatura como o "°C", nos informando diretamente sobre o valor da temperatura do processo, se devidamente calibrado.

São disponíveis sensores para uma infinidade de variáveis de processos, como sensores de temperatura, pressão, vazão, nível, posição, densidade, pH, aceleração, voltagem, corrente e radiação, dentre muitas variáveis. Os sensores serão, portanto, parte integrante dos instrumentos de indicação (como exemplo, termômetros e manômetros), de registro, de controle e outros. Toda medida de variável de processo, seja para que fim for, exige a presença de um sensor: ele é o *coração de qualquer instrumento de medida.*

1.1.3 – A utilização industrial dos instrumentos para monitoração, controle e proteção

Medir variáveis de interesse é coisa antiga: media-se ângulos para orientação em navegação marítima, volumes em silos, distâncias e mesmo o tempo, com uso de ampulhetas. Os instrumentos de medição, no entanto, começam a ser aplicados de forma efetiva, instalados junto aos equipamentos e voltados para o acompanhamento dos processos que neles ocorriam, quando a indústria começou a despontar, o que se deu no final do século XVIII. As medidas por esta época já tinham por objetivo permitir o conhecimento do valor das variáveis de processo relevantes. Assim, por exemplo, medir a pressão nos geradores de vapor das locomotivas e nos equipamentos acionados por este fluido era importante. Medir a temperatura de fornos também era importante para se saber se os processos metalúrgicos aconteceriam como se desejava.

Nas indústrias de nossos dias, a medição tem como *um de seus objetivos* conhecer os valores das variáveis, em geral através de indicação, como aquelas feitas com termômetros em processos de aquecimento e resfriamento e como as feitas com o uso de réguas graduadas em tanques de armazenamento de líquidos. A esta utilização que visa conhecer os valores das variáveis para fins de acompanhamento chamamos de "*monitoração*".

Além de monitorar os processos, os instrumentos têm como segundo objetivo, manter algumas variáveis de processo em valores tão próximos quando possível de um valor desejado, valor este conhecido pelo termo inglês como "*set-point*". Por exemplo, podemos querer manter a temperatura do vapor na saída de uma caldeira em 150°C. A variável cujo valor queremos manter no *set-point* é chamada de *variável controlada*. A esta utilização da medição chamamos de *controle da variável de processo* ou somente "*controle do processo*". Assim, se utilizamos a informação medida com o objetivo de mantermos o valor de uma variável de processo aproximadamente constante num valor desejado (*set-point*) dizemos que estamos controlando tal variável de processo, ou que tal variável está sendo controlada.

Para termos uma ideia mais física de um sistema de medição e controle tomemos, por exemplo, o processo de aquecimento de um produto com vapor num trocador de calor tipo casco-tubo. O trocador de calor deste tipo é um equipamento para aquecimento de um determinado produto, onde o produto a ser aquecido passa num cilindro metálico oco conhecido como casco e o vapor por serpentinas (tubos) inseridas no espaço oco do cilindro, permitindo que o calor do vapor seja transferido para o produto a ser aquecido (ver figura 1.1.5).

Para monitorar e controlar este processo podemos pensar em utilizar como sensor o termômetro de bulbo pressurizado descrito no item anterior (ver figura 1.1.3). O esquema da figura 1.1.5 representa um sistema de monitoração e controle com o uso do sensor de temperatura de bulbo pressurizado que aciona um controlador conhecido como proporcional, acoplado ao trocador de calor.

Figura 1.1.5 – Trocador de calor casco-tubo com um sistema de monitoração e controle com controlador proporcional mecânico.

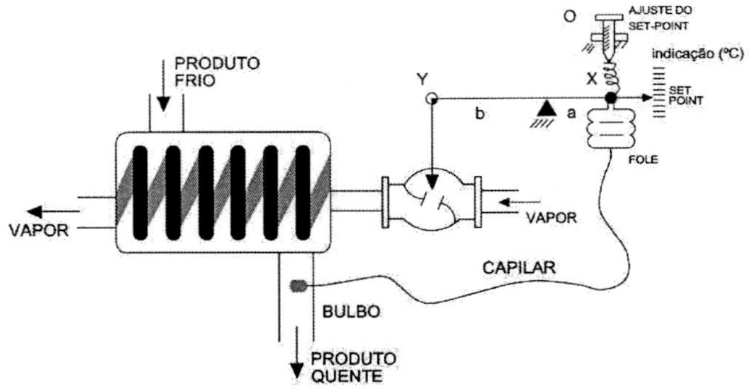

Fonte: autor

Nesse esquema podemos observar o indicador permitindo a monitoração da temperatura do produto que está sendo aquecido no trocador de calor e dispositivos que permitem que a vazão de vapor seja automaticamente ajustada de forma a manter a temperatura tão próxima quanto possível de um valor desejado (*set-point*). Discutiremos melhor o funcionamento desse sistema de monitoramento e controle no subitem 1.1.5.1.

Resumindo podemos dizer que instrumentos medem as variáveis de processo para monitorá-las e controlá-las. Os instrumentos, no entanto, não fazem medidas somente para estes objetivos. Mede-se também para permitir a *proteção* de pessoas, equipamentos e sistemas.

Na figura 1.1.6 representamos novamente o trocador de calor com o sensor tipo sistema de bulbo pressurizado. Foi acoplado a este um alarme, com a utilização de uma buzina e uma lâmpada. Estes dois dispositivos, buzina e lâmpada, serão acionadas pelo fechamento do contato elétrico solidário ao fole do sistema de medição. O parafuso serve para ajustar o ponto de atuação do alarme. O alarme é uma forma de proteção, neste caso, contra a ocorrência de altas temperaturas do produto na saída do trocador de calor.

Figura 1.1.6 – Sistema de alarme de temperatura alta no trocador.

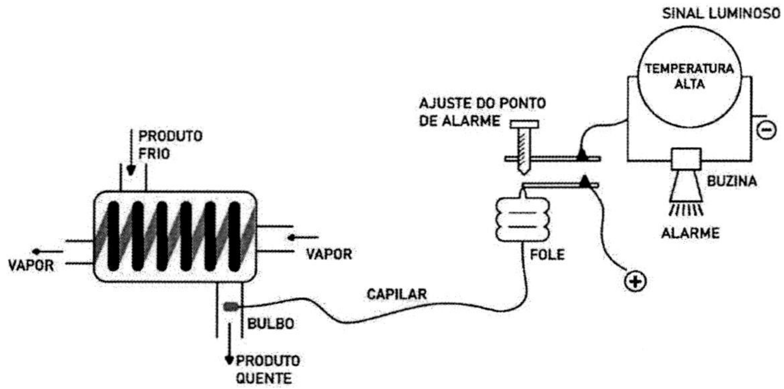

Fonte: autor

Podemos dizer assim, que instrumentos são *utilizados para monitorar, controlar e proteger* processos e sistemas industriais.

Em resumo:

Monitorar significa o conhecimento do valor das variáveis do processo para fins de acompanhamento da performance dos equipamentos de um dado sistema e do rendimento do sistema como um todo, feito por meio de instrumentos adequados.

Controlar significa a manutenção do valor da variável de processo tão próxima quando possível de um valor pré-definido chamado em inglês de "*set-point*", alterando o valor de outra variável de processo (diremos manipulando outra variável de processo), por meio de controladores automáticos (que discutiremos um pouco mais no subitem 1.1.5). O termo controlar terá um significado um pouco diferente quando aplicado aos controladores lógicos, como veremos no subitem 1.1.5.2.

Proteger é agir de forma a evitar a ocorrência de situações extremas que danifiquem o sistema, ou introduzam riscos pessoais, ou levem a perdas dos materiais processados. A proteção é feita por meio de instrumentos, como os alarmes, as válvulas de alívio de pressão e sistemas chamados, genericamente, de sistemas de proteção, os quais serão melhor discutidos no item 1.3.

1.1.4 – Indústria de processamento contínuo e indústria de processamento discreto

Embora falemos de indústria de uma forma geral, podemos identificar alguns *tipos de indústrias* com características que são importantes para a escolha e definição dos instrumentos e sistemas de automação em geral.

Vamos aqui identificar as chamadas *Indústrias de Processamento Contínuo*, as chamadas *Indústrias de Processamento Discreto ou de Manufatura* e as *Indústrias de Processamento em Batelada*.

Vamos procurar caracterizar cada um destes três tipos de indústrias.

As *indústrias de processamento contínuo* são aquelas que têm um fluxo contínuo de entrada de matéria-prima e de saída de produto-acabado. Nessas não se identifica um produto unitário. Geralmente as matérias-primas são fluidos ou sólidos homogêneos. Exemplos são as indústrias de processamento de petróleo, tratamento de minério de ferro, geração de vapor/eletricidade em usinas, indústria de produção de sucos e fábrica de chocolate líquido.

As *indústrias de processamento discreto ou de manufatura* têm um fluxo de partes, peças e materiais que vão sendo modeladas, e justapostas através de linhas de produção ou montagem para produzir um produto final. O produto final é identificável, como um carro ou um celular. São exemplos as indústrias automobilísticas, as indústrias de produção de máquinas e motores e as indústrias eletro-eletrônicas.

As *indústrias de produção em batelada* são aquelas nas quais, de forma geral, ocorrem processos de reação, ou mistura, ou separação, processos esses nos quais as matérias primas recebem insumos de energia, de aditivos e de produtos que estimulam as reações, sendo necessário um tempo para que essas matérias-primas junto com os insumos reajam e as misturas ocorram, gerando o produto final. A produção é feita em *lotes* de fabricação. Nesses processos é comum que as variáveis sofram modificações nos seus valores ao longo do tempo, modificações estas que seguem "receitas" como tempo de cozimento, proporções de mistura, período de descanso, receitas estas que, para serem realizadas, dependem muitas vezes da sensibilidade e experiência de quem opera, sendo escritas e guardadas como segredo industrial. São exemplos de indústrias de batelada as fábricas de cerveja, a produção de aço em alto-forno e a produção de resinas resultantes de mistura de polímeros.

Cada uma destas indústrias tem características próprias que muitas vezes vão exigir sistemas de monitoração, controle, proteção e "inteligência de operação" diferenciados. Os sistemas de inteligência incorporaram as experiências do operador e são, tanto quanto possível, realizados com o suporte da Inteligência Artificial (IA). O quadro 1.1.1 apresenta algumas dessas características.

Quadro 1.1.1 – Características dos processos contínuos, discretos (manufatura) e batelada

Indústria característica	PROCESSSO CONTÍNUO	MANUFATURA	BATELADA
Controles dos processos	Trabalha com variáveis de processo com set-points definidos	Controla sequência de operações de fabricação e montagem	Controles com base em receitas que definem tempos e condições operacionais
Dependência da experiência dos operadores	Média	Pouca	Dependentes do conhecimento dos operadores e das experiências anteriores
Automação dos processos	Complexidade média	Alta complexidade	Baixa complexidade
Processos de fabricação	Processa fluídos e sólidos de forma contínua	Produz peças e monta partes	Trabalha em ciclos produção

Fornecimento de matéria prima	Poucos provedores	Dependente de muitos fornecedores	Poucos provedores
Produtos	*Commodities*	Produção em massa ou customizada para os clientes	Para nichos de mercados
Logística para suprimento e vendas	Média complexidade	Alta complexidade	Baixa complexidade
Formas de otimização dos processos	Uso de controles avançados com base em modelos matemáticos ou IA	Redução dos tempos e movimentos pela integração e racionalidade operacional	Redução dos tempos de limpeza dos equipamentos, carga e troca de receitas para diferentes produções
Transformações durante os processos	Variáveis físicas, químicas e biológicas	Modelagem, montagens, processos de fabricação	Reações físico-químicas

Fonte: autor

Observamos finalmente que nas indústrias reais o resultado final, ou seja, a obtenção do produto, é conseguida com a realização de processos que são, usualmente, de mais de um tipo, ou seja, processamento, manufatura e batelada. Numa fábrica de automóveis, por exemplo, a qual se enquadra na categoria de indústria de manufatura, as utilidades necessárias à produção, como vapor, ar comprimido e água, são produzidos nos moldes das indústrias de processamento contínuo. Uma indústria de bateladas que produza resinas, por exemplo, utilizará processos semelhantes aos de manufatura, na embalagem de sua produção para venda no varejo.

1.1.5 – Entendendo melhor o conceito de controle nas indústrias

Como discutido no item anterior, temos três tipos básicos de indústrias: as de processamento contínuo, as manufaturas e as de produção em bateladas. Os chamados controles, os quais reúnem as técnicas e instrumentos utilizados para garantir uma operação "normal", ou seja, aquela que se deseja que ocorra, têm significados e implementações um pouco diferentes para cada tipo de indústria.

A maioria dos controles nas indústrias de processamento contínuo[1] e de parte dos processos de fabricação por bateladas[2] são executados pelos chamados *controladores de processo*. Dizemos que fazemos "controle de processo". Nas indústrias de manufatura[3] e em algumas etapas das produções por batelada, os controladores são do tipo chamado *controladores lógicos*. Vejamos conceitualmente como operam cada um destes controladores e como eles processam suas informações.

1.1.5.1 – Controle de processo: variável controlada, erro ou desvio, variável manipulada e elemento final de controle

Tomemos mais uma vez o processo de aquecimento de um produto com vapor, realizado num trocador de calor, como esquematizado na figura 1.1.5 e repetido na figura 1.1.7. Junto com o trocador foi representado um *sistema de controle mecânico*, composto por uma alavanca, XY, e por um dispositivo para ajuste do *set-point*, que é o parafuso "O".

Figura 1.1.7 – Trocador de calor com sistema de controle mecânico.

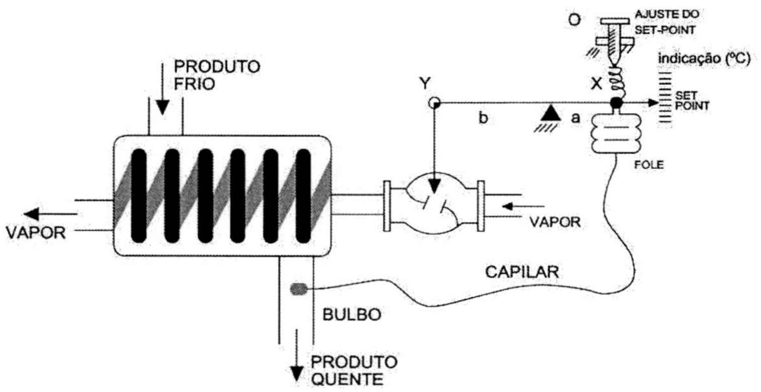

Fonte: autor

Nesse processo controlado, como já vimos no subitem 1.1.3, a *variável controlada* é a temperatura do produto quente. Para funcionar, o controlador mecânico recebe a informação do valor desta temperatura. Em termos mais técnicos, a variável controlada funciona como a informação de *entrada do controlador*. Da figura 1.1.7, observamos que o valor da variável controlada determinará a força exercida pelo fole, de baixo para cima, sobre a ponta X da alavanca. Essa força será proporcional à temperatura que queremos controlar.

[1] Para informações sobre procedimentos de automação em processos contínuos ver ISA, 2013b e ISA, 2017b.

[2] Para informações sobre modelos, terminologia e linguagem utilizada em processos em batelada ver ISA, 2010a.

[3] Para informações sobre integração de controles utilizados em indústrias de manufatura ver ISA, 2010b, 2013b, 2014, 2017a, 2018a, 2018b e 2018c.

O *set-point* do controlador será ajustado através do parafuso "O". Este comprime uma mola que exerce uma força oposta à do fole, que será tanto maior quanto mais a mola for comprimida. Assim se formos apertando o parafuso gradativamente, a ponta Y da alavanca vai se elevando. A posição desta ponta Y é o que podemos chamar de *saída do controlador*. Esta ponta está conectada a uma haste que movimenta o obturador de uma válvula, chamada de *válvula de controle*.

Assim, quanto mais apertarmos o parafuso "O", mais a válvula se abrirá, aumentando a vazão de vapor para o trocador e com isto, aumentando a temperatura de saída do produto a ser aquecido. Podemos assim ajustar o parafuso até que a temperatura atinja o valor desejado para o processo, ou seja, até que o sistema se equilibre no *set-point*. Se todas as variáveis do processo, como vazões, pressões e temperaturas se mantiverem constantes, a temperatura do produto será mantida no *set-point*. O que ocorre nos processos reais, no entanto, é que eles estão sujeitos a *perturbações*.

Perturbações são modificações em algumas variáveis de processo sobre as quais não se têm controle, como por exemplo, a temperatura ambiente, ou outra variável do processo, cuja mudança de valor é inerente ao desenrolar do processo. Perturbações são, portanto, variáveis que afetam o comportamento da variável controlada, mas cuja alteração de valor acontece por razões sobre as quais não se tem controle.

O que ocorre na realidade nos processos industriais é que as alterações nas variáveis acontecem frequentemente, introduzindo perturbações nos processos, ou seja, tendendo a retirar a variável controlada do *set-point*. Se não houver ação de correção para os efeitos da perturbação, a variável controlada se desviará do *set-point*. Para que isto não ocorra o controlador atua numa outra variável, chamada de *manipulada*, a qual altera o seu valor para compensar os efeitos indesejáveis da perturbação sobre a variável controlada.

No exemplo do trocador de calor, podemos supor que a perturbação que retira do *set point* a variável controlada (temperatura na saída do produto) é a alteração na vazão do produto. Assim, por exemplo, se esta vazão aumentar, a temperatura de saída do produto sofrerá uma redução, a menos que a vazão de vapor também seja aumentada. E é isto que fará o controlador, mecânico no nosso exemplo, mas que poderia se eletrônico ou mesmo pneumático.

Como podemos observar do esquema da figura 1.1.7, se a temperatura do produto começar a sair do *set-point*, assumindo *valor menor* do que este, o controlador, no caso a alavanca XY, atuará no sentido de abrir a válvula de controle e aumentar o valor da *variável manipulada*, no caso, a vazão de vapor que passa pelo trocador de calor. Este aumento será feito, uma vez que, com o aumento da temperatura, o fole exercerá sobre a alavanca uma força menor, deslocando o extremo X para baixo, indo a ponta Y para cima, o que provocará a abertura da válvula de controle, aumentando o valor da variável manipulada, no caso a vazão do vapor.

O elemento que atua na variável manipulada é chamado de *elemento final de controle*, no caso do exemplo, a válvula de controle. Este elemento final de controle poderia ser de outro tipo, como um variador de frequência ou uma resistência elétrica variável, em processos diferentes desse do trocador de calor, como será discutido no item 1.3, quando falarmos de *função manipulação*.

Da figura 1.1.7, podemos verificar que é através da posição do fole (ponto X) que o controlador saberá se o valor da variável controlada (VC) está no valor desejado, ou seja, no *set-point* (SP). A diferença entre a força proporcional ao *set-point* (SP), que é a força da mola, e a força proporcional ao valor da temperatura, no caso do exemplo a variável controlada temperatura do produto (VC), será determinante na posição de abertura da válvula de controle. Esta diferença entre a variável controlada e o *set-point*, (SP-VC), é conhecida como *erro ou desvio* (E) da variável controlada em relação ao *set-point*, ou seja, E=SP-VC. É em função do erro ou desvio, que todo controlador variará seu sinal de saída. Se o erro for zero, o controlador manterá o valor da sua saída, o que no caso do nosso exemplo do trocador de calor, significa manter a vazão de vapor num valor constante. No caso do exemplo, se o erro for negativo (variável controlada acima do *set-point*), o controlador fechará a válvula de controle. Se positivo, abrirá, aumentando neste caso, a vazão de vapor que passa pelo trocador de calor.

A saída do controlador, no caso do exemplo, a posição da ponta Y, não dependerá somente do valor do erro. Observemos que quanto maior a relação b/a da alavanca, mais a extremidade Y (saída do controlador) se deslocará, para o mesmo deslocamento na extremidade X (*entrada do controlador*). A relação b/a define nesse sistema, o que chamamos de *ganho proporcional* K *do controlador*. Assim, a saída do controlador a qual provocará uma variação proporcional na entrada do elemento final de controle (no caso a válvula de controle), dependerá do erro detetado no processo e da função matemática ajustada no controlador, que no caso do exemplo é definida pela relação b/a. Esta relação definirá o que chamaremos de *modo de controle do controlador* e que será melhor discutida no item1.4.

Diremos, no exemplo do trocador de calor, que quanto maior o ganho do controlador, que neste caso será chamado de *controlador proporcional*, mais intensa será a ação de movimento da válvula de controle para abrir ou fechar, em presença de um mesmo desvio da temperatura em relação ao valor desejado (*set-point*), ou aeja em presença de um mesmo erro.

Asim podemos escrever a relação entre a entrada do controlador, que é a variável controlada do processo (VC), e a sua saída que é a abertura da válvula de controle (A) como: A = K(SP - VC), onde K=b/a e é conhecido como *ganho do controlador proporcional*, o qual definirá o quanto a condição do elemento final de controle, no exemplo dado a abertura da válvula, variará para os mesmos desvios do processo em relação ao *set-point*.

Em resumo e generalizando como atua qualquer sistema de controle de variáveis de processo, podemos dizer que quando operando, o "controlador" verificará se a variável controlada está abaixo ou acima do valor que se deseja manter (*set-point*), o que significa um erro ou desvio do processo diferente de zero. Nesta situação o controlador atuará na variável manipulada, através do elemento final de controle, no exemplo a válvula de controle, que por sua vez atua na vazão do vapor, que é a variável manipulada no processo, agindo assim no sentido de controlar o valor da variável de processo, no exemplo do trocador, a "temperatura do produto aquecido", em um determinado valor desejado (*set-point*).

Observamos ainda que a relação entre as dimensões que definem o valor do ganho ajustado no controlador (no exemplo K=b/a) é muito importante para o resultado do controle. Quanto maior K, mais o obturador da válvula de controle se deslocará em presença de um mesmo erro. Se quisermos reduzir este deslocamento, diminuímos o valor de "K".

Todo instrumento que controla uma variável de processo tem um *ajuste* de *set-point*, que define o valor desejado para a variável de processo, que nesta situação passará a se chamar de "*variável controlada*", e atua em função do erro ou desvio que ocorre no processo controlado.

1.1.5.2 – Controle lógico ou de operações ou sequencial: eventos de entrada, lógica e eventos de saída

Nas indústrias de manufatura (processamento discreto) a maior preocupação é com o sequenciamento correto das etapas da produção e com o encurtamento dos tempos dos processos de fabricação. Assim, é importante que os eventos tenham uma sucessão lógica e uma duração previamente definida. Por exemplo, se estamos numa linha de montagem onde os produtos que estão sendo montados, equipamentos eletrônicos por exemplo, se movimentam apoiados em uma esteira rolante, é importante que o movimento da esteira ocorra *"se"* todas as montagens que deveriam ter sido feitas num determinado momento já tiverem ocorrido. Para tal, a realização dos eventos (no exemplo, as montagens) dito *eventos de entrada*, devem ser informados automaticamente por sensores, ou manualmente, de forma permitir o conhecimento sobre suas ocorrências ou não.

De forma geral, as informações automáticas vêm através de instrumentos de campo chamados "*chaves*". As chaves são instrumentos com contatos associados a sensores (como os contato que acionam os alarmes na figura 1.1.6) que abrem ou fecham conforme os eventos de entrada ocorram ou não[4]. Pela natureza do funcionamento das chaves elas já são binárias, embora suas saídas tenham que ser tratadas para serem entendidas por sistemas digitais de processamento.

Com base nas informações de ocorrência ou não dos eventos de entrada, sistemas previamente programados com lógicas adequadas decidirão o que fazer com os "*eventos de saída*" gerando sinais de comando capazes de controlar o funcionamento de motores, a abertura e fechamento de válvulas, o acionamento de pistões e início de processos de fabricação, dentre outros eventos.

---

[4] Os contatos das chaves podem abrir quando da ocorrência do evento, podendo ser vistos como sendo um contato "abre-com-evento", ou podem fechar com a ocorrência do evento, sendo visto neste caso como um "fecha-com-evento".

Um exemplo simples de aplicação de controle lógico é o da fabricação de um eixo em um torno mecânico com comandos programados (torno com Controle Numérico Computadorizado - CNC), esquematizado na figura 1.1.8. A matéria-prima, (tarugo bruto) pode ser alimentada no torno por um braço robô, a partir de uma pilha de tarugos e, após o eixo estar na conformação desejada, ser retirada pelo robô e colocada em uma pilha de *peças acabadas*. Quando o eixo acabado for retirado do torno, o que é detetado por um sensor de presença da peça no torno, esta informação vai para um "controlador lógico", ou seja, um controlador que processará uma lógica do tipo "se-então" a qual definirá a próxima operação.

Figura 1.1.8 – Fabricação de eixo controlada por controlador lógico

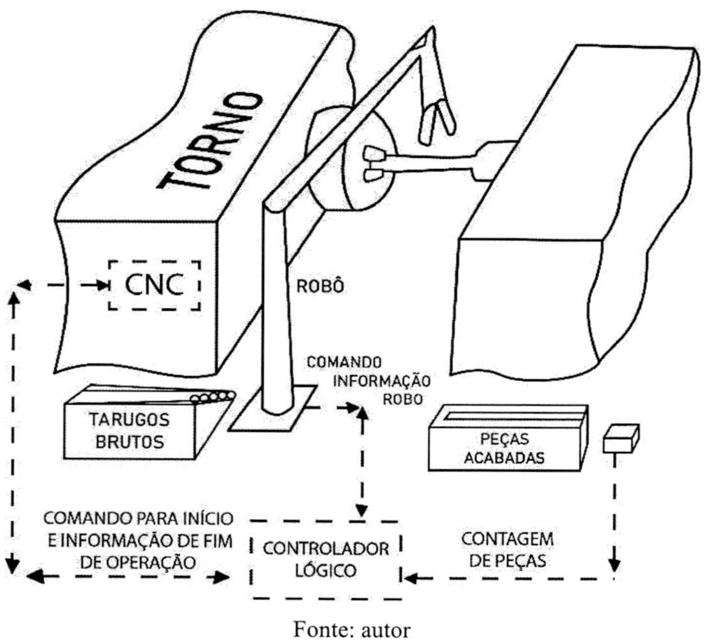

Fonte: autor

Assim, *SE* o eixo pronto tiver sido retirado do torno "E *SE"* houver tarugos brutos na pilha de eixos a serem usinados *"E SE"* o número de peças a serem fabricadas ainda não tiver sido atingido, será comandado o braço robô para pegar um novo tarugo na pilha de tarugos brutos e colocar na posição adequada no torno. *"SE"* a peça estiver na posição, *"ENTÃO"* o torno iniciará o processo de fabricação realizando mais uma vez a sequência de operações previamente programada como fixar o eixo bruto no mandril, aproximar a ferramenta de corte, iniciar a rotação do eixo com a velocidade programada e outras necessárias. *"SE"* as operações necessárias ao torneamento do eixo tiverem sido realizadas, *"ENTÃO"* o braço robô retirará a peça e a colocará na pilha de eixos acabados, reiniciando o processo. A repetição do ciclo ou sequência de operações é uma das características dos controles lógicos, daí serem chamados também de "*controles de operação ou controles sequenciais*".

1.1.6 – O conceito de transmissão e a evolução dos instrumentos digitais permitindo sua utilização além da monitoração, controle e proteção

Como vimos no item 1.1.3, os *instrumentos servem para controlar, monitorar e proteger processos/sistemas industriais*. Para cumprir estas funções, básicas em qualquer indústria, os instrumentos foram se aperfeiçoando tecnologicamente. Os motivadores para estas evoluções foram dentre outros, a complexidade dos processos industriais, a evolução da eletrônica e a necessidade de melhores resultados econômicos e de qualidade.

Assim, num exemplo simples, tomemos o sistema da figura 1.1.9, que representa um sistema industrial de mistura de dois fluidos A e B para a obtenção de um determinado produto-final. Para tanto os dois fluidos são bombeados (bombas 1 e 2) e misturados com apoio do misturador M, num tanque. O fluido no tanque, por sua vez, é aquecido pelo calor liberado pela resistência "R", a qual se aquece quando da circulação de uma corrente "i" através dela.

Figura 1.1.9 – Sistema de mistura de dois fluidos "A" e "B".

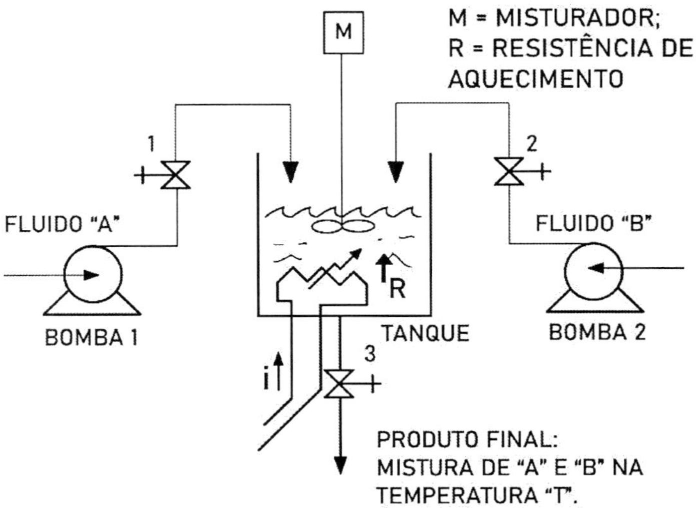

Fonte: autor

Identificando as variáveis relevantes para serem medidas neste pequeno processo industrial verificamos que para que a mistura se efetue corretamente é necessário que a relação entre as vazões A e B seja constante. O que para nós significará mantermos as vazões A e B "controladas". Para tanto, atuaremos nas válvulas 1 e 2 da figura 1.1.9, respectivamente, manipulando as resistências ao escoamento dos fluidos A e B.

Supondo ainda que a mistura deva ser efetuada numa dada temperatura, diremos que a temperatura no tanque de mistura também deverá ser controlada. Para controlar a temperatura no tanque, manipularemos a corrente "i" passando na resistência elétrica "R", aumentando a corrente para a liberação de mais calor no tanque e reduzindo-a para reduzir o calor liberado. A corrente é a *variável manipulada* para o controle da temperatura.

Ainda o nível no tanque deve ser controlado, para garantir que sempre teremos um mesmo volume de mistura aquecida no tanque. Controlaremos o nível manipulando a vazão de saída do tanque, por meio da válvula 3. Para o nosso sistema podemos, portanto, dizer que teremos quatro "*variáveis controladas*": a vazão A, a vazão B, a temperatura no tanque e o nível do tanque.

Para conseguirmos realizar os controles anteriores, usaremos "instrumentos" (não representados no exemplo da figura 1.1.9), capazes de medir e de atuar de forma automática, comandando a abertura e o fechamento das válvulas ou a variação da corrente elétrica "i". Os instrumentos capazes de determinarem os valores a serem mantidos nas variáveis manipuladas, para se conseguir os controles desejados, são os *controladores*. Os elementos que recebem atuação automática dos controladores de forma a fazerem variar o valor das variáveis manipuladas são, como explicado no item 1.1.5.1, os "*elementos finais de controle*", no caso a resistência elétrica e as válvulas.

O que vemos nesse pequeno processo é o crescimento do número de variáveis a controlar. Historicamente com o crescimento do número de variáveis a serem controladas, monitoradas e protegidas, se percebeu a necessidade de se concentrar estas informações em um mesmo espaço, facilitando a operação da planta industrial. Para se concentrar ou centralizar as informações criou-se o conceito de "casa de controle" ou "sala de controle". Como as medições são feitas com os sensores que estão junto aos equipamentos, ou onde chamamos "campo", as informações têm que chegar até a sala de controle de alguma maneira. O conceito que se desenvolveu para atender a esta demanda de levar a informação do campo para a sala de controle foi o de "*transmissor*".

Um *transmissor* é um instrumento que trabalha acoplado a um sensor. Se for um transmissor de temperatura estará acoplado a um sensor de temperatura, se de nível a um sensor de nível e assim por diante. O objetivo desses instrumentos é gerar um *sinal* que possa ser recebido por outros instrumentos, sinal este que se relaciona linearmente com o valor da variável medida, ou seja, quando a variável medida variar do menor ao maior valor da sua *faixa de medida* ou como dizemos, do "*range de entrada*" do transmissor, o sinal variará linearmente do seu valor mínimo ao máximo (ver figura 1.1.10). Esta relação entre o valor da entrada (variável medida) e o sinal de saída do transmissor (sinal gerado pelo transmissor) definirá a "curva' de funcionamento do transmissor.

Figura 1.1.10 – Curva de funcionamento dos transmissores.

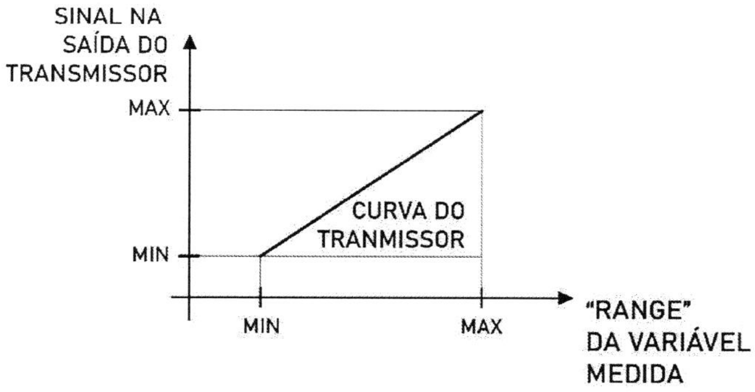

Fonte: autor

Os primeiros transmissores desenvolvidos foram os pneumáticos. Nestes o valor da variável medida pelo sensor era relacionado com um sinal pneumático, de faixa de variação conhecida (geralmente variando de 3 a 15 psi), gerado na saída do transmissor.

Um esquema de transmissor pneumático, hoje de uso raro, está representado da figura 1.1.11. O coração dos instrumentos pneumáticos é o sistema "bico-palheta". Um sistema de compressão de ar, não representado no esquema da figura 1.1.11, condiciona o ar com baixa umidade e pressão adequada, em geral em torno de 20 libras por polegada quadrada (*"psi"*) que é a pressão de ar de alimentação, como representado na figura 1.1.11. O ar injetado na alimentação segue por dois caminhos ao mesmo tempo: o do bico e o da linha de transmissão que conecta o transmissor ao instrumento na sala de controle, no exemplo, um controlador de temperatura.

Figura 1.1.11 – Esquema simplificado de sistema de controle com transmissor e controlador pneumáticos.

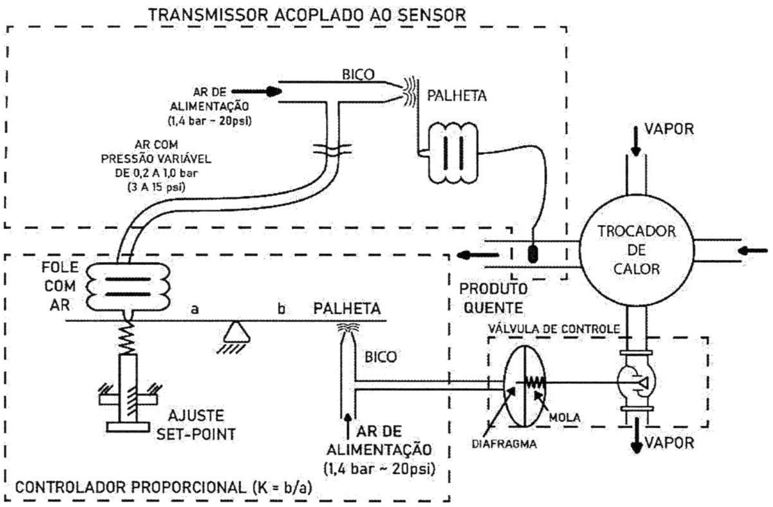

Fonte: autor

O ar pressurizado no tubo que interliga o transmissor ao controlador escapa pelo bico do instrumento receptor, no caso o controlador de temperatura, e pelo bico do transmissor. Se a palheta do transmissor se aproximar do bico, a pressão para o bico do receptor, o controlador, aumentará, indicando que a temperatura medida pelo sistema de bulbo pressurizado aumentou. Assim, calibrando-se o transmissor e o receptor de tal forma que para a variação esperada da variável medida, no caso do exemplo da figura 1.1.11, a variável controlada temperatura, ocorra uma relação linear com o sinal do transmissor, ou seja, a relação entre a faixa (*range*) e o sinal gerado pelo transmissor seja linear, o controlador receptor saberá, a partir do sinal de pressão de ar recebido por ele, o valor da temperatura do processo, ainda que não a sinta diretamente no campo.

Com a aplicação generalizada dos transmissores foi possível alocar instrumentos em um painel da sala de controle, criando o conceito de *instrumentos de campo* e *instrumentos de painel*. Muito embora os instrumentos pneumáticos tenham entrado em desuso, e cedido lugar aos eletrônicos analógicos e depois aos digitais, o conceito de transmissão de sinal se tornou fundamental e com advento da automação industrial, vital para o funcionamento dos sistemas automatizados, como discutiremos no item 1.2.

Com o advento dos transmissores, as plantas industriais passaram a trabalhar com dois níveis de instrumentos: os de campo e os de painel, estes últimos localizados nas salas de controle. Sensores, transmissores, válvulas de controle, válvulas solenoides e chaves, além de alguns indicadores, em geral mecânicos, ficavam no campo. Controladores, indicadores, registradores e alarmes eram concentrados em painéis localizados na sala de controle. Tínhamos dois níveis do que viria a se chamar "pirâmide de automação", como discutiremos no subitem 1.2.2. A figura 1.1.12 representa as duas camadas básicas da pirâmide: a dos instrumentos de campo e a dos instrumentos que processam os sinais vindos do campo, sendo capazes de enviar comandos para o campo, ou seja, o nível dos controladores e dispositivos de monitoração e proteção, de painel.

Figura 1.1.12 – "Pirâmide de Automação" com dois níveis.

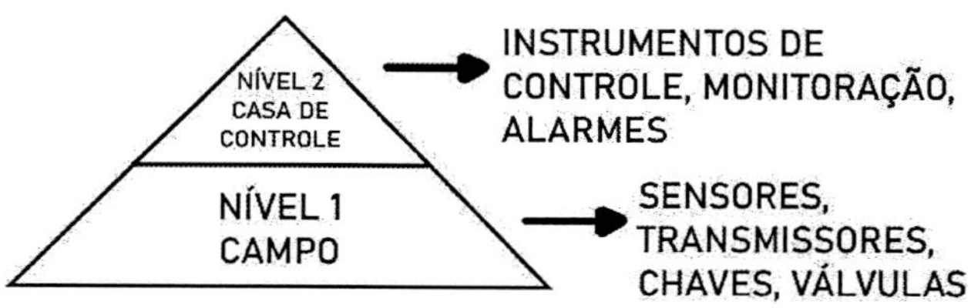

Fonte: autor

Com o desenvolvimento dos transmissores capazes de gerar dados digitais, os dados que eram somente voltados para a operação da planta industrial, e que se concentravam nas duas camadas inferiores da pirâmide, puderam ser utilizados para fins de gestão de operações, manutenção, gestão de processos administrativos e operações inteligentes, com base em IA, dando aos dados gerados pelos transmissores, chaves e demais instrumentos de campo geradores de sinal, funções mais nobres ligadas a decisões e permitindo a ampliação do conceito de automação industrial, o qual nas suas linhas gerais será discutido no item 1.2.

1.1.7- Importância da instrumentação na indústria

É difícil encontrarmos um sistema industrial, desde o mais simples ao mais complexo, que não necessite controle, monitoração ou proteção. Dizer isto significa dizer também que é difícil encontrarmos um sistema industrial que não necessite de instrumentação. A figura 1.1.13 esquematiza alguns sistemas que utilizam instrumentação.

Figura 1.1.13 – Exemplos de sistemas instrumentados.

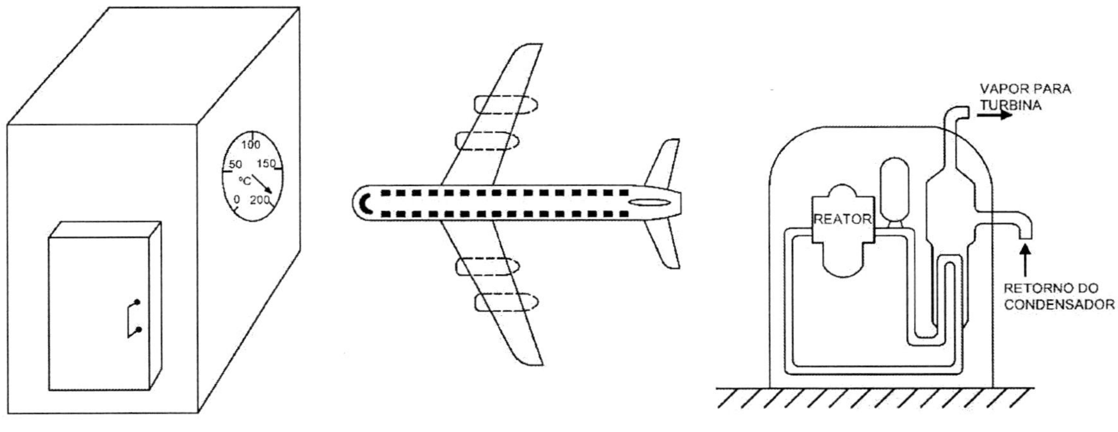

(a)forno de aquecimento (b) equipamentos de aviação (c) usina nuclear

Fonte: autor

Na figura 1.1.13(a) temos o esquema de um pequeno forno. Neste sistema simples temos, no mínimo, a monitoração da temperatura, quando não um controle automático desta e até um alarme para valores muito altos e baixos da temperatura.

A figura 1.1.13(b) apresenta uma aeronave, que é um sistema não industrial. Os sistemas aeronáuticos incorporam, em geral, as maiores novidades tecnológicas das várias áreas de engenharia. Quem já viu uma cabine de comando de uma aeronave pode ter clara ideia da quantidade de instrumentos que ali existe. São altímetros, velocímetros, indicadores de pressões, temperaturas e alarmes de várias ocorrências anormais. São controles e sistemas automáticos de partida, parada e ação em emergência, que são constituídos por uma enorme gama de medidores e instrumentos dedicados ao automatismo da aeronave.

Na figura 1.1.13(c) esquematizamos uma usina nuclear. Aqui, a segurança e confiabilidade operacional do sistema são da maior importância. Uma visita à sala de controle de uma usina nuclear nos dará a exata medida da quantidade de instrumentos necessários à sua correta operação. São controles de temperatura, vazão, nível, pressão, contaminação e outros. Monitorações de temperaturas de trocadores de calor e de sistemas de lubrificação, nível de radiação, e muitos outros. A proteção do sistema por sua vez, tem que evitar disparos de temperatura, pressão, além de sobrecargas elétricas, entre outros tantos requisitos.

Além dos sistemas esquematizados na figura 1.1.13, uma infinidade de outros como os já citados: produção de manufaturados e linhas de produção, onde a automação tem marcado forte presença, as unidades de refino de petróleo, as unidades de produção química, petroquímica e alcoolquímica, onde as técnicas de melhoria de controle, otimização da produção e integração completa das fábricas vêm exigindo a cada dia uma gama de instrumentos e equipamentos mais sofisticados.

Igualmente, as hidroelétricas e termoelétricas necessitam de sofisticados sistemas de instrumentação para permitir seu controle, monitoração e proteção, além de integrar operação e gestão com base nos dados disponibilizados por estes sistemas. São exemplos adicionais a indústria papeleira, a siderurgia e os sistemas ferroviários de trem e metrô, onde a automação exige instrumentação precisa e sofisticada.

Seja em sistemas complexos, como os anteriormente citados, ou outros mais simples, como bombas, compressores, sistemas de refrigeração, sistemas de aquecimento (como trocadores de calor, caldeiras ou fornos), motores elétricos e de combustão, ventiladores, dentre outros, os sistemas de instrumentação se fazem presentes para viabilizar a adequada operação através das ações de controle, monitoração e proteção e viabilizar informações para bancos de dados utilizados para diversos fins, como manutenção, operação inteligente, vendas, suprimento e gestão administrativa.

A primeira etapa de qualquer projeto de automação para sistemas industriais (e mesmo não industriais como automação residencial, de escritórios, etc) é a definição das variáveis que devem ser controladas, definindo *set-points* para elas, no caso dos processos que tenham controle de variáveis de processo, ou os eventos de entrada e saída no caso das indústrias de manufatura. Em paralelo, ou na sequência, se define o que deve ser monitorado e protegido. Com estas informações podemos definir os sistemas de instrumentação necessários para realizar estas ações. Estes vão coletar dados do processo e digitalizá-los provendo dados para que as operações sejam realizadas por máquinas inteligentes e não mais por operadores, que as manutenções saiam da prática corretiva e preventiva e passem para a preditiva, que os dados de produção, vendas e recursos humanos necessários para cada processo e planejamento em geral possam ser obtidos automaticamente.

Podemos pensar, portanto, em digitalizar todos os dados de todos os processos, transformando todas as informações relacionadas com as operações industriais, em operações digitais, praticando a chamada *transformação digital (TD)*. Através da automação da indústria, se tornou possível implementar a automação da cadeia produtiva, criando o conceito da denominada *indústria 4.0*. Discutiremos melhor a evolução da automação no item 1.2.

Feitas as definições das variáveis relevantes para a automação do processo industrial objeto das nossas atividades de automação, representamos através de simbologia adequada, em desenhos e outros documentos, os instrumentos necessários para a realização dos controles, monitorações e proteções, além dos dados que devem ser gerados para os demais níveis de responsabilidade (manutenção, suprimento, vendas, gestão e outros).

Em resumo, este item teve por objetivo:

- conceituar indústrias, planta e unidade industrial, processo, sistema industrial, casa de controle, transmissão, variável de processo, variável medida, variável controlada, variável manipulada, erro ou desvio, *set-point* e range;

- discutir a utilidade dos instrumentos conceituando o que é monitoração, controle e proteção de uma unidade industrial;

- destacar a importância dos sensores e instrumentos na medição;

- apresentar o conceito de transmissor, sua importância e a evolução do conceito de transmissão;

- caracterizar os tipos de indústrias: processamento contínuo, discreto (manufatura) e batelada, discutindo o conceito de controle para as de processamento e as de manufatura.

Questões de síntese do conteúdo

1.1.1- O que é instrumento e instrumentação?

1.1.2- Com três palavras, para que se utilizam os instrumentos em processos industriais, tendo em vista somente a operação da Planta?

1.1.3 – Que processos você identifica nos seguintes sistemas: uma máquina de lavar roupa doméstica; uma refinaria de petróleo; uma hidroelétrica; uma cervejaria; uma montadora de automóveis; uma fábrica de chocolate; uma aeronave e uma usina nuclear?

1.1.4 – Dos processos listados na questão 1.1.3 acima, quais os que mais se enquadram no tipo batelada, processamento contínuo e manufatura?

1.1.5 – Identifique, em cada processo citado na questão 1.1.3, duas variáveis relevantes que devem ser medidas para o bom desempenho dos mesmos.

1.1.6 – Qual a diferença entre indicação e registro?

1.1.7 – Qual a diferença entre monitoração e controle?

1.1.8 – O que você entende por instrumentos de proteção?

1.1.9 – Quais os tipos de sinais de saída de transmissores que foram desenvolvidos através do tempo? Por que os sinais de natureza digital se consolidaram como a melhor solução? (alguma ajuda adicional pode ser obtida pela leitura do subitem 1.2.1, do item 1.2.

1.1.10 – O que são os instrumentos denominados "chaves" (*switches*) e qual sua função quando conectados aos sistemas lógicos de controle?

1.1.11 – A figura 1.1.14 a seguir representa um sistema de controle de nível mecânico com ação proporcional. Analise o esquema e explique seu funcionamento.

Figura 1.1.14 – Sistema de controle mecânico de ação proporcional (exercício 1.1.11).

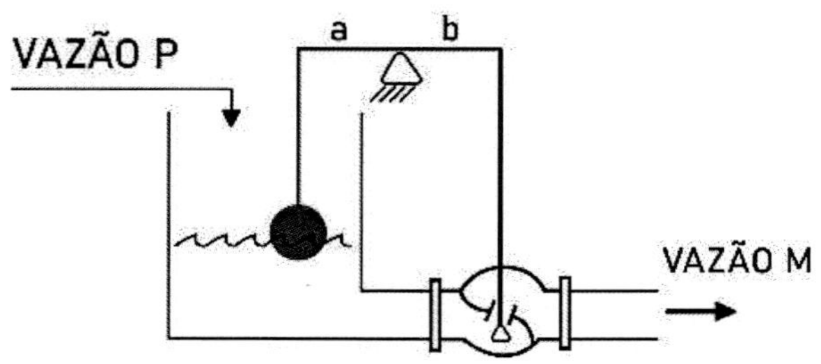

Fonte: autor

1.1.12 – O início de movimento de um trem estacionado em uma estação depende da ocorrência de alguns eventos como: fechamento das portas do trem, liberação pelo condutor, inexistência de outro trem na linha à jusante ou na estação seguinte e liberação dos freios, dentre outras. Estes eventos são processados por um controlador lógico que gera comandos de saída. Considerando somente dois eventos de saída, quais sejam, a informação de movimento do trem para a central de controle e o acionamento dos motores do trem, represente o sistema lógico como um bloco, indicando nele os eventos de entrada gerados pelos sensores e informações manuais, e os eventos de saída. (tome como base a figura 1.1.8).

1.1.13 – Pesquise na internet dois sensores que são usados para cada tipo de medição: temperatura, pressão, nível e vazão. Explique em linhas gerais seus funcionamentos.

1.1.14 – No quadro 1.1.1 estão listadas algumas características dos tipos de indústrias. Tomando como exemplo uma linha de montagem de televisores, podemos explicitar de forma objetiva tarefas, ações e processos relacionados com este exemplo. No quadro 1.1.2 a seguir estão explicitadas as características "controles de processos" e "dependência da experiência dos operadores". Complete o quadro 1.1.2 para as outras características apresentadas no quadro 1.1.1.

Quadro 1.1.2 – Características de uma linha de montagem de televisores.

CARACTERÍSTICA	Explicitação para o caso dos televisores
Controles dos processos	Controle do estoque de peças, controle da realização de cada montagem (fonte, amplificador, visor, etc),
Dependência da experiência dos operadores	Teste de qualidade; velocidade de montagem

1.1.15 – Pesquisando, tente listar variáveis relevantes para controle, monitoração e proteção de uma refinaria de petróleo.

1.1.16 – No site da "*International Society of Automation – ISA*" identifique os objetivos desta instituição e resuma sua história.

1.1.17 – Quais os títulos principais dos conjuntos de normas ANSI/ISA 88; ANSI/ISA 95 e ANSI/ISA 106. Do que tratam em linhas gerais estas normas?

1.2 – Em direção à Indústria 4.0

1.2.1 – O desenvolvimento dos transmissores e das redes de campo

Como vimos no item 1.1.6, a introdução do conceito de transmissão de sinal nas indústrias permitiu a operação remota de suas atividades fabris. Operadores podiam ficar nas casas ou centros de controle e daí terem total visualização dos processos através dos sinais transmitidos do campo para estes locais de centralização das informações. As ações, fossem automáticas ou por decisão dos operadores, podiam ser comandadas a partir dos centros de controle através do envio de sinais de comando para o campo. Como comentamos no subitem 1.1.6, os primeiros transmissores eram pneumáticos.

Com o aperfeiçoamento dos transistores, patenteados na década de 40 do século passado, os sistemas eletrônicos construídos com base nesses componentes passaram a ter confiabilidade e tamanho reduzido, viabilizando a construção de instrumentos para aplicação em monitoração, controle e proteção de plantas industriais sem os problemas apresentados pelos sistemas pneumáticos, dentre os quais a necessidade de espaço significativo para passagem dos tubos de condução do ar, menor precisão, demora na propagação do sinal e instalações caras. Em decorrência dessas deficiências e da demanda por informações na forma de sinais elétricos digitalizados, os instrumentos pneumáticos não aparecem hoje, como opção para a automação industrial em geral, tendo sido substituídos pela instrumentação eletrônica.

Esta instrumentação começou a se consolidar no mercado a partir da década de 60. Sua tecnologia era analógica, ou seja, trabalhava com componentes analógicos como resistores e capacitores, e os instrumentos emitiam sinais de comunicação elétricos contínuos dentro de faixas (*ranges*) definidos. Os *ranges* mais utilizados para sinais eletrônicos analógicos eram os que variavam entre 4 a 20 mA e 1 a 5 VDC.

Assim, como em todos os transmissores, os sinais de saída destes instrumentos variavam proporcionalmente às faixas em que são medidas as variáveis de processo (*range* da variável medida), como representado no gráfico da figura 1.2.1. Por exemplo, se estivermos medindo uma temperatura que tenha um *range* variando de um valor "mínimo" a um valor "máximo" com um transmissor que tenha um sinal de saída analógico variando de 4 a 20 mA, a equação que definirá o valor do sinal de saída do transmissor, St, para qualquer temperatura dentro do range de medida será:

$$St=[16\ (VM-min)/(max-min)] + 4\ (mA),$$

onde

- VM é o valor medido da variável, no exemplo a temperatura;
- "max" é o valor máximo que pode ser assumido pela temperatura;
- "min" é o valor mínimo que pode ser assumido pela temperatura.

Assim, se o *range* de medida for de 50 a 150 °C, um transmissor que trabalhe com sinal de saída (St) de 4 a 20 mA gerará um sinal de saída de 12 mA, se a temperatura medida for de 100 °C.

Figura 1.2.1 – Curva de funcionamento de transmissores eletrônicos analógicos.

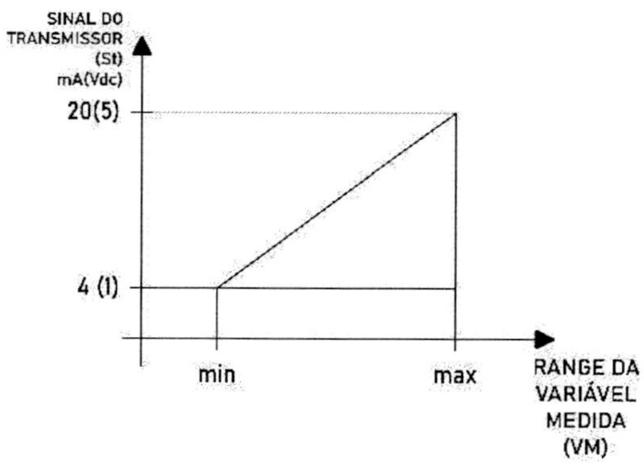

Para sinal de 4 a 20 mA:

$$St=[16\ (VM-min)/(max-min)] + 4\ (mA)$$

Para sinal de 1 a 5 Vdc:

$$St=[4(VM-min)/(max-min] + 1\ (Vdc)$$

Fonte: autor

Os instrumentos eletrônicos permitiram uma redução de tamanho dos instrumentos e dos painéis utilizados nos centros de controle. Permitiram também substituir sistemas de relés que eram utilizados para a construção de sistemas lógicos voltados para a realização de controles lógicos (ver subitem 1.1.5.2), por circuitos de estado sólido, ou seja, sem movimentos mecânicos.

De início, na *indústria de processamento contínuo*, cada instrumento transmissor era *dedicado* à uma única variável de processo. Da mesma forma, controladores, registradores e indicadores só processavam informação de uma variável de processo. Um controlador de temperatura, por exemplo, só controlava uma temperatura. Por esta razão os instrumentos pneumáticos e os digitais analógicos eram referenciados como "*instrumentos dedicados*".

Com o advento da tecnologia digital, a qual ocupou gradativamente os espaços da analógica a partir da década de 80 do século XX, os instrumentos, notadamente os controladores, passaram a ter a possibilidade de processar sinais vindos de mais de um transmissor. Desta forma, um mesmo *hardware* voltado para controle de processos podia controlar mais de uma variável (em geral 4 ou 8). Desta forma, o instrumento controlador passou a ser "*compartilhado*", ou seja, um mesmo *hardware* era utilizado para o controle de mais de uma variável de processo.

O conceito de sistemas compartilhados evoluiu para a junção de todos os controles de uma planta em um único equipamento, criando o conceito de Sistemas Digitais de Controle. A centralização do processamento das informações da planta industrial num único equipamento levou a discussões sobre à confiabilidade do sistema. Redundâncias no processamento das informações foram adotadas de forma a reduzir riscos de falha, o que poderia deixar a planta industrial sem controle e diante de outras situações indesejáveis. Esta discussão levou a construção de sistemas que integravam em um único *hardware* diversas funções desempenhadas pelos instrumentos como controle, indicação, registro e alarmes, sistemas estes que embora únicos do ponto de vista de fornecimento, interfaces com os operadores e sistema de alimentação elétrica, tinham o processamento de informações distribuído no seu *hardware*, garantindo que a perda de uma unidade de processamento não comprometeria o controle das variáveis de processo e, consequentemente não interromperia a operação da Planta. Criou-se assim, o chamado *Sistema de Controle Distribuído* (*Distributed Control System* - DCS) que no Brasil ganhou a sigla SDCD (Sistema Digital de Controle Distribuído) (ver item 1.4). Os SDCDs em curto espaço de tempo passaram a povoar as salas de controle das indústrias de processamento contínuo.

Nas indústrias com *processos discretos (manufaturas)*, também ocorreu a migração para os sistemas digitais na automação dos processos de fabricação e montagem. Além das mudanças na tecnologia dos CNC (Controles Numéricos Computadorizados), que são dispositivos que controlam as operações de máquinas ferramentas, os relés eletromecânicos, que já haviam sido substituídos em muitas aplicações por sistemas com lógica de estado sólido, passaram a ter suas funções programadas em sistemas digitais. Enquanto nos sistemas construídos com relés e lógicas fixas, as funções lógicas que podiam ser executadas por cada componente eletrônico eram previamente definidas pelos circuitos dos componentes (pelo *hardware*), nos sistemas digitais elas passaram a ser programadas, ou seja, a lógica podia ser programada em um sistema a base de microprocessador.

Assim, com o uso do mesmo sistema (*hardware*) podiam ser programadas diferentes lógicas, conforme a necessidade, lógicas estas facilmente modificáveis por programação sem a necessidade de modificações nas instalações físicas do controlador lógico. A possibilidade de construção de equipamentos lógicos programáveis, levou à construção dos *Controladores Lógicos Programáveis* (CLP) (PLC - *Programmable Logic Controller*) (ver item 1.5).

A tecnologia digital também permitiu que os instrumentos fossem interligados em redes criando as redes de campo (*fieldbus*) industriais de instrumentação. De início, os instrumentos digitais de diferentes fabricantes não "conversavam" entre si. Tinham "linguagens" para comunicar as suas informações desenvolvidas pelos seus fabricantes. Nesses casos dizíamos que os instrumentos tinham linguagens ou *protocolos proprietários*.

Assim, as redes tinham seus sistemas de comunicação baseados em sistemas proprietários; os protocolos[5] eram proprietários. Isto dificultava a utilização de dados para outros fins, como para processamento em sistemas de gerenciamento das operações e principalmente para a comunicação entre instrumentos de diferentes fabricantes, vinculando os clientes com os fornecedores de um determinado instrumento.

Na década de 90, houve um grande empenho para a padronização da comunicação dos instrumentos de campo entre si e com os controladores como os SDCD, PLC e CNC. Os fabricantes dessa instrumentação se conscientizaram da importância de criarem protocolos padronizados, trafegando em meios físicos[6] padronizados. Tais iniciativas levaram à criação de protocolos universalmente aceitos como o chamado *Profibus*, que passou a ser visto como um padrão europeu e o *Fieldbus Foudation*, visto como um padrão americano. Estes padrões definiam meios físicos de comunicação e formas de estruturação das informações dos instrumentos, permitindo que instrumentos de diferentes fabricantes se comunicassem em redes de campo voltadas para automação.

A padronização de protocolos, viabilizou a maior interoperabilidade[7] e a possibilidade efetiva dos instrumentos trabalharem em rede, com os dados transmitidos em linguagens inteligíveis a todos os instrumentos, sejam eles produzidos pelo mesmo ou por diferentes fabricantes, e com capacidade de uma

[5] Protocolo se refere, em linhas gerais, a maneira das informações serem organizadas. Informações dos instrumentos são, por exemplo, dados de sua localização, valor da medida que ele está efetuando e informações de situação ou "status" das informações.

[6] A padronização dos meios físicos facilita a conexão entre hardwares de diferentes fabricantes, que podem se comunicar se tiverem protocolos de comunicação também padronizados. Padrões físicos como os RS-232 e o RS-485, foram de grande aplicação e ainda continuam sendo utilizados.

[7] Interoperabilidade é a capacidade de uso de diferentes dispositivos em redes se comunicando entre si, ou seja, sistemas, máquinas, dispositivos ou aplicativos se comunicando e trabalhando em conjunto sem dificuldades, trocando dados e informações e usando funcionalidades um do outro. Em geral os instrumentos operam com protocolos abertos ou padronizados.

operação do tipo "plug and play"[8]. Com as padronizações dos protocolos e a grande capacidade de processamento de informações pelos instrumentos, os denominados "*transmissores inteligentes*" ganharam espaço tornando as comunicações entre diferentes instrumentos e sistemas de controle transparentes para os usuários, e permitindo que estes instrumentos não só medissem variáveis de processo, mas também executassem funções de processamento de informações e cálculos matemáticos, dentre outros.

Assim, além de permitirem controles, monitorações e proteções mais sofisticadas e interfaces com os operadores mais amigáveis, os dados, sendo digitais, puderam ser armazenados em bancos de dados e processados em equipamentos digitais comuns, quando devidamente tratados. A tecnologia digital viabilizou a integração de equipamentos de automação com outros de processamento de informações permitindo, por exemplo, que os dados de processo fossem enviados a simuladores de processo, que se fizesse um melhor planejamento da produção e a melhoria dos planejamentos de manutenção, dentre outras facilidades.

Com a digitalização das informações dos processos, criaram-se novos conceitos de processamento das informações digitais que, inicialmente, deram origem à chamada *pirâmide de automação*[9], onde o foco era a integração dos sistemas de instrumentação voltados para a produção, a otimização desta produção e o gerenciamento dos processos produtivos, tudo viabilizado através da integração dos dispositivos voltados para a operação da fábrica com os voltados para a gestão desta.

1.2.2 – A Pirâmide de Automação

O *conceito* de pirâmide de automação surgiu quando já se trabalhava com redes digitais ligando sensores e atuadores de campo a dispositivos voltados para o controle dos processos, como os SDCD, os PLC, os CNC e computadores voltados para o controle dos processos. Passou-se a falar em *níveis* dos sistemas de automação, hierarquizando os dispositivos que compunham estes sistemas. A representação desta hierarquia foi traduzida na denominada *pirâmide de automação* a qual é um modelo para implantação de sistemas para gerenciamento da operação de uma planta industrial que tem na sua base os sistemas de instrumentação.

Nessa pirâmide com vários níveis, cada um deles agrupa diferentes dispositivos voltados para automação dos processos de produção e de gestão da fábrica. Comentaremos os níveis de uma pirâmide de 5 níveis (figura 1.2.2).

Os sensores e atuadores de campo fazem parte do *nível 1, dispositivos de campo*. É neste nível que estão os instrumentos que efetuam as medidas das variáveis de processo, os instrumentos que transmitem

---

[8] *Plug and play* implica em poder conectar o dispositivo como que por tomadas padronizadas, sendo este reconhecido pelo próprio sistema que processa a sua informação, permitindo a operação sem necessidade de maiores intervenções nos *softwares* de comunicação.

[9] Este tema é mais profundamente apresentado na série de normas ISA-95, 2010b.

sinais (transmissores) e aqueles dispositivos que atuam no processo, como as válvulas de controle, motores e válvulas solenoides. Os dispositivos situados no nível 1 se comunicam com os do nível 2 através de sinais analógicos ou protocolos digitais conhecidos e, em geral, padronizados.

Os controladores estão no *nível 2*, sejam eles controladores de processos contínuos ou controladores de operações sequenciais, ou mesmo controladores de máquinas de células de produção. Assim, vamos encontrar neste nível 2 os instrumentos de controle simples, como controladores dedicados ou os mais complexos como os Sistemas Digitais Distribuídos (SDCD), que será melhor discutido noitem 1.4, ou os controladores lógicos programáveis (CLP), melhor discutidos no item 1.5, e mesmo, se for o caso, computadores dedicados ao controle dos processos.

No *nível 3* estão os sistemas destinados ao gerenciamento ou supervisão da planta industrial. Interconectados com os dispositivos pertencentes aos níveis superiores (níveis 4 e 5) e tendo disponíveis as informações do campo, os equipamentos deste nível organizam e tratam as informações, processando-as de forma a ter a planta trabalhando de forma otimizada, operando com *set-points* nos controladores de processo que maximizem a produção com os menores gastos de energia, ou buscando a redução dos tempos e movimentos nos processos de manufatura. Neste nível se encontram também os chamados sistemas supervisórios de controle e aquisição de dados (SCADA - *Supervisory Control and Data Acquisition*), se encontram interfaces para comunicação entre os operadores e o processo (IHM - interface homem máquina ou *HMI - human machine interface*), as quais permitem a interação entre o operador e os sistemas de monitoração, controle e proteção. Neste nível pode-se encontrar também os computadores que rodam sistemas de simulação, otimização e modelagem dos processos.

Figura 1.2.2.- Pirâmide da automação.

Fonte: autor

O *nível 4* da pirâmide concentra as informações da Planta e sistemas voltados para sua gestão operacional. Neste nível estão os MES (*Manufacturing Execution System*) e os MOM (*Manufacture Operation Management*). Dispõe-se nesse nível de dados sobre qualidade de produtos (dados de laboratórios, por exemplo), dados estatísticos de qualidade, necessidades de ressuprimento de material, despacho de produtos, dados de funcionamento de equipamentos, e necessidades de manutenção com suas formas de acompanhamento e cronogramas. Desta forma, neste nível temos dados importantes para a gestão da produção, qualidade, logística e manutenção da fábrica.

No *nível 5* da pirâmide estão as funções de gestão da empresa, do ponto de vista administrativo, e que têm foco, não na produção, mas nas vendas e gestão de recursos humanos, materiais e financeiros. Neste nível se situam os sistemas de Planejamento de Recursos Empresariais ou ERP (*Enterprise Resource Planning*), sendo disponibilizados dados para gestão como: custos, resultados de testes e operações com os produtos, performance da produção em geral, informações relevantes para a gestão sobre planejamento de produção, informações sobre as linhas de produção (disponibilidade, quantidade produzida, etc.), habilidades, performance e disponibilidade de pessoal, dados para análise de fluxos de produção, simulações de funcionamento dos produtos em diferentes situações e dados de vendas, dentre outros.

Com o conceito de pirâmide de automação vislumbrou-se a possibilidade de integração da operação com a gestão empresarial, viabilizada pela integração dos sistemas de automação industrial, vinculados à tecnologia de operação (TO), com os sistemas de informação (TI). As indústrias passaram assim, a experimentar o potencial criado com a digitalização da informação. Com o maior número de dados disponíveis dos processos, podia-se pensar em otimizar estes processos, em acompanhar o funcionamento das máquinas, gerando informações para planos de manutenção e mesmo gerar algumas informações para a gestão global da empresa, como produção total, quantidade de insumos utilizados e perdas.

A esta altura, ou seja, por volta do final do século 20 e início do 21, os sistemas de automação ainda apresentavam dificuldades de diversas ordens, dentre elas a de comunicação entre a área administrativa e operacional, uma vez que estas apresentavam meios físicos e protocolos diferentes com a desconexão digital entre as atividades de TI (tecnologia da informação) e de TO (tecnologia de operação). Os próprios sistemas de automação industrial tinham dificuldade de se comunicar entre si e mais ainda, com os sistemas empresariais, tornando difícil o uso efetivo das informações. A superação de grande parte destas dificuldades foi resolvida com o desenvolvimento de várias técnicas e tecnologias que juntas viabilizaram um novo conceito de indústria: a Indústria 4.0.

1.2.3 – Construindo a Indústria 4.0

1.2.3.1 - Requisitos mínimos para se ter uma Indústria 4.0

"Indústria 4.0 referencia máquinas e processos interligados através de redes inteligentes voltados para a indústria, suportados pelas tecnologias de informação e comunicação" (PLATTAFORM INDUSTRIE 4.0, c2021b, tradução nossa).

Podemos destacar dois fatores importantes que impulsionaram e impulsionam as indústrias para a 4ª revolução industrial: a) os benefícios advindos das aplicações, como a redução de tempo de inovação e desenvolvimento, a tendência e possibilidade de se customizar os produtos, a necessidade de flexibilizar e descentralizar a produção e o esforço de aumentar a eficiência dos recursos; b) a pressão das tecnologias para mudanças nos métodos operacionais, as quais permitiram a digitalização dos processos e ferramentas utilizadas na fabricação, e a notável redução do tamanho dos equipamentos.

A internet é a tecnologia central da Indústria 4.0, permitindo a troca de informações de tudo com tudo. Outros requisitos, também chamados pilares da indústria 4.0, são necessários para caracterizar uma indústria que se possa chamar de Indústria 4.0. São de destaque quatro pilares: 1- a presença de sistemas ciberfísicos *(Cyber-Physical Systems – CPS)* na indústria; 2- a integração vertical da planta industrial; 3- a integração horizontal da planta; 4- a engenharia ao longo de todo o ciclo de vida do produto.

O *primeiro requisito*, a existência de um sistema físico interligado a um sistema de informática (*hardwares e softwares*), compondo o chamado sistema ciberfisico – CPS, que é capaz de se comunicar por meio de redes, em especial pela internet, permite o intercâmbio de dados entre máquinas de processamento e máquinas fabris, o controle da produção e monitoramento de todos os processos produtivos em tempo real. A atuação entre estes elementos é feita, de forma geral, em ciclos de *feedback*, nos quais os processos físicos atuam nos resultados computacionais, alimentando-os de informações e estes naqueles, buscando o funcionamento autônomo dos processos produtivos e das tarefas da empresa em geral.

Aqui, as ferramentas computacionais, as máquinas e os equipamentos fabris atuam de forma colaborativa, dividindo processamentos e armazenamento de dados, com o objetivo de controlar as entidades físicas que estão, de forma geral, dentro da fábrica. É a conexão entre o físico e o virtual, entre o chão de fábrica e a administração, entre as entidades que agregam valor ao produto ao longo de sua cadeia de valor, entre fornecedores de matérias-primas e clientes, permitindo decisões rápidas, inteligentes, descentralizadas e tomadas de forma autônoma pelos sistemas interligados.

Fazem parte dos sistemas ciberfísicos os sensores, atuadores, controladores, máquinas que controlam máquinas (M2M) e demais dispositivos capazes de atuarem um sobre o outro de forma colaborativa. É através dos CPS que se pode programar máquinas numa linha de produção para produzirem um determinado tipo de produto com características definidas pelo cliente (customizado) e que se pode definir o necessário alinhamento das linhas de produção compondo a sequência de fabricação necessária ao atendimento do cliente de forma rápida e flexível. É através dos CPS que se aloca a matéria prima necessária para a fabricação, informando via internet a veículos autoguiados (AGV - *Automated Guided Vehicle*), as necessidades locais, direcionando-os aos estoques de material para buscarem o que se necessita, informando às máquinas ferramentas a disponibilidade, os tempos para chegada do material nas estações de trabalho e efetivando débito nos estoques, de forma a gerar novas encomendas para os fornecedores dos materiais que tenham atingido seus níveis de estoque mínimos.

Os CPS permitem que as máquinas mandem informações de tempo de funcionamento para que a área de manutenção possa programar suas intervenções e assim, por diante, numa linha de produção integrada, autônoma e flexível, capaz de atender às demandas dos clientes, e viabilizar a atuação dos vários interessados na produção.

Além de suas potencialidades dentro das fábricas, os sistemas ciberfísicos possibilitam integrações externas, pois suas ações e informações podem e devem se propagar além das paredes da fábrica, conectando sistemas fabris diversos, sejam da mesma empresa ou de fornecedores e produtores. Os CPS tornam possível uma integração sem precedentes, permitindo uma rede global de comunicação e troca de dados, com benefícios até então desconhecidos.

O *segundo requisito* de uma indústria 4.0 é a total integração entre os processos fabris, *a integração vertical*. Esta permite que a empresa seja escalável, aumentando ou diminuindo seu tamanho conforme as necessidades e se mantendo totalmente conectada. Para a concretização deste segundo requisito, não basta a presença dos CPS; é necessário que eles se comuniquem, decidam e atuem de forma transparente: este é o propósito da integração vertical. Os dados que trafegam em redes, são gerados pelos sistemas de operação da fábrica, pelos sistemas de informática e por agentes externos autorizados, como os fornecedores, clientes e outros *stakeholders*[10].

As decisões tomadas pelos CPS, de forma autônoma, dizem respeito, por exemplo, às configurações das linhas de produção, às encomendas de insumos e matérias-primas, às destinações, quantidades e qualidades dos produtos, podendo tudo ser monitorado e controlado. Os recursos humanos e os equipamentos necessários para o atendimento das produções podem também ser planejados com base nos dados disponibilizados pelos vários sistemas que participam da produção.

A integração vertical conecta os *sistemas de produção* inteligentes da fábrica, ou seja, os sistemas produtivos ciberfísicos e estes aos demais sistemas, que muitas vezes estão geograficamente distantes, permitindo a troca de dados entre eles. As conexões ocorrem em todos os níveis da produção, indo dos processos às máquinas e da produção à logística. Viabilizam que os CPS trabalhem de forma colaborativa e

[10] indivíduos e organizações impactados pelas ações da empresa e capazes de impactar nos seus resultados.

autônoma, gerando e recebendo dados relacionados à produção. A agilidade na troca de dados e a qualidade destes dados permite a adequação precisa e rápida das linhas de produção conforme as demandas, adequação dos estoques, deteção de problemas nas máquinas de produção e outros eventos não programados.

A integração vertical confere à fábrica confiabilidade, transparência, capacidade de customizar produtos, otimizar recursos e tomar decisões com agilidade. Confere à indústria a capacidade de resposta às mudanças internas e externas à fábrica de forma rápida e precisa, em função de variações e adversidades, como: alterações de demanda, níveis de estoque, defeitos em maquinário e atrasos inesperados.

A integração vertical da fábrica deve se dar em todos os níveis, dos sensores e atuadores, no chão de fábrica, até o nível máximo de gestão da fábrica, integrando produção ao planejamento, fluindo dados dos sensores aos Sistemas de Planejamento Empresarial (*Enterprise Resource Planning* - ERP) e vice-versa. Isto exige total integração entre TI e TO.

O *terceiro requisito*, ou pilar da indústria 4.0, é a integração horizontal. Esta se dá em toda a cadeia de valor do produto, e integra todas as atividades que agregam valor a ele, indo da pesquisa e desenvolvimento até à área de vendas e mesmo até o descarte do produto pelo consumidor, passando por fornecedores de materiais, equipamentos e serviços e demais interessados nos resultados da fábrica, capazes de agregar valor ao produto, incluindo concorrentes e outros segmentos fabris ligados à indústria em questão. As trocas de informações são feitas pela internet e os dados são disponibilizados, de forma geral, nos *Big Data* das empresas situados em nuvens (*cloud computing*)[11].

A integração horizontal viabiliza a sinergia da produção, interligando organizações, indivíduos e demais entidades que se beneficiem com ela, fazendo-os interagir em benefício de todo o grupo de atores interconectados. A integração permite, dentre outros benefícios, o desenvolvimento de novos modelos de negócio com rapidez, viabilizando uma empresa competitiva e resiliente, capaz de se adaptar e sobreviver às mudanças de mercado.

A integração horizontal permite também a efetiva terceirização de serviços, como por exemplo, as manutenções dos equipamentos realizadas pelos próprios fabricantes, uma vez que estes podem acompanhar o funcionamento dos equipamentos por eles fornecidos, acessando bancos com dados das máquinas e informações relacionadas à produção. Com isto podem programar intervenções que gerem o mínimo de interferência na produção.

A integração dos clientes com o sistema fabril permite, dentre muitas possibilidades, o retorno das informações destes para a adequação do produto às necessidades, pelos centros de desenvolvimento de produtos. A integração da fábrica com os fornecedores permite, por exemplo, que as mudanças das linhas de

[11]O termo computação em "nuvens" do inglês *cloud*, se refere ao fornecimento de serviços de computação, incluindo servidores, armazenamento, bancos de dados, rede, software, análise e inteligência, pela Internet, para oferecer inovações mais rápidas, recursos flexíveis e economias de escala. (para referência ver MICROSOFT AZURE, 2020).

produção gerem dados para os fornecedores de matéria-prima programarem suas entregas, enfim, a integração horizontal incorpora valor ao produto. A integração horizontal pode ser levada através de fronteiras geográficas das fábricas e dos países, integrando fábricas de diferentes locais e objetivos.

A integração horizontal ocorre através de toda a rede de valor do produto, ou seja, organizações, indivíduos e entidades, todos conectados e interagindo entre si visando o benefício do grupo todo. Uma rede de valor interliga nós da cadeia de valor: nós são pessoas, organizações, empresas, setores. Com estes nós intercomunicados pode-se trocar informações, proceder a venda ou compra de produtos, entre outras inúmeras facilidades com foco no negócio e não na produção, como o desenvolvimento de novos modelos de negócio. A figura 1.2.3 esquematiza esta integração horizontal.

Figura 1.2.3 – Esquema de alguns dos atores envolvidos na integração horizontal da cadeia de valor.

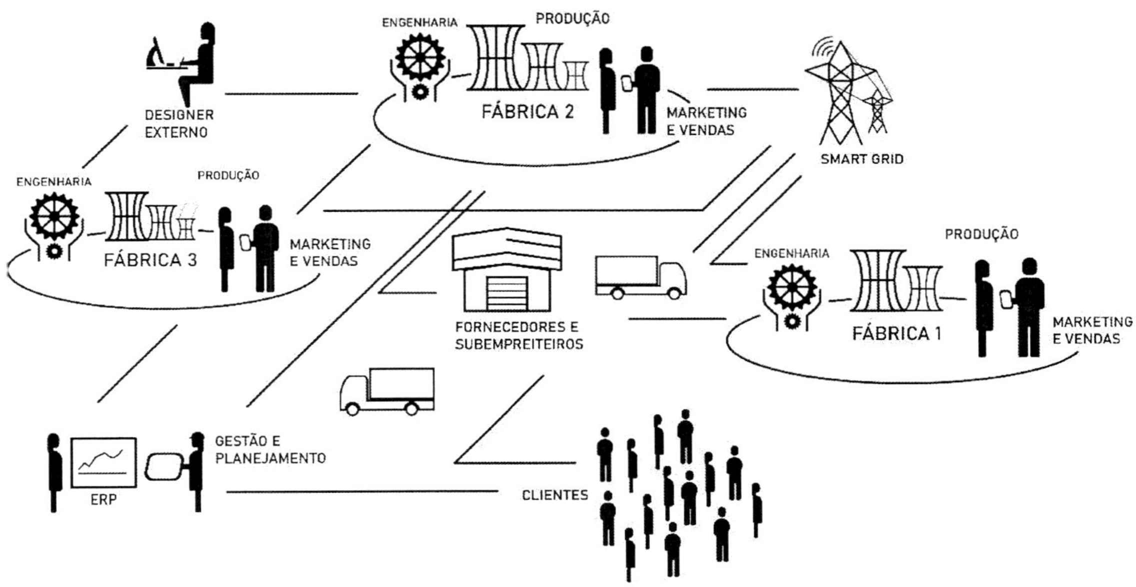

Fonte: autor adaptado de KAGERMANN; WAHLSTER; HELBIG, 2013

O *quarto requisito ou pilar* é a engenharia de ponta a ponta através da cadeia de valor. A integração tanto vertical quanto horizontal supõe que todas as atividades da empresa sejam digitalizadas. A digitalização viabiliza a análise racional dos produtos e processos, com base em modelos, permitindo a engenharia das várias etapas da produção, a jusante e à montante da linha de produção. Aqui se considera o uso intensivo de sistemas de inteligência artificial, capazes de ajudar nas decisões, com baixo risco de erro e com agilidade.

Com os mundos físico e virtual integrados durante a vida útil do produto, participam da engenharia dos produtos e sistemas envolvidos nesse ciclo os clientes, funcionários e fornecedores, sendo trocados dados em todas as fases da vida do produto, integrando dessa forma toda cadeia de valor, interna e externa à empresa. O resultado da engenharia de ponta a ponta da cadeia de valor se mostra nos impactos positivos para a qualidade final do produto, atendimento dos requisitos do cliente e manutenção e deteção de problemas, principalmente relacionados a lotes defeituosos e má qualidade de matérias-primas.

Integrar diferentes áreas dentro de uma empresa e fora dela é um enorme desafio, tanto de empresas *upstream* (a montante) quanto *downstream* (a jusante) na cadeia de valor, exigindo sistemas robustos e bem projetados de TI capazes de oferecer suporte a sistemas tecnológicos cada vez mais complexos.

Os quatro pilares descritos moldam em conjunto a Indústria 4.0. Sua realização plena depende da escolha adequada das tecnologias, ferramentas, aplicações e de conceitos que orientem para uma fábrica inteligente. Depende ainda da integração de empresas, sistemas e dos dados do processo e produto, que por sua vez dependem de sistemas de comunicação, com a total conexão do virtual e do físico, e da coleta e compartilhamento de dados. A visão clássica e linear de automação industrial (a visão da pirâmide) foi em muito ultrapassada para atender à integração plena dos sistemas.

O efetivo atendimento aos requisitos ou pilares da indústria 4.0 é possibilitado através do encontro de conceitos e filosofias voltadas para a automação, como as de Transformação Digital (TD) e da Internet das Coisas (IoT), a aplicação de alguns princípios de projeto dos sistemas de automação e da consolidação de alguns fatores tecnológicos. Comentaremos a seguir os conceitos de TD e IoT, os princípios de projeto dos sistemas e tecnologias mais relevantes na construção da indústria 4.0.

1.2.3.2 – A Transformação Digital (TD)

Transformação Digital (TD) é o nome dado ao movimento que dentre seus objetivos inclui o uso da tecnologia digital para resolver todo tipo de problema que surge na execução das atividades cotidianas de uma dada sociedade e para permitir a plena comunicação social.

TD engloba mudanças de procedimentos em todo o espectro social. Seu paradigma (modelo) é o de uso da tecnologia em todos os segmentos da sociedade como, por exemplo, governo, economia, mercado de trabalho, educação, medicina, artes, ciência e comunicação global, dentre outros.

Com as mudanças advindas da TD consegue-se aumentar a integração entre diferentes setores da sociedade como um todo. A TD é uma mudança de cultura que envolve o fator humano de forma forte, mas não prescinde da tecnologia, em particular a de automação e dentro dela, a industrial, que é o nosso foco.

Na indústria, a TD considera uma relação focada no cliente, onde o constante "*feedback*" sobre a performance, aceitação e qualificação por este é um dos objetivos que se quer atingir. As empresas buscam nesse movimento aumentar seus resultados entregando com rapidez seus produtos e adaptando-os com agilidade e qualidade às mudanças de mercado e às especificidades e expectativas dos clientes. Com seus processos digitalizados, as empresas têm grande capacidade de adaptação (resiliência) e de implementar mudanças rápidas na execução dos seus processos. Isto implica em tecnologia e mudança de mentalidade, implementando uma "mentalidade digital".

Em poucas palavras, a TD impõe uma mudança radical na maneira como as empresas vêm operando, transformando para digitais todas as etapas de seus processos internos e externos. A TD impõe às empresas a lógica do mundo digital: mudanças rápidas e respostas quase instantâneas[12].

1.2.3.3 – A Internet das Coisas – IoT (*Internet of Things*)

A denominação de Internet das Coisas (*Internet of Things* - IoT) foi sugerida pelo britânico Kevin Ashton, em 1999, que imaginou, quando trabalhava com o tema de identificação por radiofrequência – RFID (ver item 2.10), a total conexão do mundo físico através da internet. Neste conceito, o mundo físico tem que ser digitalizado, o que vem ao encontro do conceito de TD.

A Internet das Coisas é um *conceito tecnológico*. Nele todas as coisas da vida cotidiana estão conectadas à internet e, podem interagir entre si de modo inteligente e sensorial. É uma fusão do mundo real com o mundo digital. Com a digitalização das coisas e a conexão com a internet, a rede mundial de computadores, pode-se pensar um mundo funcionando diferente a cada dia, com novos elementos sendo adicionados à rede a todo instante.

Com a efetiva implantação da IoT podemos pensar em controlar remotamente os objetos e que os próprios objetos sejam usados como provedores de serviços, como por exemplo, uma empilhadeira movimentando objetos de forma autônoma e com os objetos gerando informações e o mesmo realizando algum processamento que permita direcionar a empilhadeira ao ponto adequado da linha de fabricação. A IoT abre caminho para inúmeras possibilidades, tanto na vida cotidiana, como no âmbito industrial, possibilidades que, em grande parte, já vêm sendo praticadas.

Assim, por exemplo, em hospitais, a identificação de pacientes pode ser feita desde o momento em que estes se apresentam para atendimento, usando pequenas pulseiras com *chips* de RFID ligadas a eles. A identificação permite obter de imediato os dados do paciente, seu histórico de entradas em hospitais e a descrição dos seus sintomas, tudo processado em sistemas inteligentes, provendo assim o direcionamento para os locais adequados ao seu atendimento, exames ou tratamento. A condução do paciente pode ser realizada por macas autoguiadas, que recebem suas coordenadas de movimento por informações vindas pela internet.

Operações simples da vida diária como colocar em funcionamento apetrechos domésticos como portões de garagem, sistemas de condicionamento de ar, cortinas e persianas, robôs domésticos, iluminação, sistema de telefonia dentre muitas outras mais complexas são executadas com a utilização da internet das

---

[12] Para informações gerais sobre transformação digital ver TD, [201-].

coisas. Além disso, podemos obter informações destes objetos, como por exemplo, se estão ligados ou desligados, se estão com data de manutenção vencendo, se apresentam algo que indique um possível defeito de funcionamento e mesmo fazê-los interagir de forma inteligente, executando tarefas em sequências desejadas e comandando uns aos outros.

Em todas as áreas são esperados benefícios com a efetiva implantação da IoT. Em competições de Fórmula 1, por exemplo, o uso de sensores em diversos componentes do carro para enviar à equipe dados sobre performance e resistência dos mecanismos permite que ajustes sejam feitos no carro durante uma volta sem precisar de uma ação humana direta, otimizando a performance para diminuir o tempo em microssegundos.

Nas indústrias, através do adequado sensoriamento e comunicação via rede, é possível colocar máquinas conversando com máquinas (M2M-*machine to machine*), além de aumentar a previsibilidade das operações identificando eventos e situações antecipadamente e deixando sistemas inteligentes sugerirem as melhores decisões a serem tomadas com base na experiência acumulada. Por exemplo, podemos decidir se devemos ou não interromper uma determinada operação ou as alternativas operacionais para o caso de haver previsão de ocorrência de mal tempo na área de produção em uma determinada data; podemos prever a falta de um determinado material nos estoques, os impactos deste evento e as alternativas que temos para evitar impactos no negócio; podemos deixar veículos autoguiados programarem suas operações em função da disponibilidade dos mesmos, das tarefas a serem executadas e das prioridades definidas pelos gestores ou por outros sistemas inteligentes.

Fornecedores de equipamentos, por exemplo, dispõem de banco de dados em suas nuvens para os clientes enviarem dados e informações sobre os equipamentos instalados em suas fábricas, permitindo o acompanhamento do funcionamento destes equipamentos, a predição e a tomada de providências para as manutenções necessárias nestes, separação das peças para tal e orientação do usuário quanto à melhor operação dos produtos fornecidos.

O primeiro passo para viabilizar a comunicação das coisas é colocar sensores em tudo, ou seja, ter uma onipresença ou ubíqua dos sensores, como os sensores de pressão e temperatura, por exemplo (ver sensores nos itens de 2.2 a 2.9) ou disponibilizar informações através de dispositivos de informação e captura automática de dados, como os sistemas de RFID (ver item 2.10). Esses devem ser capazes de se comunicar com a internet, em geral por conexão sem fio (wi-fi) gerando a possibilidade de interconexão de tudo com tudo, a qualquer hora. Neste conceito as pessoas também são digitalizadas, identificadas e comunicadas. Este é o conceito da IoT

A IoT é voltada para coisas comuns como os relógios, roupas, bens de consumo e muito ligadas ao mundo dos clientes. Tem-se diferenciado a IIoT (Internet Industrial das Coisas) como podemos chamar as aplicações de IoT para a indústria. Estas redes de informações industriais permitem, quando integradas e geridas de forma inteligente, rastrear produtos, pessoas, ferramentas, máquinas dispositivos de transporte e processos produtivos, operar plantas, interagir com elas e simular suas operações com a utilização de técnicas de virtualização, ou seja, de construção de um ambiente virtual que simule o ambiente real, e permita trabalhar com realidade aumentada, além de viabilizar de forma prática que se crie melhores estratégias para os negócios.

Com boas estratégias, objetivos e aproveitamento do potencial da IoT, obtêm-se redução de custos de produção e do tempo na tomada de decisões, dando à empresa capacidade de otimizar e lucrar mais com o seu negócio. Nas indústrias a IoT, ou IIoT, objetiva a comunicação entre si de tudo o que está envolvido na cadeia de valor dos negócios da empresa permitindo a troca de dados e a interação das pessoas com pessoas, das pessoas com máquinas, das máquinas com outras máquinas, das pessoas com as coisas em geral e destas com as pessoas e máquinas. Coisas, portanto, podem ser celulares, roupas, relógios, máquinas, pessoas, carros, estoques e tudo o que possa participar do negócio da empresa. Para tudo se comunicar é necessária a integração total dos sistemas de dados da empresa. Aqueles voltados para a produção, para a administração, para o cliente, para os fornecedores e todos os *stakeholders*.

As informações da IoT são, de forma geral, armazenadas em nuvens disponibilizadas em computadores locais, empresariais ou de terceiros e são processadas por sistemas inteligentes, não raro, com base em Inteligência Artificial (IA), sistemas estes que melhoram sua performance com o tempo, aprendendo com a rotina das operações e com as novas situações experimentadas.

O que objetiva a integração total das informações? Com os dados disponíveis em bancos de dados localizados em nuvens de computação podem ser criados grandes bancos de dados, com dados estruturados e não estruturados: os *Big Data*. Os dados armazenados e tratados pelos *Big Data* são aqueles relevantes para as operações, gestão e integração do negócio entre si e com o ambiente externo. Os B*ig Data* além de serem pontes de ligações com o mundo externo, congregam todas as informações gerenciais, operacionais, de recursos humanos e das "coisas" em geral, que devidamente processadas por sistemas inteligentes, elaborados com técnicas e tecnologia de Inteligência Artificial (IA), ajudam na tomada de decisões tanto da operação como do negócio, permitindo que as máquinas aprendam as técnicas de operação e manutenção da planta, os procedimentos logísticos mais corretos e tudo o que o expertise humano pode fazer para prover melhores e otimizadas soluções para seus problemas, deixando para o humano as ações que saiam da rotina.

Com a IoT na indústria, as máquinas podem fazer mais que passar comandos de uma para a outra para acionamento de máquina por máquina (*machine to machine-M2M*). Elas podem tomar decisões, avaliar os melhores procedimentos com base numa vastidão de informações e sistemas inteligentes convenientemente providos com estas informações digitalizadas. Ações operacionais aprendidas pelas máquinas são tomadas sem intervenção humana.

No que tange à gestão empresarial, os gerentes e diretores utilizam os dados coletados de todas as coisas para gerir um ERP (*Enterprise Resource Planning*) com sucesso, fazendo ajustes e otimizações na cadeia produtiva para que a empresa consiga sempre produzir com mais eficácia sem ter que investir mais. A IoT vem permitir a geração de mais informações úteis para esses ajustes e otimizações e, em grande parte, sem a intervenção do elemento humano, que passa assim a desempenhar a função de supervisão.

Os sensores e máquinas utilizados na produção são, muitas vezes, conectados diretamente com o ERP e utilizam técnicas de *machine learning* (capacidade das máquinas melhorarem suas operações através da experiência) para determinar, sem a intervenção humana, ações mais precisas de alteração na cadeia produtiva que permitam atingir metas de produção e economizar recursos.

A IoT nas empresas se volta para o negócio destas, ao atendimento às suas expectativas, e para o aumento de confiança e transparência dos processos para o cliente, permitindo à empresa ter flexibilidade (se ajustar a situações mais adequadas às suas estratégias para atendimento aos clientes) e agilidade (rapidez nas adequações). Se tornando flexíveis e com capacidade de modificarem seus objetivos e os processos produtivos associados aos novos objetivos, com rapidez e qualidade, as empresas se tornam, por consequência, competitivas.

Com a digitalização das "coisas" e o tráfego dos dados sobre estas de forma virtual pela internet, as empresas têm informação a baixo custo e, com o uso da inteligência das máquinas, reduzem os riscos das decisões de gestão e das operações, que passam a ser tomadas com maior precisão e conhecimento, por sistemas inteligentes.

Com a efetiva implantação do IIoT, cria-se uma camada de rede de informações na qual trafega digitalmente tudo o que está envolvido nos processos relacionados à empresa e à toda a cadeia produtiva, que agregue valor ao negócio, colaborando no direcionamento da empresa para o padrão 4.0.

1.2.3.4 – Princípios de projeto da Indústria 4.0

Para se implantar um sistema que permita transformar a indústria em 4.0, alguns princípios devem nortear o projeto dos sistemas de automação industrial.

a - virtualização

A indústria 4.0 tem um espelho virtual de sua construção física. Cada máquina, equipamento, processo, cada movimento na fábrica tem seu par virtual obtido a partir das informações geradas por sensores e modelos. Através dos sistemas ciberfísicos, com seus sensores, atuadores e controladores, as plantas físicas e digitais interagem permitindo que os sistemas sejam operados por comandos gerados em simuladores e sistemas inteligentes capazes de tomar decisões sobre a operação da fábrica.

As informações fluem dos sistemas físicos para os digitais e destes para aqueles, fluem de modelos para modelos, de máquinas para máquinas, entre setores da empresa e entre empresas, através dos sistemas de comunicação por onde trafegam informações digitalizadas obtidas das máquinas físicas e das máquinas virtuais. A coleta de dados acontece no físico, através de sensores sendo os dados enviados às cópias virtuais do maquinário onde rodam modelos, onde as informações são comparadas com especificações desejadas e avaliadas com um conjunto de regras para simular o comportamento do objeto físico. Através das cópias virtuais podem ser realizados testes, simulações e mudanças de parâmetros sem intervenção no mundo físico e com a capacidade de prever possíveis resultados. As ações geradas no mundo virtual são transmitidas para os controladores e atuadores que vão agir no mundo físico.

A virtualização da empresa vai permitir ações fundamentais para a agilidade e posicionamento da empresa no mercado. Assim, na atividade de pesquisa e desenvolvimento, por exemplo, o modelo virtual permite explorar as possibilidades tanto relacionadas ao maquinário quanto ao produto, possibilitando inovações e melhorias de forma mais rápida e com menor chance de erros. Na atividade de manutenção a virtualização da fábrica vai permitir a realização de diagnósticos autônomos das máquinas, que prestadores de serviços acompanhem remotamente o funcionamento destas e, se necessário, atuem remotamente ou mesmo localmente com mais precisão. Com a fábrica digitalizada pode-se orientar os operadores em caso de falhas dos sistemas, através de instruções ou decisões tomadas por sistemas inteligentes.

Pela virtualização conecta-se o chão de fábrica aos sistemas de supervisão, aos setores de estoques e suprimento, ao setor comercial e são gerados dados para os sistemas de gerenciamento fabril, como o *Manufacturing Execution System* (MES), permitindo que se acompanhe a produção e se conecte o chão de fábrica aos níveis administrativos mais altos da empresa. A virtualização facilita o controle e a análise dos processos industriais e empresariais, dentro e fora da empresa, possibilitando uma empresa mais competitiva, inovadora, capaz de elaborar e implementar com rapidez novos modelos de negócio e otimizar processos e recursos.

b - interoperabilidade

O termo interoperabilidade se relaciona com a capacidade dos sistemas ciberfísicos (máquinas, estações de montagem e produtos) e dos humanos de se comunicarem entre si, abrange a capacidade de sistemas, máquinas, dispositivos ou aplicativos se comunicarem e trabalharem em conjunto sem dificuldades, trocando informações por meio da Internet das Coisas e usando recursos da computação em nuvem.

A interoperabilidade permite que se atue de uma máquina em outra, que se processe informações geradas em um local, em outro, trocando dados e informações e usando as funcionalidades dos diferentes elementos conectados, que se atue nos sistemas produtivos através da fábrica física ou da fábrica virtualizada, de forma transparente. Sistemas interoperáveis são integrados e flexíveis. Podem se comunicar e serem operados de qualquer parte e a partir de qualquer dispositivo.

A interoperabilidade é fundamental para que os *stakeholders* tenham acesso aos dados e informações, para que a cadeia de valor possa de fato funcionar como unidade produtiva e para que as fábricas se adaptem e sejam flexíveis às customizações de produção. Com a evolução da indústria 4.0, os ecossistemas industriais se tornam cada vez mais complexos, se organizando de forma descentralizada e com elevados graus de automação e virtualização exigindo uma integração flexível das funções fabris as quais dependem da interoperabilidade da fábrica.

Vários fatores tecnológicos vêm sendo trabalhados para garantir a interoperabilidade, como o desenvolvimento de sistemas abertos tipo OPC-UA[13], normas, linguagens e modelos padronizados, e, além disso, a busca e adaptação de padrões, normas, linguagens e modelos àqueles internacionalmente aceitos.

c - flexibilidade

Este princípio se coloca como fundamental no que tange a capacidade da produção se adaptar rapidamente às necessidades do mercado, às ocorrências emergenciais não previstas e às demandas customizadas. Ele pressupõe no mínimo, a integração vertical da empresa e sua interoperabilidade, a troca de dados através dos sistemas produtivos e de gestão, dentro e fora da empresa, o trabalho em conjunto e autônomo do maquinário e a capacidade de adaptação do produto e das linhas de produção.

Uma fábrica flexível pode se adaptar rapidamente à escassez ou variações *upstream* ou *downstream* da sua cadeia de valor, reduzindo a interferência humana ou a troca de inúmeras informações através dos setores da empresa. Numa configuração fabril que obedeça ao princípio da flexibilidade, as máquinas são CPS trocando dados e orientações que definem etapas a serem seguidas nas linhas de produção, máquinas e partes a serem incluídas na composição do produto, onde uma máquina define tarefas para outras, conforme o princípio de interoperabilidade já apresentado.

Para ser flexível, uma linha de produção tem que ser organizada de forma que o caminho pelo qual o processo produtivo deve seguir não esteja "engessado" pela organização e rigidez das máquinas, de forma a obrigarem uma movimentação linear do produto em execução. O caminho do produto através da linha de produção deve ser definido pelo produto solicitado no momento da produção conforme prescrito pela fila de pedidos, ao invés de uma produção contínua fixa e predeterminada. Para que isso seja possível o outro princípio a ser atendido é o da modularidade.

d - modularidade

A modularidade pressupõe a divisão do maquinário em pequenos segmentos que trabalham em conjunto da forma tradicional ou adaptando-se para atender às necessidades do momento, e ao projeto da fábrica e dos produtos, permitindo tratamentos que viabilizem modificações na linha de fabricação, que atendam aos requisitos específicos de clientes ou às dificuldades operacionais imprevisíveis. A modularidade, portanto, exige novos conceitos de projeto de produtos e de organização fabril.

---

[13] O OPC-UA é um conjunto de padrões de comunicação de dados, voltado para aplicações industriais, desenvolvido pela Microsoft e que roda com base no sistema Windows. Para uma maior discussão sobre interoperabilidade e valor do OPC-UA na integração dos sistemas ver C&I, 2018.

Numa fábrica modular torna-se fácil a expansão gradual da planta industrial, com pouco impacto nas linhas de produção e em outros produtos, possibilitando também gastos esparsos em projetos de ampliação. Este princípio de projeto é, portanto, sinérgico com os de interoperabilidade e flexibilidade.

e - dados e respostas em tempo real

Este princípio define a necessidade de um ambiente que integre o físico e o virtual tornando possível todos os componentes conversarem entre si e atuarem um nos outros. Para tal, são necessárias informações atualizadas e capacidade de atuação de forma rápida nos processos produtivos.

A disponibilidade de dados e respostas em tempo real se refere tanto ao ambiente interno à fábrica quanto externo. Dentro da fábrica as informações são obtidas e analisadas através de sistemas produtivos baseados em CPS. No ambiente externo ocorre a troca de dados e comunicação entre diferentes empresas ou fábricas, possibilitando cooperação e adaptabilidade tornando, dessa forma, mais relevante a capacidade de coletar dados e executar respostas em tempo real. A conexão através da cadeia de valor e das redes de valor acontece em tempo real.

Os dados e respostas em tempo real viabilizam a otimização das tomadas de decisões, permitindo previsões mais rápidas e tanto mais precisas quanto mais informações forem coletadas e analisadas. Com este princípio implementado, os operadores e supervisores terão acesso a dados de forma mais rápida, assim como poderão fazer análises da produção e nela atuar de forma mais imediata.

f - descentralização

Em uma indústria 4.0 todos os seus componentes estão se comunicando e trocando dados, não sendo mais necessário um sistema central para tomada de decisões. Neste sentido, de forma a se ter a gestão dos processos fabris, o controle e a rastreabilidade da produção devem ser garantidos, permitindo que de qualquer ponto da produção se possa monitorar e atuar no processo produtivo.

Isto exige sistemas produtivos, baseados em CPS, conectados entre si, possibilitando troca de informações e atuando de forma autônoma. Além de ser um requisito para o conceito da Indústria 4.0, também habilita outros princípios de projeto como a interoperabilidade, virtualização, modularidade e flexibilidade.

g - orientação a serviços

Outra das características da indústria 4.0 é a terceirização das funções fora do núcleo de negócio da empresa. A mudança de orientação na fase de projeto se dá do foco na produção para o foco no negócio. Isto leva a uma empresa onde a gestão dos processos ganha prevalência em relação às suas execuções. Os serviços são contratados e a empresa tem que ter sistemas que permitam que estes serviços sejam executados em tempo real, ou seja, a empresa deve ser orientada a serviços.

Em lugar de investir tempo e recursos na disponibilização de serviços como gestão de recursos de informática, manutenção de sistemas, contabilidade, marketing e outros, a empresa orientada a serviços pode se dedicar ao desenvolvimento de novos modelos de negócios, alterar cadeias de valores, melhorar sua integração com outras indústrias e empresas, conectar a empresa e o consumidor e mesmo disponibilizar serviços de interesse de outros consumidores e empresas. Num resumo, poderão viabilizar, em mão dupla, o que se denomina Serviços pela Internet (*Internet of Services* - IoS).

h - mobilidade

A mobilidade garante que podemos nos conectar à empresa através de dispositivos de diferentes naturezas e localizados em diferentes espaços geográficos. Significa operar a empresa sem "áreas de sombra".

A aplicação do princípio de projeto de mobilidade viabiliza a atuação remota na empresa, desde intervenções pontuais, manutenções até mudanças de parâmetros e ordens de produção, feitas longe do maquinário em questão, fora da fábrica ou até em outros países, através de computadores, celulares ou outros sistemas de comunicação. A mobilidade deve ser assegurada pela integração vertical e horizontal da fábrica e torna possível uma efetiva engenharia de ponta a ponta, com o acompanhamento em qualquer parte e a partir de qualquer interface, das modificações no processo produtivo.

Devido à quantidade de dados a serem acessados é comum que os dados sejam armazenados nas nuvens tornando simples o acesso a eles por qualquer interessado, desde os *stakeholder* até os operadores, supervisores e gestores de alto nível.

i - eficiência de recursos

Eficiência de recursos e de energia são temas mandatórios nas definições dos processos produtivos. Seja para maximizar a produtividade tendo em vista os recursos disponíveis, ou para reduzir os recursos utilizados tendo em vista o objetivo e resultado almejado (otimização), ou para atender às demandas respeitando restrições, sejam estas de recursos, energia ou emissões, os sistemas envolvidos nos processos devem ser monitorados, controlados e simulados com base em dados obtidos em tempo real. Para tal, os processos precisam ser virtualizados e simulados para que se possam avaliar os impactos das alterações nos processos, como as variações nos níveis do estoque, as necessidades de movimentações logísticas, tudo com base em dados atuais e nos dados históricos de uso de recursos e resultados operacionais.

A aplicação do princípio de eficiência de recursos permite que a empresa supere os desafios de entregar soluções e produtos com menor impacto ambiental possível, "produtos verdes", reduzindo as emissões de carbono, a produção de resíduos, e otimizando seus processos levando em consideração toda a cadeia de valor.

j - cibersegurança

Cibersegurança diz respeito às medidas e políticas que devem ser tomadas para proteger dados e manter os processos seguros e confiáveis. Com o advento da indústria 4.0 o número de conexões e movimentações de dados tende a crescer, tornando empresas e indústrias que sempre trabalharam com sistemas de produção e gestão fechados e não conectados com o "exterior", expostas ao mundo exterior.

O desafio da aplicação do princípio de cibersegurança é manter um alto nível de segurança em um ambiente onde os processos são complexos e dinâmicos, além de interconectados e integrados por toda cadeia. Isto significa proteção contra uso inadequado das informações, acessos não autorizados e outras ameaças. A cibersegurança se viabiliza através da identificação das vulnerabilidades e pontos frágeis de uma indústria conectada, integrada através de sua cadeia e rede de valor, interoperável, virtual e descentralizada. O desafio é, portanto, desenvolver e aplicar medidas de segurança e de avaliação de risco implementando a cibersegurança através de arquiteturas e padrões que garantam o funcionamento seguro da empresa.

Outros princípios de projeto podem ser considerados[14] sendo os aqui apresentados o núcleo das diretrizes de projeto para sistemas automatizados para a indústria 4.0.

1.2.3.5 - Fatores tecnológicos viabilizadores da Indústria 4.0

Muitas tecnologias concorreram para viabilizar a indústria 4.0. Vejamos mais de perto alguns dos principais fatores tecnológicos.

a) adoção do *padrão Ethernet* para redes de comunicação local (LAN - *Local Area Network*) e o desenvolvimento de padrões que permitiram a convergência[15] e comunicação de dados, como o padrão OPC-UA, facilitando a troca de dados entre sistemas de automação e entre estes e os sistemas de gestão;

b) capacidade de obter e tratar a grande quantidade de dados disponibilizados pelos sistemas digitais, sendo muitos destes dados disponibilizados na forma não estruturada como aqueles vindos como fotos, vídeos, e-mails, comentários e avaliações que traduzam sentimentos dos clientes, e não em formatos de tabelas e outros dados estruturados. Para classificar, armazenar, tratar e utilizar a enorme quantidade de dados heterogêneos gerados a todo instante, de forma conveniente, foram desenvolvidas ferramentas dentro de conceitos conhecidos como "*Big Data*" e *"Data Analytics"*.

Usam-se três quesitos para estruturar o *Big Data*: volume (tamanho dos dados), variedade (vídeo, tabelas e outros) e velocidade (quantidade de dados gerados em certo período). O *Analytics,* na essência *softwares* e tecnologias especializadas em análise de dados, enfatiza a solução necessária para o tipo específico de *Big Data* de um dado setor ou empresa a ser tratado.

Com estas ferramentas é possível otimizar a qualidade de produtos e serviços, reduzir o consumo de energia, identificar padrões, tendências de mercado e preferências de consumidores. Os dados

[14] Ver por exemplo SEIMBRA, c2021 e PLATTFORM INDUSTRIE 4.0, c2021a.

[15] Convergência se relaciona à capacidade de comunicação de dados. Refere-se à utilização de uma única infraestrutura de tecnologia para prover serviços, em lugar de usar canais de comunicação, padrões e protocolos diferentes.

disponibilizados e tratados ajudam na tomada de decisão por parte dos gestores, rodando processos de análise de dados que objetivam tirar deles conclusões úteis para o negócio. Além disso, *Big Data* e *Analytics* facilitam a obtenção de dados e respostas em tempo real e a engenharia de ponta a ponta através da cadeia de valor.

c) o processamento e armazenamento de *dados em nuvens* foi outro fator importante na construção do conceito de indústria 4.0. As nuvens são sistemas (*softwares*, banco de dados, plataformas ou infraestrutura) disponibilizados aos clientes interessados no seu uso. O acesso às nuvens é pela internet e o cliente pode aumentar ou diminuir com facilidade os recursos de informática que deseja utilizar, ganhando grande flexibilidade e viabilizando o uso escalável dos sistemas informatizados, ou seja, uso com o acréscimo gradativo de recursos, na medida da sua necessidade, no que diz respeito a recursos materiais e humanos, podendo começar seus sistemas com o mínimo investimento, aumentando-o de acordo com a demanda, orçamento ou previsões.

Os sistemas onde se situam as nuvens são em geral de terceiros, evitando que as empresas gastem seus recursos humanos e financeiros, com compra, manutenção e operação dos sistemas de processamento. Além disto, o serviço é metrificado, pois os sistemas de nuvem já monitoram e controlam o uso de seus recursos, compartilhando essas informações com seus consumidores. Assim, o sistema de computação em nuvem pode se enquadrar no modelo de negócio de prestação de serviço.

As nuvens permitem o armazenamento e processamento da grande quantidade de dados gerados na indústria, os quais podem ser acessados por clientes das empresas, por fornecedores e pelos demais *stakholders* autorizados a este acesso, ou seja, permite a integração da cadeia de valor do produto de forma fácil, através da internet.

A utilização das nuvens contribui para a descentralização das informações da fábrica, para a melhor definição de dados públicos e de acesso restrito, para o aumento da segurança da informação e para a prática de terceirização de serviços relacionados à automação, consolidando uma arquitetura orientada a serviços (SOA - *Service-Oriented Architecture*). Assim, por exemplo, a manutenção das máquinas da fábrica pode ser realizada remotamente, pelos fabricantes destas, onde estes acessam diretamente os dados do seu desempenho armazenados em nuvens, através de qualquer dispositivo capaz de se conectar à rede da nuvem, ganhando mobilidade e flexibilidade.

Uma forma de nuvem de menor porte e maior agilidade é conhecida como *fog computing* (uma alusão ao termo *fog* inglês). Este mantém o conceito do *cloud computing*, porém coloca os recursos mais próximos do usuário. A sua filosofia prevê o processamento e armazenamento de dados em nós mais próximos ao ponto de geração destes, permitindo que a grande quantidade de dados gerados pelos sistemas de medida, sistemas de gestão, pela Internet das Coisas (IoT) e outros geradores de dados, sejam processados sem trafegar pelas vias de maior demanda, evitando os congestionamentos e gargalos nas redes.

Como todo sistema baseado em comunicação, troca de dados e internet, privacidade e segurança são dois fatores essenciais. Esta responsabilidade de segurança fica também a cargo dos administrados da nuvem.

d) aumento da *segurança das informações* introduzindo nos sistemas de automação o conceito de segurança cibernética (*cibersecurity*) que é um conjunto de ferramentas e procedimentos que além de abranger a segurança da informação, mais pautada em procedimentos e treinamentos, foca também nas técnicas e nos equipamentos e dispositivos, como *firewall*, redes e banco de dados, para que as informações que trafegam na organização se mantenham protegidas de invasões, roubos, deterioração ou outras fontes que possam destruir valor desse precioso bem.

e) a *realidade aumentada* (*augmented reality* – AR) onde se acrescenta conteúdo virtual ao mundo real modelado digitalmente, e a *realidade virtual* (*virtual reality* - VR), a qual pode mostrar um modelo do mundo real ou uma realidade criada digitalmente e que só existe virtualmente, saíram dos jogos e simuladores de uso geral e alcançaram a indústria. São tecnologias alinhadas com o princípio de projeto de virtualização, respostas em tempo real e mobilidade. Com estas tecnologias podem ser criados ambientes virtuais com vários objetivos como o de virtualização das operações e dos equipamentos da fábrica, respostas em tempo real para mudanças operacionais, operação em áreas remotas ou perigosas, realização de manutenções e reparos na linha de produção, realização de treinamentos em ambientes controlados, sem a necessidade de técnicos no local e com simulações imersivas, tudo com custos reduzidos e velocidade de execução aumentada.

No caso de manutenção e mesmo simulações operacionais, as regras e procedimentos para as suas execuções podem ser enxergados, por exemplo, nas telas das ferramentas de acesso aos objetos virtualizados, como aquelas projetadas em lentes de óculos e dispositivos remotos.

f) robótica avançada

A evolução da robótica vem como outro fator tecnológico importante. Os robôs se aperfeiçoam a cada dia atingindo um nível de trabalho mais próximo ao humano e, em muitos casos, superior a este. Trabalhando com base em históricos de produção, estado atual, próximo estágio ou etapa, processos a serem realizados, entre outros, os robôs facilitam a aplicação dos princípios de descentralização e interoperabilidade, permitindo que produtos e máquinas troquem informações e tomem decisões de forma autônoma e otimizada. Sendo cada dia mais autônomos, autossuficientes, flexíveis, interativos e cooperativos, podem ser utilizados em tarefas mais complexas em conjunto com outros robôs ou sistemas autônomos ou mesmo com humanos, deixando para trás o tempo em que os trabalhos dos robôs se limitavam a tarefas controladas em linhas de produção.

A evolução dos sensores inseridos nos robôs e mesmo fora deles, se torna fundamental para que eles desempenhem suas tarefas, pois permite que as máquinas entendam o ambiente e a tarefa e respondam de acordo. Aliado ao avanço das tecnologias de comunicação, principalmente com a conexão dos CPS, IoT e nuvens, os robôs se tornam nós de redes vitais para a automação dos processos com movimentação de materiais.

g - manufatura aditiva

A manufatura aditiva[16] designa um conjunto de tecnologias de fabricação a partir de modelos digitais de peças desenhados em três dimensões em computadores. A partir destes modelos são criados objetos físicos. A característica dos processos de manufatura aditiva é que o resultado final (o objeto final) é obtido pela adição de camadas de um determinado material, em geral plásticos, resinas e metais como o aço e titânio, até se obter o objeto na forma final desejada. É comum a referência aos processos de manufatura aditiva como impressão 3D.

A adoção da manufatura aditiva traz inúmeros benefícios dentro da indústria 4.0. Nos processos de desenvolvimento de produtos, com a elaboração de protótipos, por exemplo, o tempo e o custo para o desenvolvimento desses, seus testes e simulações de funcionamento são reduzidos; na atividade de manutenção é possível a construção de peças de reposição e de novos componentes, que em muitos casos têm tempo de entrega e fabricação longo, barateando e dando rapidez à manutenção; no que tange à produção, pode-se desenvolver ferramentas novas, antes desenvolvidas por peritos ferramenteiros, em curto espaço de tempo, com baixo custo e bom acabamento, e modelos para fundição, sejam de pequenas peças como implantes dentários e joias ou grandes como hélices propulsoras; os processos de fabricação customizados se tornam possíveis, permitindo às empresas melhor se adequarem aos desejos e necessidades de seus clientes.

Por ter um custo de fabricação relativamente baixo, pode-se pensar em produções de pequenos lotes de peças a preços adequados. A liberdade de movimentação das máquinas de manufatura aditiva possibilita a fabricação de geometrias muito mais complexas que as demais formas de fabricação; por ser um processo que utiliza, praticamente, somente o material necessário à produção do volume da peça a ser fabricada, utiliza menos material, gerando menos resíduos de produção e consumindo pouca energia elétrica, colaborando para a sustentabilidade e a aplicação do princípio de eficiência de recursos. Este processo, no entanto, não é direcionado para grandes quantidades de peças a serem produzidas uma vez que é lento e tem custos elevados, se comparado aos métodos usuais de fabricação.

As aplicações para a manufatura aditiva são possíveis numa ampla faixa de tamanhos de peças, como por exemplo, de turbinas eólicas a implantes médicos, e num amplo espectro de setores produtivos como o automotivo, o aeroespacial e o médico. Além de atender ao princípio de eficiência de recursos, a

[16] Ver mais informações sobre os processos de manufatura aditivada e subtrativa em WISHBOX, 2015.

manufatura aditivada ajuda na viabilização de outros princípios como os de flexibilidade e capacidade de customização da produção.

h - dispositivos de informação e captura automática de dados

A disponibilidade de dispositivos de informação e captura automática de dados (*Automatic Identification and Data Capture* – AIDC), como os sistemas de identificação por radiofrequência (ou Radio-Frequency IDentification - RFID) e código de rápida resposta (ou Quick Response Code - QR Code) por exemplo, permitem a identificação automática e à distância possibilitando o acompanhamento de produtos ou ferramentas na fábrica e através das linhas de produção, atualizando a movimentação em tempo real de estoques e produtos permitindo o seu gerenciamento. Esta possibilidade, por oferecer rastreabilidade e identificação de estoques e produtos, traz um enorme potencial de integração com sistemas de gerenciamento, como MES e outros sistemas, e disponibiliza informações em tempo real. Os AIDC serão discutidos no item 2.10.

i - redes de alta velocidade

As redes que permitem um alto fluxo de informação com grande velocidade vêm viabilizar a efetiva comunicação e fluxo de dados compatível com as necessidades da indústria 4.0. A rede 5G de comunicação, por exemplo, representou um notável avanço em relação aos sistemas anteriores, viabilizando os comandos das coisas sobre as coisas e a troca de informações entre elas. De forma geral, o *Big Data* e *Analytics*, a IoT e a computação nas nuvens para serem tecnologias efetivamente utilizáveis e confiáveis necessitam de alta velocidade de tráfego de informações, múltiplas conexões, segurança da integridade da informação, sem gerar sobrecarrega na rede, demandando redes de alta velocidade.

1.2.4 – Passando da I 3.0 para a I 4.0

O resultado da implementação da filosofia de transformação digital (TD), associado ao desenvolvimento da internet das coisas, a conectividade plena dos sistemas de processamento, com base na padronização de redes de comunicação, seja no nível físico e de linguagem (protocolos), bem como a mudança do conceito de aplicação da automação industrial, saindo do foco na operação para o foco no ciclo de vida do produto, o qual vai desde os processos de P&D (pesquisa e desenvolvimento) até o descarte dos produtos fornecidos aos clientes, com a integração com todos os *stakeholders*, veio permitir pensar a integração total dos sistemas da tecnologia da informação (TI) com a tecnologia de operação (TO), gerando uma imensa quantidade de dados e informações, que processados em sistemas inteligentes, com o uso de IA, vêm permitindo inúmeras modificações nos processos administrativos e produtivos das indústrias.

O enfoque passa a ser as novas formas de se fazer negócio, o fim do desperdício e do erro, e centro de atenção no cliente buscando customização e personalização dos produtos. Se o foco da automação antes na Indústria 3.0 era a operação da fábrica ou da empresa como um todo, o da Indústria 4.0 é o negócio. Definidas as estratégias competitivas com a ajuda dos sistemas de apoio às decisões, baseados nas informações disponíveis sobre as empresas, sobre os negócios no mundo exterior e sobre as previsões de interesse, as empresas completamente automatizadas podem ajustar suas operações, sejam administrativas ou operacionais, de forma a atender aos objetivos dessas estratégias.

As empresas que ainda não têm seus negócios automatizados e desejam chegar ao nível 4.0 devem desenvolver seus projetos de implantação considerando *três dimensões* para os seus sistemas de automação: os elementos que formam a cadeia de valor da empresa, a arquitetura dos sistemas de automação e as hierarquias de geração e acesso às informações.

A *primeira dimensão* leva em conta a identificação dos elementos que formam a cadeia de valor da empresa. Esta visão deve considerar o "ciclo de vida do produto". Nessa cadeia estarão incluídos a pesquisa e desenvolvimento, a operação, a manutenção, a produção, marketing, planejamento, logística, qualidade, os fornecedores e todos os envolvidos na formação do valor do produto. Com esta visão saberemos quem queremos integrar no nosso sistema de informação. Aqui podem ainda ser consideradas integrações externas com outras empresas e outros parceiros de interesse.

Numa *segunda dimensão* devemos pensar na "arquitetura do sistema" que permitirá realizar a integração desejada. Temos que pensar naquilo que é o ponto focal deste livro, ou seja, nos *dispositivos* que vão medir e controlar a produção (instrumentação), o que implica em definirmos o que será digitalizado, os sensores e sistemas de informação e coleta de dados que necessitaremos de forma geral, os sistemas que utilizaremos para aprender com a operação, para provermos manutenção dos ativos da empresa, e outras definições focadas na operação da fábrica. Esta etapa nos permitirá definir uma arquitetura como a exemplificada na figura 1.2.4.

Figura 1.2.4 – Exemplo de arquitetura para a indústria 4.0.

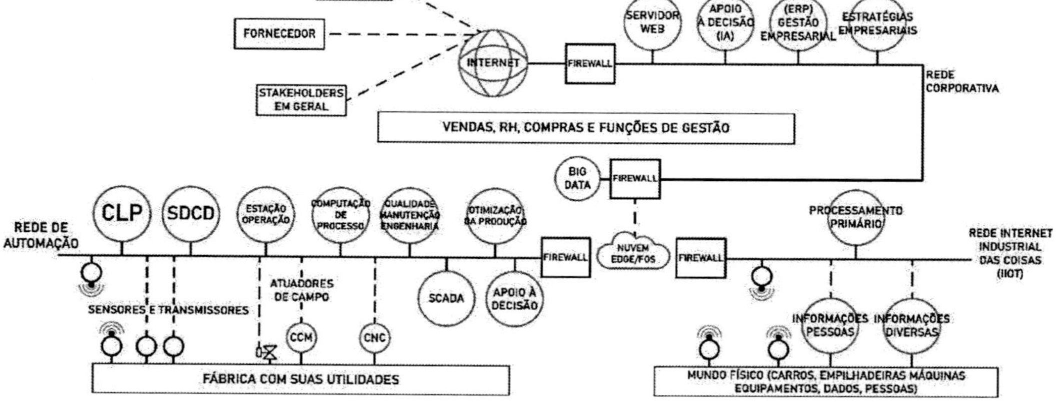

Fonte: autor

Na dimensão arquitetura temos que prover meios de integrar os sistemas e viabilizar a comunicação entre eles. Para tanto, devemos procurar seguir padrões industriais definidos, como por exemplo, os padrões IEC-63088 (2017), que busca criar uma arquitetura de referência para a indústria.

Definida a integração do sistema é importante que se decida as informações importantes para cada nível de decisão da empresa, do funcional ao negócio. Com isto teremos então uma visão do sistema a ser implantado, sob a ótica de quem gera e a quem interessa as informações disponibilizadas pela arquitetura proposta. Esta visão trabalha com a *terceira dimensão* do projeto da automação: os "níveis hierárquicos" do sistema. Quem terá acesso a que informações? Que informações e sistemas estão no escopo dos processos fabris? Quais estão no escopo da produção como um todo? Que informações ficarão em "nuvens", e em que níveis ficarão estas nuvens? Teremos que definir as informações que trafegarão no nível operacional, de gestão e estratégico, onde rodarão os sistemas, inclusive considerando a possibilidade de terceirização de serviços como aluguel de espaço em computadores externos para armazenar informações, rodar *software* e ter disponível o *hardware* necessário, de forma a se ter recursos, sem a preocupação de investir e cuidar deles. Nesta dimensão definimos ainda que informações comporão o *Big Data*, quem poderá acessá-lo e quais os níveis de segurança do sistema (*cibersecurity*).

Realizadas as definições, segundo os princípios de projeto, o sistema deve ser efetivamente implementado. As indústrias que querem sair do nível 3.0 e implementar o nível 4.0 passam, necessariamente, por algumas *etapas* de implantação como a automação de seus processos operacionais e administrativos, a otimização destes processos e a busca da *convergência* do seu sistema, esta última etapa, chave na integração dos sistemas.

Convergência é o termo usado para se referir a uma integração da infraestrutura tecnológica para prover serviços pessoais e, no nosso caso de interesse, empresariais. Para que haja *convergência* é necessário que tudo que esteja dentro da cadeia produtiva possa conversar entre si; que as redes diferentes (de automação, corporativa, IoT, internet, locais, empresariais, dos clientes e fornecedores) se conectem e permitam o fluxo de informações entre elas.

Com a convergência, as tecnologias são "fundidas" em um único ambiente (ecossistema), ou seja, equipamentos únicos, canais de comunicação interligados e se comunicando, e protocolos inteligíveis em todos os níveis, ainda que utilizando padrões independentes. Dito de outra forma, convergência é a tecnologia e a técnica de interligar as redes de computadores para toda a cadeia industrial com o objetivo de formar dados inteligentes para a tomada de decisões.

Assim, quem utiliza a informação pode acessá-la a partir de qualquer lugar, através de qualquer meio de comunicação usando interfaces diversas como celulares, computadores e terminais. O que era distinto em termos de sistema de informação, passa a ser único. Os padrões que se mostram presentes para viabilizar essa convergência se baseiam na Ethernet, inclusive para interconexão de dispositivos elétricos inteligentes (IED – *Intelligent Electronic Device*), e na Profinet.

A convergência aliada à mudança cultural que implanta novas formas de operação, de pensar o valor das informações e de interagir como o meio externo permite a implantação da indústria 4.0. Esta indústria vê ganhos no tempo na tomada de decisões, no consumo de energia, evita erros humanos e flexibiliza as operações tornando a empresa rápida para implantar mudanças, construindo uma capacidade de sua rápida adaptação às mudanças no mercado (mundo exterior), construindo uma empresa resiliente. Em última análise, o padrão I 4.0 constrói uma empresa competitiva e lucrativa.

O modelo empresa 4.0 é, portanto, uma evolução e a plena integração de várias possibilidades da informática que começa com a geração de dados e informações das "coisas" e termina com um processamento inteligente de tudo, viabilizando a saída do humano das operações fabris, passando este a ser um supervisor, além de permitir o investimento de tempo e recursos em estratégias que tornem a empresa mais competitiva.

Na indústria 4.0 tudo se conecta a tudo: computadores, máquinas, pessoas, enfim, qualquer coisa; a conexão deve se dar de qualquer lugar para qualquer lugar, entre coisas em movimento, nos computadores, em qualquer tempo e sem espaços escuros onde as informações não trafeguem.

1.2.5 – Desafios e tendências da automação

A automação que era vista como uma pirâmide, com uma dimensão vertical voltada para a integração da fábrica, ganhou uma dimensão horizontal que mais tem a ver com a disponibilização dos dados em níveis horizontais, integrando toda a cadeia de valor da empresa, as empresas entre si, as informações com as pessoas e as pessoas com as máquinas.

O *grande desafio*, principalmente em países que ainda se encontram com indústrias apenas mecanizadas, ou seja, onde só a força humana foi substituída por máquinas e, portanto, sem uma automação implantada, ou no nível de automação da produção (I 3.0) é *transformá-las* em I 4.0. A *tendência* é de que as grandes e médias empresas passem por todo o processo de digitalização, implantem redes comunicativas, ligando-as verticalmente do sensor à gestão, e caminhem as informações dos processos produtivos às nuvens de informações, permitindo a adequada tomada de decisões.

Numa Indústria 4.0 todos os sistemas serão integrados e o *uso de modelos de padrões industriais de arquiteturas* para as estruturas de automação *(Reference Architectural Model for Industrie* - RAMI) passará a ser prática corrente, permitindo a integração de tudo e de todos.

As *arquiteturas serão orientadas a serviços* (SOA – *Service Oriented Architecture*) as quais têm por princípio que as aplicações de uso na indústria sejam disponibilizadas na forma de serviços. Estas arquiteturas permitirão o desenvolvimento de pacotes de serviços por terceiros e que as empresas terceirizadas cuidem de serviços que estejam fora do foco do negócio empresarial. As empresas terceirizadas venderão programas e espaços de computadores evitando que as empesas com fins industriais gastem recursos na compra, operação e manutenção desses sistemas. Caminhando com a terceirização, empresas voltadas para automação poderão cuidar desde a definição de sistemas até a sua implantação e manutenção.

A *comunicação* será padronizada e intercomunicante, seja pela plena conexão física, ou pela inteligibilidade dos protocolos disponíveis nos diversos níveis de comunicação. Com isto a interação e operação dos sistemas, inclusive dos dispositivos de medição e controle, serão tipo "*plug and play*". O uso de padrão para troca de informação e interpretação de dados será corrente, como por exemplo, seguindo a tendência de uso da OPC-UA para interpretação de dados, padrão este que facilita a IIoT (Internet Industrial das Coisas) através de sua escalável e segura arquitetura, e que pode ser aplicado em todas as camadas relacionadas às arquiteturas propostas pela série de normas ISA 95[17], desde a camada de sensoriamento até a camada comercial.

A *segurança das informações* deverá ser reforçada tornando mais confiáveis e protegidos os sistemas empresariais avançando em relação aos conceitos expressos em normas voltadas para tal fim, como a ISA-90, 2007. Deve-se ir além da criptografia, autenticação, antivírus e *firewall* da rede.

A *intercomunicação entre máquinas* (M2M) será corrente e a implementação de sistemas inteligentes nas máquinas será praticada em escala cada vez maior. Deverão ser escolhidos alguns padrões de comunicação entre máquinas como o MQTT (*Message Queuing Telemetry Transport*) padrão também bem adequado como alternativa para a internet das coisas, já que pode suportar comunicações assíncronas (sem uso de um *clock* externo), ou seja, pode suportar dados transmitidos em fluxos estáveis. Os dispositivos de comunicação digital deverão ser adequados às IPs (Internet Protocols) no mínimo compatível com IP6[18].

A *comunicação física*, que segue hoje em muitas aplicações o padrão de dois fios, vai migrar, em grande parte, para fibra ótica.

Outra *tendência* é a utilização de *identificadores e coletores* de informações em tudo: estoques, matérias-primas, embalagens, pessoas, equipamentos diversos, dentre outros. Para tal serão ainda utilizados os sistemas de código de barras e QR codes, mas os sistemas de RFID deverão ocupar maiores espaços.

As *nuvens* serão disponibilizadas em diferentes níveis da empresa. Na base terão os *edge* (processamento de borda) e os *fog* que permitem armazenamento e processamento de informações em ponto mais próximo ao de sua geração. Trabalhar com *edge* (nuvens internas às áreas de produção), e *fog* interligado às nuvens (*cloud*) da empresa e *interligar* essas nuvens com os sistemas dos clientes, fornecedores e demais interessados na cadeia de valor, é uma *tendência*. Assim, por exemplo, o fornecedor

[17] Ver ISA, 2010a, 2010b, 2013b, 2014, 2017a, 2017b, 2018a, 2018b e 2018c.
[18] Padrão de protocolo usado na internet e criado em 2012.

de uma turbina poderá acompanhar o funcionamento do equipamento instalado na fábrica do cliente, prevendo manutenções necessárias, identificando erros operacionais e ocorrência de iminentes problemas, provendo em muitos casos, remotamente, solução para os mesmos. Um fornecedor poderá identificar de seus escritórios os níveis dos estoques das empresas a ele interligadas e prover os recursos sem que a fábrica necessite pedir.

Com as informações de TI, TO e IIoT disponíveis nas nuvens, serão gerados os *Big Data* como intercessão destes dados. Os *Big Data* centralizarão, gravarão e analisarão os dados de interesse da unidade empresarial voltados para as operações do negócio, incluindo os necessários à comunicação com o mundo externo. Com a construção de *Big Data* com bancos de dados organizados e selecionados dentre as informações de TI, TO e IIoT, e com ferramentas de fácil tratamento, os *Data Analytics,* será viável a tomada de decisões rápidas, a aplicação de tecnologia de *learning machine* e o aumento da segurança das informações (*cibersecurity*).

Nos *sensores e dispositivos de campo*, as mudanças vêm por conta das tecnologias disponíveis, baseadas em física quântica e nanotecnologia, as quais levam à redução das dimensões e ao aumento das funções possíveis de serem desempenhadas pelos instrumentos de campo. A função controle tende a migrar para os dispositivos de campo, tendo em vista o nível de segurança alcançado por estes no que tange às intempéries, falhas, danos operacionais e invasões por *hackers*, e ao aumento da capacidade de processamento em mínimos espaços. Os *edge*s podem também ser deslocados para os dispositivos de campo.

A *interconectividade dos equipamentos* tanto dispositivos de medição e controle como de máquinas será garantida pelo uso de *softwares* de comunicação padronizados como o OPC-UA e o MQTT.

Com a *automação e interligação da empresa ao cliente*, este poderá participar mais da produção definindo necessidades e colaborando na definição de prioridades nas linhas de produção.

O uso de *veículos autoguiados* AGV, (*Automated Guided Vehicle*), principalmente nas indústrias de manufatura será intenso, incluindo o uso de drones para fins de manutenção, supervisão e monitoração da produção.

Os *protocolos serão todos abertos*, como o OPC-UA e o MQTT, permitindo comunicação fácil entre diferentes instâncias de automação.

Com as informações nas nuvens (*clouds, fogs ou edges*) e o *uso de IA* para controle e supervisão dos processos, os sistemas de apoio à decisão serão de grande valia no que tange à definição das melhores estratégias empresariais, bem como será intensificado o aprendizado por máquinas (*learning machine*). Os operadores passam a ser supervisores dos processos e os gestores, estrategistas.

A *integração entre TI, TO e IoT* será total e tratada como tecnologia de automação como um todo. *Softwares* de gestão empresarial (TI) conversarão facilmente com os *softwares* responsáveis pela automação industrial (TO) voltados para medição, controle, automação e segurança. Todos os sistemas de informação e as coisas que consomem e produzem informações da unidade industrial através das pessoas, máquinas, equipamentos e dispositivos em geral, se comunicarão.

Como filosofia geral, as plantas automatizadas serão totalmente *interoperáveis* (tudo se comunicará independentemente de fabricante e origem), *virtualizadas* (digitais em tempo real) e *flexíveis* (descentralizadas e modulares). Os desafios que se impõem à engenharia de automação, aos organismos de padronização e às empresas são de todas as ordens: técnicas, tecnológicas, de recursos materiais e humanos.

Para que se vençam estes desafios exige-se *formação humana*. Engenheiros de automação especializados em redes, protocolos, conectividade, tratamento de dados e visão geral do processo de automação. Do ponto de vista fabril, os operadores terão que se habituar a passar conhecimentos para os sistemas, a se manterem atualizados e prontos para entrar em ação, mantendo e melhorando sua expertise através do treinamento contínuo com utilização de simuladores das plantas que operam. Os gestores devem se habituar a operar com base em dados e fatos e a desenvolver senso analítico aliado à capacidade de síntese e decisão rápida.

No que tange à *tecnologia*, o *conhecimento de sensores* adequados (tema deste livro) e a escolha dos melhores fornecedores que não minimizem a potencialidade dos sistemas de se expandirem, de serem interoperáveis e de convergirem será uma demanda permanente, considerando que a tecnologia continuará a evoluir com rapidez.

O *domínio das técnicas de implementação* são o salto do projeto para a prática. Expertise de campo e vivência nas operações são requisitos vitais para o sucesso dos projetos de automação.

Os investimentos iniciais são grandes, mas podem ser facilmente retornados se os desafios de trabalhar nos pontos ótimos, com zero erros, sem perdas, com capacidade de obter produtos especiais em baixa escala a preços competitivos ou mesmo produzir em grande escala produtos sob medidas, e com a redução dos atrasos (*lead times)* na cadeia de produção e fornecimento forem alcançados. Bem projetados e instalados, os sistemas automatizados retornarão os investimentos.

1.2.6 – Conhecimentos e áreas relacionados à automação

Como vimos nas discussões anteriores, o conceito de automação evoluiu. Pela extensão dos conhecimentos envolvidos no tema, várias *subespecialidades* com diferentes *áreas de conhecimento* foram desenvolvidas.

Algumas subespecialidades dentro da macro especialidade "automação" são: dispositivos de medição e controle (objeto de estudo deste livro), controle de processos, sistemas digitais de controle, redes de comunicação (*hardwares e softwares*), modelagem matemática, CAD/CAM[19], Controle Numérico Computadorizado (CNC), robótica, circuitos hidráulicos e pneumáticos, *softwares* de controle e otimização de processos (SCOP), processamento em nuvens, segurança operacional, como as principais (ver figura 1.2.5).

Figura 1.2.5 – Algumas áreas de conhecimento ligadas à atividade de automação industrial.

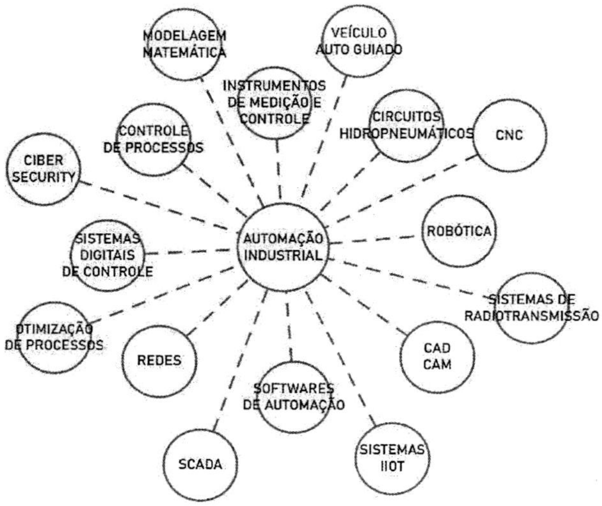

Fonte: autor

Além de se especializar em uma ou mais das subáreas de conhecimento, todo especialista em automação deve conhecer as características e o funcionamento geral dos processos que serão automatizados. Seu conhecimento deve ser tão mais aprofundado quanto mais próximo do chão de fábrica ele trabalhar. A necessidade de se conhecer o processo dá origem a inúmeras áreas de automação em sintonia com estes. Alguns exemplos são: automação industrial, automação predial, automação de escritórios, automação de mercados, automação de tráfego, dentre muitas. As áreas ainda são divididas em subáreas que buscam atender às particularidades dos processos a serem automatizados como indústria de cimento, papeleira, de petróleo, etc. Daí os inúmeros sentidos que vêm com o termo engenheiro ou técnico de automação.

1.2.7 – A importância dos dispositivos de medição e controle para automação na indústria 4.0

Todo o processo de automação industrial começa nos dispositivos que geram informação e que estão, em geral, junto aos ativos de campo. São sensores, identificadores de dados, como os RFIDs, e transmissores

[19] CAD é a sigla de *computer-aided design* e CAM de *computer-aided manufacturing* ("fabricação assistida por computador").

que codificam dados dos processos. Estes dispositivos, que podemos chamar de dispositivos de geração primária de informações são de fato a base de toda automação industrial. Nada acontece sem estas informações.

Com elas, como vimos, podemos monitorar os processos, acompanhando seus desempenhos e supervisionar o que ocorre na planta e nos processos afins. A partir dessas informações tomamos ações para proteção dos sistemas industriais e das pessoas e com elas também controlamos os processos. Sem controles automáticos, sejam eles do tipo "controle de variáveis" ou "controle lógico", os processos não ocorreriam como projetados.

Como vimos no subitem 1.2.6, a seleção e especificação adequada dos dispositivos de medição e controle formam uma das subespecialidades da automação industrial. Cabe ao especialista nesta área ter conhecimentos aprofundados dos medidores e controladores, seus princípios de funcionamento, os tipos de tecnologias disponíveis no mercado e saber qual selecionar, instalar e que cuidados tomar durante o ciclo de vida destes.

Além disto, cabe ao projetista que trabalha na integração da produção, nos níveis 1 e 2 da pirâmide de automação, definir juntamente com quem entende do processo, os dispositivos necessários para medição e controle e, olhando para a integração vertical e horizontal da fábrica, buscar a compatibilidade destes dispositivos com os sistemas de rede, visando comunicação eficaz e geração de informações úteis e consistentes.

As definições daquilo que será necessário, em termos de *instrumentação*, para a efetiva automação da indústria serão expressas nas especificações técnicas dos dispositivos e na representação dos mesmos em diagramas chamados de "Fluxogramas de Instrumentação" e nos demais documentos de engenharia que envolvam os dispositivos de medição e controle.

Nosso propósito nos próximos itens é explicar as funções executadas pelos dispositivos de medição e controle na indústria, como indicação, transmissão, controle e outras, o que é tratado no item 1.3, formar um entendimento do que significa controlar um processo do ponto de vista de processos contínuos e manufaturas, o que será tratado nos itens 1.4 e 1.5, respectivamente, e apresentar a forma internacionalmente aceita de representar sistemas de instrumentação nos documentos de engenharia, o que será tratado no item 1.6.

Este item teve por objetivo:

- descrever o desenvolvimento da tecnologia de instrumentação, com base na evolução tecnológica dos transmissores, explicitando o funcionamento destes;

- trazer um primeiro contato com os sistemas de controle denominados SDCD e CLP e com os tipos de redes dedicadas à automação;

- conceituar o que se entende por pirâmide de automação, apresentando ao leitor os termos e sistemas envolvidos neste conceito;

- apresentar conceitos utilizados na automação industrial e relacionados com a informática como convergência, *Cloud Computing*, *Big Data*, *Cybersecurity* e outros;

- apresentar os movimentos, conceitos, princípios e tecnologias que levaram à conceituação e viabilização da indústria 4.0, discutindo o que se entende por este termo;

- discutir os princípios de projeto, as tecnologias de implantação, as dimensões e etapas da automação envolvidas na indústria 4.0;

- apresentar o contorno das tendências na automação industrial e dos conhecimentos que devem ser dominados pelos profissionais da área;

- reforçar a importância dos sistemas de medição e controle na automação industrial.

Questões de síntese do conteúdo

1.2.1 – O que é Centro de Controle ou Sala de Controle e como os sinais chegam do campo a este local?

1.2.2 – Considere um transmissor eletrônico que transmita num *range* de sinal de saída, St, variando de 0 a 100% e que este sinal esteja associado a uma medida de nível "H" que varie num *range* de 0 a 200 mm, ou seja, o nível mínimo é 0 e o máximo 200 mm. a) Qual a equação que relacionará o sinal de saída do transmissor (St) com o nível (H)? b) qual o sinal gerado na saída do transmissor se o nível estiver em 50 mm?

1.2.3 – O que são instrumentos dedicados e instrumentos compartilhados?

1.2.4 – O que é um SDCD?

1.2.5 – O que é um CLP?

1.2.6 – O que é interoperabilidade? Qual o conceito associado a *plug & play*?

1.2.7 – O que você entende por pirâmide de automação e quais os seus níveis? Que norma da ISA trata deste assunto?

1.2.8 – Cite dois fatores que são importantes para o sucesso da TD.

1.2.9 – Como você definiria a IoT? Quais os passos para implantá-la?

1.2.10 – Cite cinco princípios de projetos para sistemas de automação com vistas a disponibilizar um sistema 4.0.

1.2.11 - Por que os dispositivos de medição são importantes na implantação das IoTs?

1.2.12 – O que é M2M em automação industrial?

1.2.13 – Qual o foco da indústria 4.0 e quais as três dimensões que balizam o desenvolvimento da implantação dos seus sistemas? Cite algumas etapas que devem ser seguidas por indústrias que querem atingir o patamar 4.0.

1.2.14 – Pesquise na internet e explicite em linhas gerais o que trata o padrão IEC-63088?

1.2.15 – O que é convergência em sistemas de informação?

1.2.16 – Quais os benefícios qualitativos esperados com a implantação de uma indústria 4.0?

1.2.17 – Cite cinco tendências da automação e destaque duas que se relacionem com os dispositivos de medição e controle.

1.2.18 – Cite cinco áreas de conhecimento relacionadas com o tema automação industrial.

1.2.19 – Pesquisando diga do que tratam os sistemas MES, MOM e o ERP? Em que nível da pirâmide de automação ISA eles se situam?

1.2.20 – Pesquisando, identifique alguns padrões de comunicação (protocolos) utilizados nas redes IoT?

1.2.21 – Pesquise e explicite as características de um *Big Data*.

1.2.22 – Pesquise e identifique algumas empresas que trabalham no padrão I 4.0.

1.2.23 – Identifique três processos da área de TI e três da área de TO existentes numa indústria qualquer.

1.2.24 – Pesquise e explicite, em linhas gerais, o que é tratado nos padrões IEC 62264, IEC 61152, IEEE 802.3 e IEC 802.11.

1.3 - Funções básicas desempenhadas pelos elementos que compõem os sistemas de instrumentação

1.3.1 - Introdução

A ISA (2009) define instrumento como um dispositivo usado para direta ou indiretamente medir, monitorar e/ou controlar variáveis, incluindo elementos sensores, indicadores, controladores, elementos finais de controle, dispositivos de cálculos e dispositivos como anunciadores de alarmes, chaves e botoeiras. Sensoriamento, indicação, controle, atuação como elemento final de controle, realização de cálculos, anunciar alarmes, chaves ou botoeiras são *funções desempenhadas pelos instrumentos* as quais terão seus conceitos explicitados neste item.

A ISA (2009) define ainda instrumentação como uma *coleção de dispositivos*, *hardwares*, ou funções ou suas aplicações com o propósito de medir, monitorar ou controlar um processo industrial ou uma máquina, ou qualquer combinação destes.

O entendimento dos objetivos a serem alcançados pela coleção de instrumentos, ou seja, pela instrumentação, dependerá do entendimento da função de cada instrumento que venha a compor este conjunto, sejam estes físicos, como os sensores, transmissores e válvulas de controle, ou instrumentos cujas funções *possam* ser programadas em sistemas digitais do tipo SDCDs ou CLPs, como é o caso das funções de controle, registro, indicação e alarme.

Neste item, nosso objetivo é descrever cada uma das funções básicas executadas pelos instrumentos e, quando for o caso, entender como se relacionam as informações de entrada com as de saída do instrumento, olhando este como um bloco fechado. As funções básicas que discutiremos aqui são as de sensoriamento, transmissão, controle, manipulação de variáveis de processo, conversão de sinais, monitoração, proteção, deteção de eventos e operações lógico/matemáticas.

1.3.2 – Breve comentário sobre a simbologia da instrumentação

Nos documentos de projeto, planos de manutenção, manuais de operação e outros documentos, os instrumentos são referenciados por símbolos gráficos, letras e números. Nos desenhos chamados *fluxogramas de instrumentação*, cada instrumento aparece representado por um círculo dentro do qual aparecem letras e números. Nos documentos em geral, os instrumentos aparecem referenciados somente pelas letras e números. Um exemplo de uma representação de instrumento aparece na figura 1.3.1. O significado das letras será discutido com mais detalhes no item 1.6, mas podemos adiantar que nesta simbologia, a primeira letra representa a variável de processo medida, no caso P de pressão. Se fosse temperatura seria T, vazão F, nível L e assim de forma análoga para outras variáveis. As outras letras que sucedem a primeira, na maioria dos casos, indicarão a função do instrumento. No caso do exemplo da figura 1.3.1 temos a letra I de "indicador". Logo o instrumento representado é um "indicador de pressão". De forma similar, um PT será um transmissor de pressão e um TC um controlador de temperatura. O número 05 distingue o indicador de pressão representado (PI) de outros indicadores de pressão (PI) eventualmente existentes. Os instrumentos serão, portanto, citados nos documentos através das letras e números que o identificam. Assim, diremos, por exemplo, que o *PI-05* é utilizado para medir a pressão do gás que sai do vaso V-02.

Figura 1.3.1 – Exemplo de representação e simbologia de um "*I*ndicador de *P*ressão" em documentos gráficos.

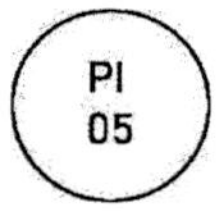

Fonte: autor

1.3.3 – Função sensoriamento

1.3.3.1 – Importância do sensoriamento

A função sensoriamento é realizada pelos chamados sensores ou elementos primários. Na representação por símbolos, a letra utilizada para indicar que a função do instrumento é de sensoriamento é a "E". Assim, por exemplo, um TE será entendido como um *sensor ou elemento primário* de medida de temperatura, como na figura 1.3.2, onde temos representado um elemento sensor de temperatura de número 07, instalado em uma tubulação.

Figura 1.3.2 – Representação do sensor de temperatura em documentos de engenharia.

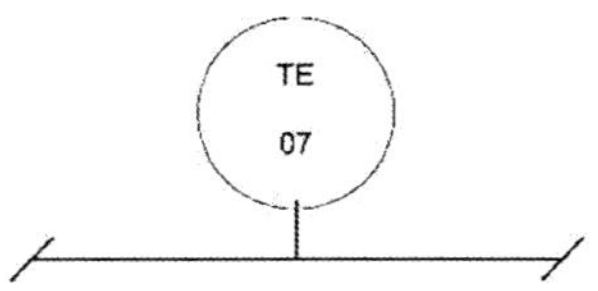

Fonte: autor

Todo o funcionamento de um sistema de instrumentação se faz a partir da informação sobre a variável medida obtida como resultado do sensoriamento, ou seja, da percepção do comportamento desta variável por um *sensor*. Os sensores podem medir pressão, temperatura, vazão, nível, velocidade, corrente elétrica e outras tantas variáveis físicas, químicas e biológicas que ocorrem nos sistemas industriais.

Em geral, os sensores são dispositivos que modificam, de forma conhecida, alguma de suas características, quando as variáveis que eles medem alteram seus valores. Assim, num exemplo do dia a dia, um flutuador de caixa d'água domiciliar, é um sensor de nível. Sua posição se modifica com a alteração do nível dentro da caixa d'água. Ainda que não vejamos a superfície da água podemos inferir a posição desta observando, por exemplo, a posição do extremo livre do flutuador, como na figura 1.3.3(a). É a partir da variação da posição do extremo livre do flutuador que inferimos o valor do nível que, neste caso, é a *variável medida*. O sensor permite assim medir a variável que queremos (no exemplo anterior o nível) relacionando a característica nele modificada com as alterações do valor da variável medida.

A primeira percepção ou medida da variável de processo de interesse é, portanto, feita através dos sensores ou, como também os denominamos, *elementos primários*. A medida da variável poderá ser usada para acionar indicadores, registradores, controladores, válvulas e outros instrumentos, como esquematizado na figura 1.3.3(a), com utilização do sensor de nível tipo flutuador.

Figura 1.3.3 – (a) sensor do tipo flutuador acionando um indicador, um registrador e uma válvula de controle; (b) sensor de temperatura tipo termopar, onde a variação de voltagem produzida é proporcional à variação de temperatura ΔT.

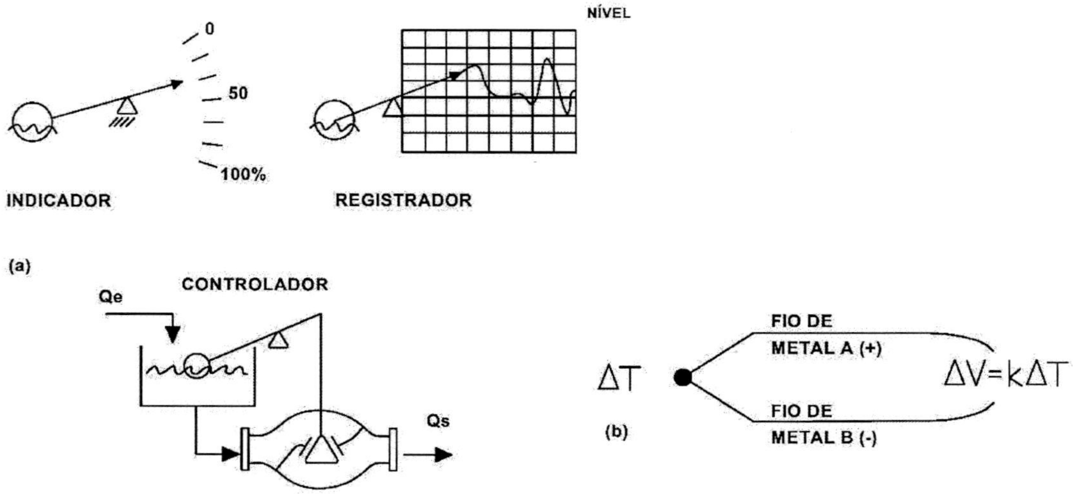

Fonte: autor

Os sensores podem vir integrados aos instrumentos, como aos transmissores ou indicadores de campo, como no exemplo dado do flutuador ou podem ser encontrados independentes de qualquer outro instrumento ou função. Um exemplo do segundo caso é o termopar representado de forma típica na figura 1.3.3(b). Este é formado por dois fios de materiais diferentes (ou par de fios) que produzem uma voltagem quando submetidos a uma diferença de temperatura ΔT, entre uma extremidade onde juntamos os fios a outra extremidade onde medimos a diferença de tensão produzida nas extremidades de cada fio. Assim, os instrumentos que recebem a informação do termopar são capazes de, através da medida do valor da voltagem produzida pelo termopar em uma das suas extremidades, conhecer a temperatura da outra, que neste caso é a variável medida de interesse.

Na segunda parte deste livro, nos itens de 2.2 a 2.9 estudaremos com mais detalhes os sensores.

1.3.3.2 – Conceito de faixa de trabalho (*range*) e alcance (*span*)

Todos os sensores são construídos de forma a poderem operar numa dada *faixa de trabalho* ou *range*. O *range* do instrumento é definido pelos *valores máximos e mínimos* que o sensor a ele associado é capaz de medir sem que o instrumento perca a precisão na medida, sofra danos mecânicos e sem que perca as características de respostas desejadas, ou seja, sem deixar de associar às variáveis medidas, a característica do sensor (deslocamento, tensão, etc.), que se modifica com a alteração da variável medida (nível, temperatura, etc.), dentro de uma relação conhecida e desejada.

Assim, um instrumento de temperatura que pode medir temperaturas de -100 °C a 200 °C é dito ter uma faixa de trabalho ou *range* de -100 a 200 °C. Observemos que o *range* sempre é expresso por dois números, como 0 bar a 15 bar; 0 m3/h a 100 m3/h. Os catálogos dos fabricantes de instrumentos informam as faixas de trabalho ou *ranges* dentro dos quais os instrumentos podem operar.

Outro conceito também associado aos instrumentos de medição é o de *alcance* ou "*span*". Este é dado pela diferença algébrica entre o maior e o menor valor do *range* do instrumento. Assim, voltando ao exemplo anterior, o instrumento de temperatura que tem *range* de -100 a 200 °C tem um *span* de 300 °C, ou seja, um valor igual a diferença algébrica entre o maior valor do range (200 °C) e o menor (-100 °C). O instrumento de pressão que tem *range* de 0 a 15 bar tem *span* de 15 bar e assim por diante. A escolha do *range* e do *span* correto do instrumento é fundamental para sua boa operação. Esta escolha estará fortemente associada ao tipo de sensor que será utilizado na medição.

1.3.4 – Função transmissão

1.3.4.1 – Instrumentos de campo e de painel

Como vimos no subitem 1.1.6, numa unidade industrial, encontramos duas áreas distintas do ponto de vista de localização física dos instrumentos: o campo e a sala de controle. Nesta última se situam os painéis com instrumentos e/ou, no caso de sistemas digitais, as interfaces homem-máquina que permitem a visualização e acesso às funções de instrumentação configuradas[20] nesses sistemas. Os instrumentos localizados na sala de controle são conhecidos como instrumentos de sala de controle ou *instrumentos de painel*, este último termo em alusão aos painéis, que ocupavam as salas de controle antes do advento da tecnologia digital (ver figura 1.3.6).

No campo estão os equipamentos, como mostrado no esquema da figura 1.3.4. Estão aí também alguns instrumentos e todos os sensores das variáveis de processo. Os instrumentos aí localizados são conhecidos como *instrumentos de campo ou locais.*

---

[20] Em sistemas digitais do tipo SDCD, podemos encontrar um cardápio de funções de instrumentação, como indicação, controle, alarme, etc. Estas funções são escolhidas e organizadas (configuradas) de forma a prover os controles, monitorações e proteções desejadas, sendo os valores de *range*, ponto de atuação e outros definidos por quem "configura" o sistema, vindo daí o termo configuração.

Figura 1.3.4 – Esquema de uma unidade de processamento de fluidos.

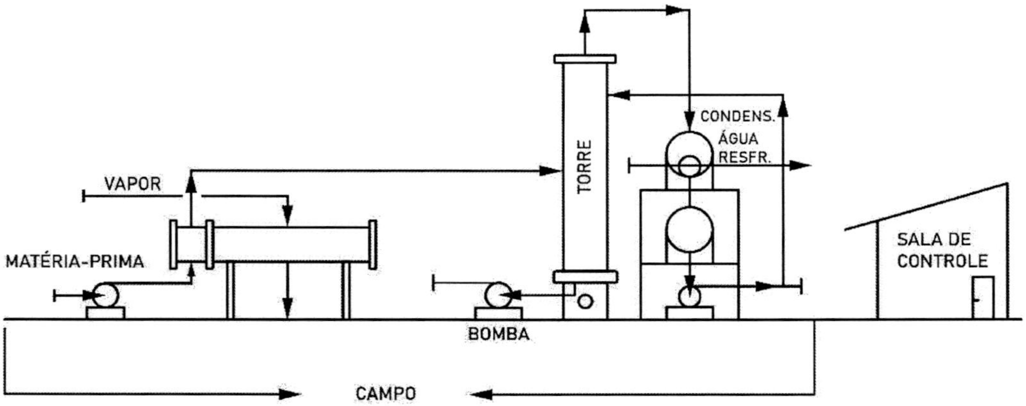

Fonte: autor

Na sala de controle são concentrados os instrumentos e informações, com o objetivo precípuo de facilitar a operação da unidade e que são visíveis em telas, como representado na figura 1.3.5, ou instalados em painéis como o representado na figura 1.3.6. Aí podem ser encontrados controladores, indicadores, registradores, alarmes, botoeiras de comando e outros dispositivos para informação e acionamento pelos operadores, como Sistemas Digitais de Controle Distribuído (SDCD) e Controladores Lógicos Programáveis (CLP).

Figura 1.3.5 – Representação de Sala de Controle com Sistema de Controle Digital Distribuído (SDCD).

Fonte: autor

Os instrumentos localizados na sala de controle são conhecidos como *instrumentos de sala de controle ou de painel,*

Figura 1.3.6 – Representação de painel localizado em sala de controle.

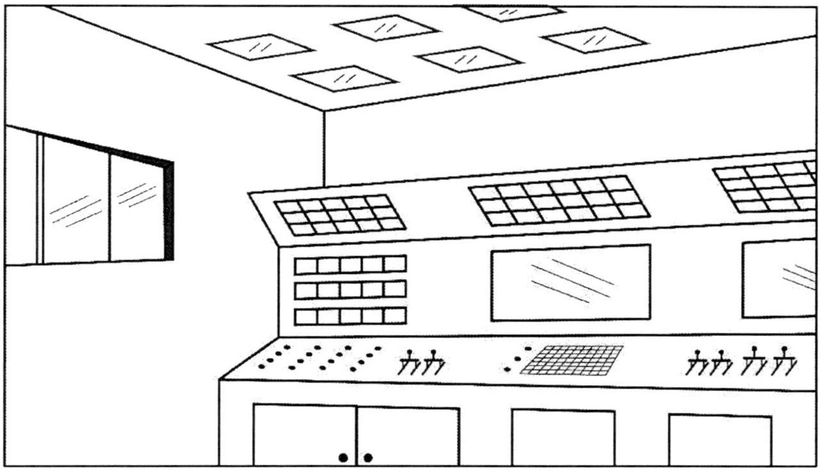

Fonte: autor

1.3.4.2 – Importância dos transmissores e tipos de sinais de transmissão

Os transmissores são representados em desenhos de engenharia pela letra "T". Assim, um LT, como o representado na figura 1.3.7, significa um transmissor de nível (L=*level*).

Um dos principais objetivos do uso dos transmissores é levar a informação da variável medida do campo para a sala de controle. Eles também atendem ao objetivo de disponibilizar a informação da variável medida para vários instrumentos permitindo que eles trabalhem a partir da informação de um único sensor, que é aquele acoplado diretamente ao transmissor. Este conjunto de instrumentos que trabalham a partir da informação de um único sensor, formando um sistema de instrumentos é conhecido, na linguagem de automação, como *malha de instrumentos* (ver figura 1.3.7).

No desempenho da função de transmissão, os transmissores geram *sinal de saída* relacionado com o valor da variável que está sendo medida. Em geral são sinais elétricos, que podem ser analógicos ou digitais, ou de rádio frequência ou, em pouquíssimos casos, pneumáticos.

Para gerar seu sinal de saída, o transmissor recebe a informação do sensor a ele ligado (um termopar, um flutuador ou outro qualquer). A informação do sensor é convertida, por meio de circuitos eletrônicos (ou pneumáticos, se o transmissor for pneumático), em um *sinal padronizado*, ou seja, que varia numa faixa de trabalho conhecida.

Os sinais padronizados podem ser recebidos por diferentes instrumentos, como representado na figura 1.3.7, onde temos representados um registrador, um controlador e um alarme funcionando a partir da informação gerada pelo transmissor. Os instrumentos funcionando a partir da informação de um mesmo sensor formam, como já comentado, uma *malha de instrumentos*, neste caso composta por um transmissor de nível (LT), um registrador (LR), um controlador (LC) e um alarme (LA).

Figura 1.3.7 – Malha de instrumentos com um transmissor gerando sinal para vários instrumentos.

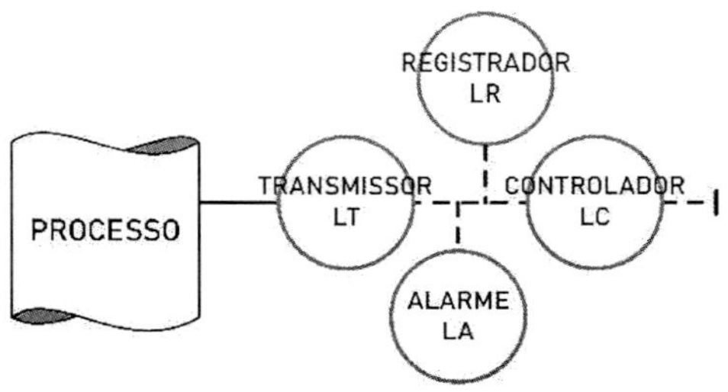

Fonte: autor

Conforme já foi comentado no subitem 1.2.1, os primeiros instrumentos construídos industrialmente trabalhavam com tecnologia pneumática e os transmissores construídos com este tipo de tecnologia transmitiam para os outros instrumentos um sinal analógico cujo *range* mais comum variava de 3 a 15 psi (0,2 a 1,0 bar), daí serem chamados de instrumentos 3 a 15.

Assim, por exemplo, se um transmissor de temperatura pneumático trabalhasse associado a um sensor que medisse em um *range* de 0 a 200 °C, o sinal do transmissor variaria de 3 psi (0,2 bar), quando a temperatura do processo fosse de 0 °C, até 15 psi (1,0 bar), quando a temperatura (variável medida) estivesse em 200 °C.

Os instrumentos eletrônicos com sinal de saída analógico, que foram introduzidos na indústria por volta do ano de 1960, têm a corrente variando de 4 a 20 mA como padrão mais comum de sinal gerado, ou seja, usando o mesmo exemplo anterior, se a temperatura do processo variasse de 0 a 200 °C, o sinal gerado pelo transmissor variaria, linearmente com esta temperatura, de 4 a 20 mA, sendo de 4 mA para temperatura de 0 °C e de 20 mA para temperatura de 200 °C.

Por volta de 1980, quando a *tecnologia eletrônica digital* começou a permear o campo da instrumentação, os instrumentos digitais tinham forma física semelhante aos analógicos, porém, em muitos casos não eram mais dedicados, mas sim compartilhados (para instrumentos dedicados e compartilhados ver subitem 1.2.1), ou seja, um mesmo *hardware* executava vários controles, alarmes, indicações e registros.

De início, os padrões dos sinais digitais emitidos pelos instrumentos eram definidos pelos seus fabricantes. Com o passar do tempo, os sinais digitais passaram a ser transmitidos dentro de *padrões* aceitos por vários fabricantes, até serem adotados padrões internacionais para organização das informações transmitidas de instrumento para instrumento.

Assim, a tecnologia de transmissão de sinais evoluiu e os transmissores digitais passaram a seguir alguns padrões internacionais para comunicação em tempo real, adotando protocolos de comunicação que permitiram a difusão do uso de redes de comunicação desenvolvidas especialmente para os instrumentos se comunicarem, conhecidas como *fieldbus* (redes de campo). As redes de campo voltadas para automação passaram a seguir, em quase sua totalidade, dois protocolos: o *Fieldbus Foudation*, com forte influência dos fabricantes americanos e o *Profibus*, com influência dos fabricantes europeus. O protocolo padrão *HART* também foi adotado em muitas aplicações industriais.

As redes *Fieldbus Foudation* seguem o padrão ISA (2020a, 2020b) e a *Profibus International* segue o padrão IEC (2019a, 2019b). O protocolo HART foi desenvolvido pela empresa Rousemout, pertencente ao grupo Emerson[21] e se baseia, como os dois anteriores, em padrões de sistemas abertos para interconexão (*Open System Interconnection* – OSI)[22].

O uso dos sinais digitais e das redes de campo permitiu a simplificação das instalações dos instrumentos, onde em lugar de um par de fios para transmitir um sinal relativo a cada uma das variáveis de processo, como era exigido pelos instrumentos eletrônicos analógicos, podia ser utilizado um par de fios trançados ou mesmo fibras óticas para transmissão seriada de sinais digitais de vários instrumentos. A utilização de ondas eletromagnéticas para transmissão de sinais de instrumentos também passou a ser corrente.

1.3.4.3 – Transmissores: funcionamento geral

Conhecidos os valores extremos (máximos e mínimos) entre os quais a variável de processo pode ser medida pelo instrumento transmissor, ou seja, o *range* do transmissor, podemos saber o valor atual da variável de processo que está sendo medida e cujo valor está codificado pelo sinal, desde que conheçamos o tipo de sinal e o *range* do sinal de saída do transmissor. Isto porque os sinais de saída dos transmissores variam proporcionalmente ao range da variável medida pelo instrumento, como mostrado na figura 1.3.8.

Tomemos um exemplo. Suponhamos que temos um transmissor de temperatura (sinal de saída variando de 4 a 20 mA se ele for eletrônico, 3 a 15 psi se pneumático e 0 a 100% se digital) e que ele meça temperaturas variando entre 0 e 500 °C. O comportamento de resposta (saída) desse transmissor está desenhado na figura 1.3.8(b). Se a temperatura do processo for, por exemplo, de 250 °C, o sinal de saída do transmissor será de 9 psi ou 12 mA ou 50% (codificado digitalmente), conforme a tecnologia que esteja sendo utilizada seja pneumática, eletrônica analógica ou eletrônica digital.

[21] Disponível em: https://www.smar.com/brasil/hart. Acesso em: 01 abr. 2022.
[22] Ver ISO-7498, 1994.

Figura 1.3.8 – Curva de funcionamento do transmissor.

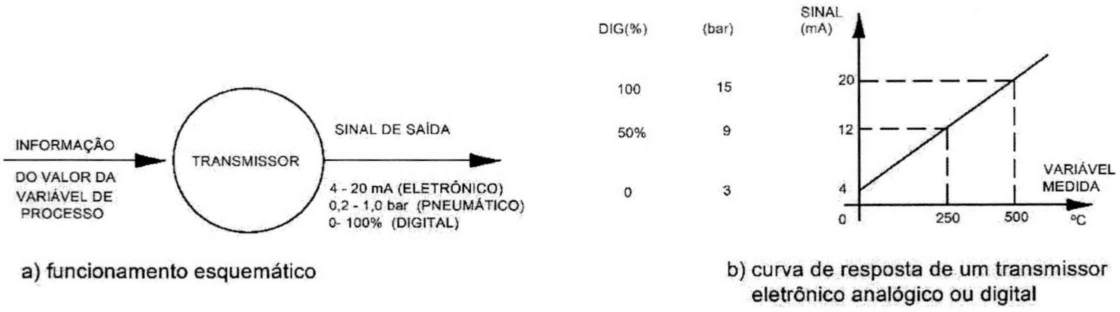

Fonte: autor

Como o sinal do transmissor codifica o valor da variável de processo no momento da medida, podemos conectar outros instrumentos aos fios ou tubos ou fibras óticas ou nas frequências que conduzem este sinal, os quais, decodificando o sinal do transmissor, passam a "conhecer" o valor da variável de processo. Assim, podemos ter ligados ao transmissor, os registradores, os controladores e os alarmes, dentre outros instrumentos, os quais funcionarão a partir da recepção do sinal gerado por aquele instrumento. Os instrumentos que recebem o sinal do transmissor são ditos instrumentos receptores, como o LC, o LR e o LA representados na figura 1.3.7.

Entendido o funcionamento básico do transmissor, podemos sumarizar os casos que norteiam a sua inclusão na malha de instrumentos:

- quando os instrumentos de monitoração, controle ou proteção estão muito distantes do ponto de tomada no processo (exemplo: medição no campo com instrumentos receptores em sala de controle);

- quando queremos acionar mais de um instrumento a partir da informação da mesma variável de processo (exemplo mostrado na figura 1.3.7);

- quando queremos evitar o contato do fluido de processo com determinados instrumentos (fluidos corrosivos ou explosivos, por exemplo).

Observemos que a tecnologia digital permite que um mesmo *hardware* utilizado para transmissão execute *outras funções* como a realização de cálculos matemáticos, o controle de variáveis de processo e indicações locais, por exemplo, incorporando num mesmo instrumento diferentes funções.

1.3.5 – Função controle

1.3.5.1 – O funcionamento do controlador de variáveis de processo

Olharemos primeiramente os controladores de processos contínuos conhecidos como *controladores de variáveis de processo*.

Estes controladores são identificados nos documentos de engenharia pela letra "C". Um "SIC", por exemplo, é a sigla de um *I*ndicador *C*ontrolador de *V*elocidade (S=speed).

Os controladores executam a função controle e, neste caso, de variáveis de processo. Eles são os instrumentos que procuram manter no *set-point*, uma determinada variável de processo, chamada *variável controlada*. Os processos industriais são submetidos ao que chamamos de *perturbações ou distúrbios* que são ocorrências que tendem a retirar a variável controlada do *set-point*.

Assim, num exemplo, imaginemos que temos um tanque no qual queremos controlar o nível de líquido acumulado, em um determinado valor, como representado na figura 1.3.9(a). Podemos imaginar esta operação sendo realizada manualmente por um operador. Na figura 1.3.9(a) representamos o operador-controlador que abre ou fecha uma válvula na saída de líquido do tanque conforme seja necessário aumentar ou diminuir, respectivamente, a vazão de saída do tanque, com o objetivo de manter a variável controlada no valor desejado diante de qualquer variação no valor da vazão de entrada, que aqui será considerada a perturbação à variável controlada. A variável na qual se atua para garantir a estabilidade da variável controlada, diante da ocorrência de perturbações que afetem seu valor, é conhecida como *variável manipulada* (*mani*-pulada) uma vez que, historicamente esta operação é realizada manualmente (*manu*-almente). Tal controle nas indústrias é realizado automaticamente por instrumentos que desempenham a função de controle: os controladores de processo.

Assim, representando o processo por um bloco, como na figura 1.3.9(b), podemos, de forma simples, imaginar que o valor da variável controlada (nível) poderá ter seu valor alterado por uma perturbação (vazão de entrada no tanque) a que o processo esteja submetido, saindo do *set-point*. O reestabelecimento da variável controlada no valor do *set-point* dependerá da nossa capacidade de compensar os efeitos indesejáveis produzidos por esta perturbação, através da atuação em outra variável que chamamos de *variável manipulada* (vazão de saída do tanque) (ver subitem 1.1.5.1).

Figura 1.3.9 – (a) processo de acumulação de líquido submetido à perturbação na entrada de massa e com manipulação da massa de saída; (b) bloco representativo do processo de acumulação de líquido.

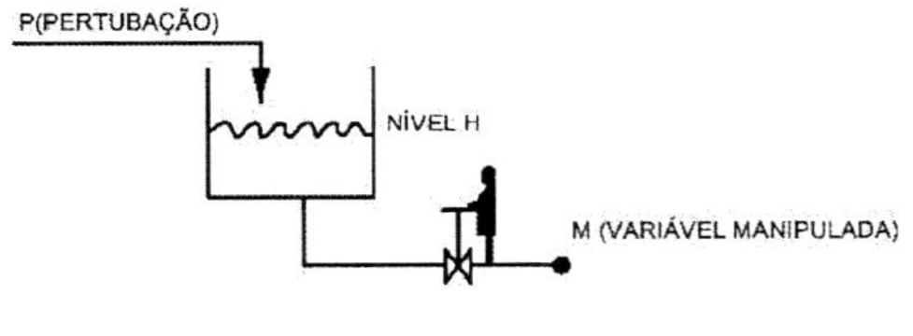

Fonte: autor

Sabemos que para mantermos o nível num valor constante como o *set-point* é necessário que a massa que entra no tanque seja a mesma que dele sai. Se a massa que entra for uma variável livre (sobre a qual não temos controle), como por exemplo, uma vazão de efluentes a ser tratada, vinda de outros processos, e que varie seu valor conforme a operação dos processos que a geram, teremos aí uma fonte de perturbação, que suporemos ser a única ou a mais importante. Cada vez que a vazão de entrada se alterar, a vazão da massa de saída deve se alterar do mesmo valor, para mantermos o nível estável.

Assim, para um processo sujeito a uma perturbação ser controlado, devemos dispor de pelo menos, duas funções: uma que desempenhe a função do operador representado na figura 1.3.9(a), que é a *função controlador* e outra que é a função manipulação, a qual é desempenhada por outro elemento capaz de atuar na variável manipulada, o qual, genericamente é chamado de *elemento final de controle,* e que, no exemplo dado na figura 1.3.9(a), é realizada por uma válvula de controle.

Desta forma, nos sistemas de controle automático a função do controlador humano é substituída por um instrumento chamado *controlador* o qual atua de maneira semelhante ao operador humano, ou seja: recebe do transmissor ou sensor o valor atual da variável de processo e o compara com o *set-point* desejado. Esta comparação é feita nos instrumentos subtraindo-se do *set-point*, o valor da variável controlada (ou vice-versa, dependendo da forma como o controlador trabalhe), obtendo o valor do que chamamos de *erro ou desvio* (E) *da variável de processo,* como esquematizado na figura 1.3.10(a). Se o valor desta comparação for zero significa que a variável controlada está no mesmo valor do *set-point*. Se for diferente de zero significa que o controlador deverá atuar variando a posição do elemento final de controle de forma a levar a variável manipulada para um valor adequado que atenue os efeitos das perturbações que tenham ocorrido no processo. O esquema de um controlador de variável de processo está na figura 1.3.10.

Figura 1.3.10 – Esquema de um controlador de variável de processo: (a) cálculo do erro ou desvio; (b) controlador gerando o sinal de saída Sc, em função do desvio detetado.

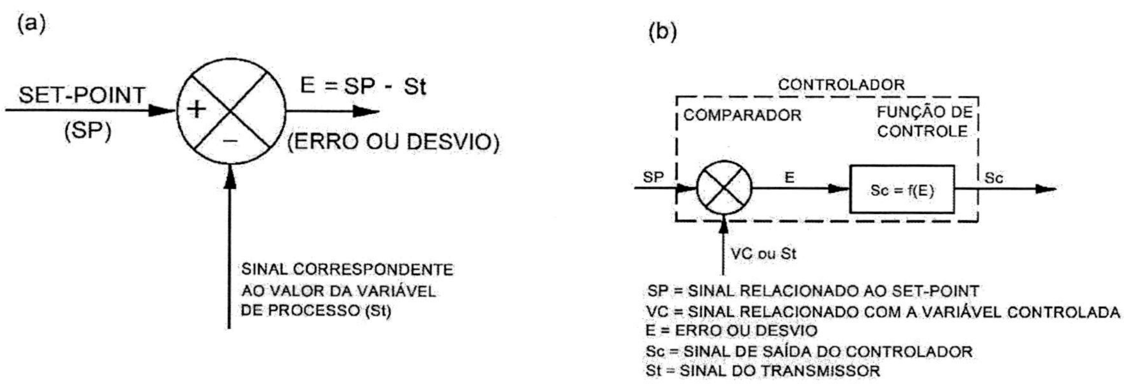

Fonte: autor

O esquema da figura 1.3.10(b) representa o controlador (linha tracejada) o qual é formado por duas partes: o comparador que é a parte que compara o valor da variável controlada (VC) com o set-point (SP), gerando o que chamamos de *erro ou desvio* (E) da variável controlada, e outra parte que gera o sinal de saída do controlador (Sc) em função deste valor "E". Esta segunda parte, que gera o sinal de saída do controlador, "Sc", em função do erro, define o chamado *modo de controle* do controlador (ver subitem 1.3.5.2), que é dado pela função que relaciona o sinal de saída, Sc, com o erro, E, ou seja, Sc=f(E). O sinal Sc atuando no elemento final de controle, comandará a variação da variável manipulada.

Observemos que os valores de VC, SP, E e Sc representados na figura 1.3.10(b), são expressos em unidades de sinais (mA, %, etc.) conforme o tipo de tecnologia utilizada pelo instrumento. Assim, por exemplo, quando o sinal Sc variar de 0 a 100% do seu range, o elemento final de controle variará entre os extremos do seu *range*. Se tivermos como elemento final de controle uma válvula de controle, por exemplo, sua abertura variará de 0 a 100%, proporcionalmente à variação do sinal do controlador. Se a válvula estiver 50% aberta, será porque o sinal de saída do controlador, Sc, estará em 50% do seu *range*.

Num outro exemplo, se a variável controlada for uma temperatura que varie seu valor num *range* de 0 a 200 °C, e o seu valor estiver em 100 °C, a variável controlada VC será expressa para um controlador que trabalhe no *range* de sinal de saída de 4 a 20mA, como 12 mA, através do sinal do transmissor (St). O exemplo 1.3.1 deixará mais claro a observação feita neste parágrafo.

Na figura 1.3.11 estão representados, em forma de blocos, os elementos que impactam no valor da variável controlada. A este diagrama chamado de forma geral como *diagrama de blocos,* do qual o processo também faz parte, chamamos em controle de *diagrama de blocos do sistema de controle*.

Figura 1.3.11 – Diagrama de blocos do sistema de controle formado pelo controlador, o processo e o elemento final de controle.

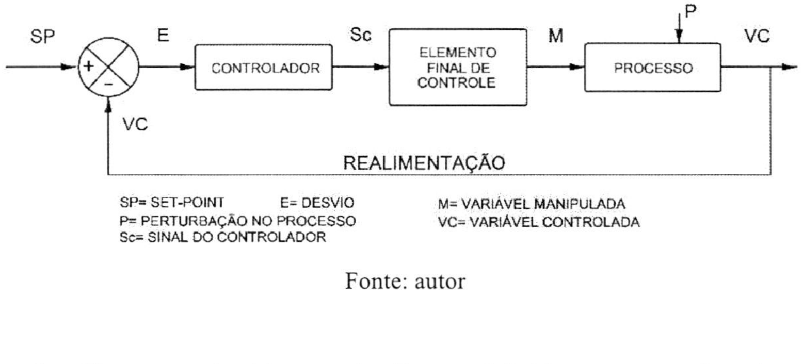

Fonte: autor

Observemos pelo diagrama de blocos da figura 1.3.11, que o valor da variável controlada é continuamente informado ao comparador do controlador. Dizemos que o valor da variável controlada é *realimentado* para o controlador. Esta técnica de controle, é chamada de controle com realimentação (*feedback control*). Por esta realimentação é que o controlador saberá se está atuando de forma correta no processo. Uma ação correta do controlador deve levar, depois de algum tempo de acomodação, a que a variável controlada se aproxime do *set-point*, indicando a correção da ação do controlador sobre o processo.

1.3.5.2 – Modos de controle e ajustes no controlador de variáveis de processo

A forma do controlador de variáveis de processo atuar na variável manipulada é definida pelo *modo de controle do controlador*. Um exemplo simples é o controle de temperatura de um sistema de ar condicionado domiciliar. Neste, uma chave de temperatura (termostato), que desempenha a função de controle, liga e desliga o motor do compressor do gás de refrigeração, motor este que funciona como elemento final de controle. Quando o gás é comprimido, ele é capaz de retirar calor do ambiente a ser refrigerado. Assim, se mantivermos o compressor ligado o ambiente será resfriado até o limite do sistema de refrigeração.

Neste sistema, o termostato, que é o controlador do processo, liga o compressor quando a temperatura do ambiente é superior ao *set-point* ajustado no controlador e desliga quando é inferior. Este modo de controle é conhecido como *Liga-Desliga,* ou pela denominação em inglês de *ON-OFF*, e é um dos mais simples de ser implementado. O resultado é que a variável controlada, no exemplo do ar condicionado a temperatura do ambiente, oscila em torno do *set-point* sem se fixar nele, conforme representado na figura 1.3.12. Para o ar condicionado domiciliar este comportamento da variável controlada é aceitável desde que o desvio seja pequeno (1 °C, por exemplo).

Nos processos industriais, nem sempre podemos aceitar tal comportamento. Este fato levou ao desenvolvimento de modos de controle mais sofisticados, conhecidos como modos de controle clássicos, que são os modos denominados Proporcional, Integral e Derivativo, comumente referenciados pelas iniciais P, I e D.

Figura 1.3.12 – Comportamento da variável controlada por um controlador de modo de controle Liga-Desliga.

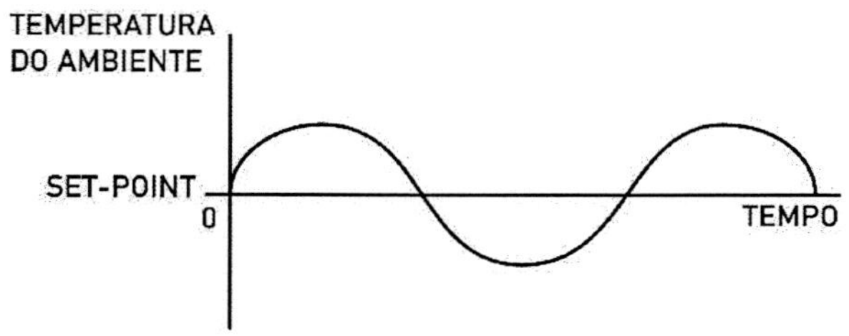

Fonte: autor

1.3.5.3 – O controlador PID

As funções classicamente utilizadas e que definem o modo de controle dos controladores usualmente encontrados na indústria são de três tipos: Proporcional, Integral e Derivativa, referenciados como *modo de controle PID*.

Vimos no item anterior que o controlador calcula o erro ou desvio (E) da variável de processo a ser controlada (VC), através da diferença entre o *set-point* ajustado no controlador e o valor da variável controlada (E = SP-VC). Com este valor o controlador gera um sinal de saída (Sc) que comandará, por exemplo, a abertura ou fechamento de uma válvula de controle (ver válvula de controle no subitem 1.3.6.2 e item 2.11). Este sinal Sc terá seu valor determinado não só pelo erro, mas também pelo tipo de função matemática f(E) ajustada no controlador, a qual define o *modo de controle* do controlador, como esquematizado na figura 1.3.10(b).

Num controlador com modo de controle dito *proporcional ou P*, a função f(E) gerará na saída do controlador um sinal de saída, Sc, que será proporcional ao erro detetado, ou seja:

$$Sc = f(E) = KE + Sco \quad \text{ou} \quad Sc = f(E) = (100/PB)E + Sco$$

- K é chamado de ganho proporcional e PB é a banda proporcional que é igual a 100/K. Os valores do ganho ou da banda proporcional são ajustados no controlador pelo responsável pela operação da planta;

- Sco é chamado de sinal de erro zero e será o sinal de saída do controlador quando a variável estiver no *set-point*. Este valor será ajustado pelo responsável pela operação da planta.

Observemos que o *controle Liga-Desliga (on-off)* pode ser considerado um caso particular do controle proporcional onde se ajusta um valor de ganho muito alto, de tal forma que qualquer desvio da variável controlada em relação ao *set-point,* gerando erro negativo ou positivo, levará o sinal de saída do controlador, Sc, a valores limites.

Num controlador de modo de controle dito *Integral ou I*, a função f(E) gerará na saída do controlador um sinal de saída, Sc, que será proporcional à integral do erro no tempo, ou seja:

$$Sc = f(E) = \frac{1}{TI} . \int E\,dt + Sco \quad \text{ou} \quad Sc = f(E) = K_I . \int E\,dt + Sco$$

- T_I é chamado de tempo integral. O valor $K_I = \frac{1}{TI}$ também é conhecido como ganho integral. Os valores de K_I ou T_I são ajustados pelo responsável pela operação da planta.

No controlador com modo de controle *Derivativo ou D,* a função f(E) gerará na saída do controlador um sinal de saída, Sc, que será proporcional à derivada do erro no tempo, ou seja:

$$Sc = f(E) = T_D . \frac{dE}{dt} + Sco$$

- T_D é chamado de tempo derivativo. O valor de T_D é ajustado pelo responsável pela operação da planta.

A função matemática que definirá o chamado "Modo de Controle" do controlador vai ser escolhida em função das *características do processo* a ser controlado e da performance desejada para a variável controlada, como discutiremos no item 1.4.

A maioria dos controladores apresenta uma combinação dos modos de controle citados sendo que a constante proporcional multiplica todas as outras funções. No modo de controle PID (Proporcional mais Integral mais Derivativo), o sinal da saída do controlador tem a seguinte expressão:

$$S_c = f(E) = K(E + \frac{1}{TI} \int E\,dt + K_D \frac{dE}{dt}) + S_{co}$$

Observemos que no controlador P o sinal de saída só depende do erro; no I, do erro e do tempo de permanência do erro (área sob a curva E x t) e no D, da taxa de variação do erro e não do valor absoluto do erro, ou seja, no caso do modo D, mesmo com erro pequeno a saída do controlador poderá ser alta. Estes três fatos darão profundas diferenças na forma de variação do sinal de saída do controlador em presença dos mesmos erros, com diferentes modos de controle.

1.3.5.4 – Informações ajustáveis nos controladores de variáveis de processo

Um controlador terá uma face visível (ou no instrumento físico ou na Interface Homem-Máquina - IHM) conforme a figura 1.3.13(a). Nesta face visível será mostrado o valor do *set point* (SP), o valor da variável controlada (VC), o sinal que está sendo gerado pelo controlador (Sc) e o comando para ajuste do *set-point*. Na figura 1.3.13(b) aparecem os ajustes disponíveis no controlador, que embora possam ser acessados pelo operador, em geral ficam ocultos durante a operação normal da planta. Estes são ajustes do valor do ganho ou da banda proporcional (K ou PB), do tempo ou do ganho integral (Ti ou Ki), do tempo derivativo (T_D), do sinal de erro zero, (Sco) e da polaridade do controlador, assunto que será discutido no subitem 1.4.11, e que define se o ganho será positivo (K) ou negativo (-K).

Figura 1.3.13 – Esquema de informações disponíveis numa função controle: (a) face visível do controlador; (b) ajustes não visíveis; (c) entradas e saídas do controlador.

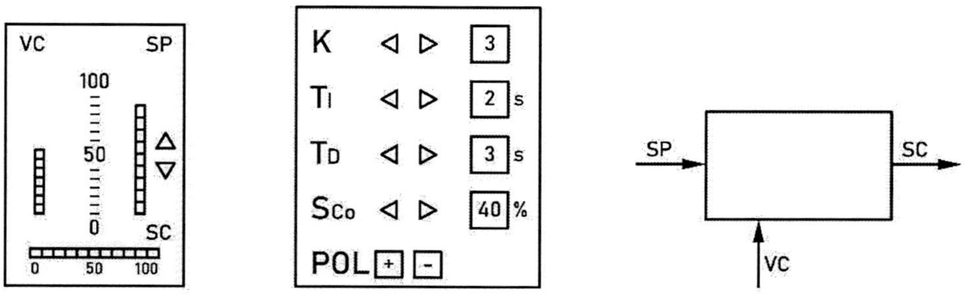

(a) (b) (c)

Fonte: autor

A figura 1.3.13(c) explicita as informações que entram e saem do controlador. O *set-point* ajustado (SP) e o valor da variável controlada (VC) são as informações de entrada. A informação de saída, o sinal Sc, assumirá valores dentro de faixas padronizadas que dependem da tecnologia do instrumento que desempenha a função de controle. As faixas padronizadas mais comuns são:

- 0,2 a 1,0 bar (3 a 15 psig) para controladores pneumáticos (em desuso);
- 4 a 20 mA para controladores eletrônicos analógicos;
- 0 a 100% expresso em sinal digital para os controladores eletrônicos digitais.

Exemplo 1.3.1 – Um controlador de pressão ajustado com *range* de 2 a 12 bar (0 a 100% da variável controlada) e *set-point* de 5 bar, vê a variável controlada variar do tempo 0 até o tempo 5 segundos conforme a expressão: VC(t) = (0,5t + 5) bar. O sinal de erro zero, Sco, do controlador é ajustado em 40%.

Qual será o sinal de saída, Sc, do controlador no tempo t=3 segundos se a faixa de variação de Sc for de 0 a 100% e o modo de controle for: (i) P, com ajuste de ganho K=0,5; (ii) PI, com ajustes de ganhos K=0,5 e K_I=0,5segundo ; (iii) PD, com ajuste de ganho K=0,5 e tempo derivativo, T_D=0,2s; (iv) PID, com ajustes de K=0,5, K_I=0,5/s e T_D=0,2 s?

Considere que o erro do controlador é calculado como E=VC-SP, onde VC é o valor da variável controlada em termos de sinal 0 a 100% e SP é o sinal correspondente ao *set-point*, também variando na mesma faixa de 0 a 100%.

Solução

Considerando o *range* da variável controlada de 2 a 12 bar, esta será a faixa que corresponderá a 0 a 100% de variação do sinal relacionado com a variável controlada, VC, sinal este, provavelmente gerado por um transmissor (St). Conforme a curva que relaciona o *range* da variável pressão (2 a 12 bar) com o sinal que chega ao controlador (0 a 100%), figura 1.3.14, tiramos para o *set point*, de 5 bar, o sinal de 30%, uma vez que a relação entra as variáveis de processo e os sinais são lineares.

Figura 1.3.14: Relação entre a variável de processo (pressão - P) e o sinal que chega ao controlador (sinal do transmissor) com a informação da variável controlada.

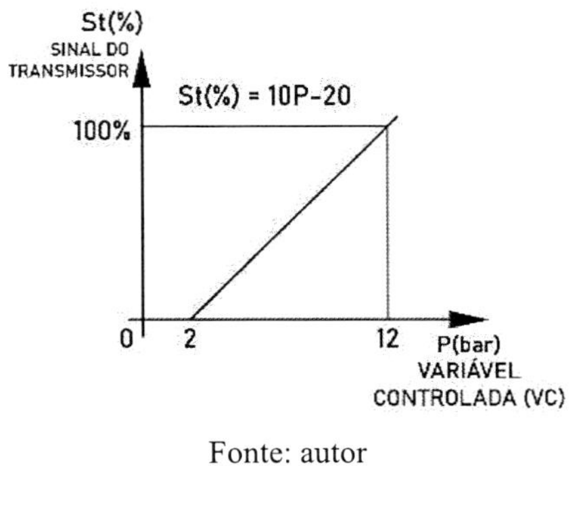

Fonte: autor

Sabemos que o controlador gera seu sinal de saída, Sc, em função do erro (E) e do modo de controle nele ajustado.

i) Se o controlador é proporcional, a saída dele, que chamaremos de Sc_K será dada por Sc_K = K.E + Sco, com Sco = 40% (dado no enunciado) e K= 0,5.

Como a saída do controlador P é proporcional ao erro teremos no tempo t=3s, que a variável controlada, VC, valerá VC= 0,5*3+5=6,5 bar. Em termos percentuais, a partir da relação linear entre VC e sinal de 0 a 100%, podemos dizer que a variável controlada no tempo 3 segundos, expressa em termos percentuais valerá: St= VC(%)= 10P-20 = 45%. Desta forma, o erro (E) valerá E=VC-SP = 45 – 30 = 15%. Assim teremos na saída do controlador P, S_{CK}=0,5*15%+40%=47,5%

ii) Se o controlador for PI teremos que acrescentar à saída gerada pelo modo P, a variação de sinal introduzida pelo modo I, que chamaremos de ΔSc_I. No caso,

$\Delta Sc_I = K_I \int E\, dt$, onde K_I=0,5 e o erro E= VC – SP = (0,5t+5) - 5 =>

$\Delta Sc_I = K_I * \int_0^3 0{,}5t\ dt = 0{,}5 \times \int_0^3 0{,}5t$ = 1,125bar, que expresso em percentual na faixa de 0 a 100%, vem: ΔSc_I/100% = 1,125bar/10 bar => ΔSc_I= 11,25%. Logo a variação do sinal Sc do controlador PI será dada por:

Sc = K(E+ ΔSc_I) + Sco = 0,5(15%+11,25%)+40% = 53,125%,

onde foi considerado que o ganho K multiplica também a saída integral.

iii) Se o controlador for PD teremos que acrescentar à saída gerada pelo modo P a variação gerada pelo modo D, que chamaremos de ΔSc_D. No caso, $\Delta Sc_D = T_D \frac{dE}{dt}$ = 0,2 x d(0.5t)/dt= 0,1bar, que expresso em percentual na faixa de 0 a 100%, vem:

ΔSc_D = 0,1/(12-2) x 100% = 1%. Logo o sinal Sc será dado por:

Sc = K (E + Sc_D) + Sco =7,5%+0,5x1%+40%=47,55%,

onde foi considerado que o ganho K multiplica também a saída derivativa.

iv) Se o controlador for PID teremos que acrescentar à saída gerada pelo modo P aquela gerada pelos modos I e D, que já foram calculadas anteriormente. Logo o sinal Sc será dado por:

Sc = K (E + ΔSc_D +ΔSc_I) + Sco = 0,5(15%+11,25%+1%)+40%=53,625%, onde foi considerado que o ganho K multiplica também a saída integral e derivativa.

No item 1.4 discutiremos um pouco melhor a aplicação e a performance dos controladores P, PI e PID.

1.3.5.5 – Função controle lógico ou controle de operações ou controle sequencial

Olharemos a seguir os controladores de processos conhecidos como *controladores lógicos ou de operações ou controladores sequenciais*.

Estes controladores são identificados nos documentos de engenharia pela letra "C". Como não são dedicados ao controle de uma variável de processo definida, mas recebem informações de muitas, são representados pela sigla "UC", por exemplo, onde a letra "U" indica multivariável, ou seja, que recebe informação de mais de uma variável de processo.

Os controladores lógicos executam a função controle e, neste caso, de sequências lógicas de operação. Este tipo de controle, como discutido no subitem 1.1.5.2, é diferente do controle de variáveis de processo. Aqui o que se deseja é que a partir da ocorrência de alguns *eventos*, determinadas *ações* sejam tomadas. Suponhamos, por exemplo, uma linha de produção onde queiramos simplesmente separar uma determinada quantidade de produtos, como doze latas, empurrando-as para dentro de uma embalagem. Para realizar esta operação contamos os produtos que deslizam sobre uma esteira, com contadores automáticos. SE o número de produtos atingir doze, ENTÃO acionamos um braço que empurra os produtos para dentro da caixa. A operação se repete em ciclos: conta produtos e empurra na caixa. Este é um exemplo simples de controle lógico, onde se realiza uma lógica SE-ENTÃO que, de forma geral, se repete em ciclos de produção.

No controle lógico os eventos ligados ao conectivo SE são os de entrada. Os ligados ao ENTÃO são os eventos de saída. É comum que tenhamos vários eventos de entrada e vários de saída. Estes eventos podem vir associados por conectivos como o *E* e o *OU*.

Assim, tomemos o exemplo do sistema de enchimento de latas representado na figura 1.3.15. O objetivo deste sistema é encher latas com pesos definidos de um determinado produto. Este sistema opera seguindo uma sequência de operações que devem ocorrer se algumas condições forem sendo atendidas concomitantemente. Uma das etapas do processo pode ser descrita assim: *SE* a lata estiver posicionada sob o vaso, E o peso da lata não tiver sido atingido, *E* a botoeira desliga (HS-01) não for acionada, *ENTÃO* a esteira deve ficar parada (motor desligado) *E* a válvula de dreno do tanque (XV-01) deve ser aberta. Os três eventos (lata na posição, peso não atingido e sistema ligado) são conectados por uma série de lógicas *E*. A ocorrência concomitante destes é que levará o sistema lógico a desligar o motor *E* abrir a válvula.

Figura 1.3.15 – Sistema de enchimento de latas com controle lógico automático das operações.

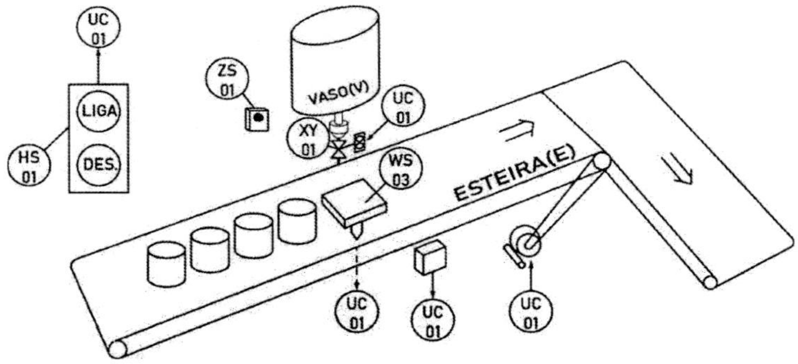

Fonte: autor

Em geral as operações de natureza lógica são executadas por dispositivos chamados Controladores Lógicos Programáveis (CLPs) (na figura 1.3.15 representado como UC). O UC verifica se as condições (*SE*) estão atendidas, através de informações que recebe dos instrumentos instalados no processo a ser controlado, no caso, as chaves ZS-01, WS-03 e HS-01. O *ENTÃO*, ou seja, a manipulação ou atuação no processo é comumente feita enviando comandos liga-desliga para sistemas hidráulicos, pneumáticos e motores elétricos CC e CA, no caso, a válvula solenoide XY-01 e o motor de acionamento da esteira.

A implementação de controles lógicos será discutida no item 1.5 em mais detalhes.

1.3.6 – Função manipulação de variáveis de processo

1.3.6.1 – Conceito e dispositivos de manipulação

O sinal de saída dos controladores de variáveis de processo é a entrada dos elementos finais de controle. Estes atuam na variável manipulada conforme o comando codificado no sinal de saída do controlador, Sc. Um diagrama de blocos completo do sistema de controle, incluindo o elemento final de controle já foi representado na figura 1.3.11.

Os elementos finais de controle mais comuns para manipular variáveis em processos são as válvulas de controle, variadores de frequência, cilindros hidráulicos e pneumáticos, motores de passo e resistências elétricas.

1.3.6.2 - Válvulas de controle

a) funcionamento

As válvulas de controle são elementos finais de controle muito utilizados nas indústrias de processamento contínuo, para atuarem nas variáveis manipuladas em sistemas de controle de variáveis de processo. A letra utilizada para representá-las em documentos de engenharia é a "V". Assim, uma LV, por exemplo, é uma válvula de controle que manipula vazão em uma malha de controle de nível (L=nível).

Daremos aqui uma visão geral do funcionamento das válvulas de controle de atuação pneumática, com atuador tipo diafragma, que é uma tecnologia comumente utilizada em processos industriais. Uma visão mais aprofundada está no item 2.11.

As válvulas de controle pneumáticas são constituídas basicamente de duas partes: o atuador e a válvula, propriamente dita (ver figura 1.3.16).

Figura 1.3.16 – Esquema de válvula de controle pneumática tipo falha-abre, com atuador tipo diafragma.

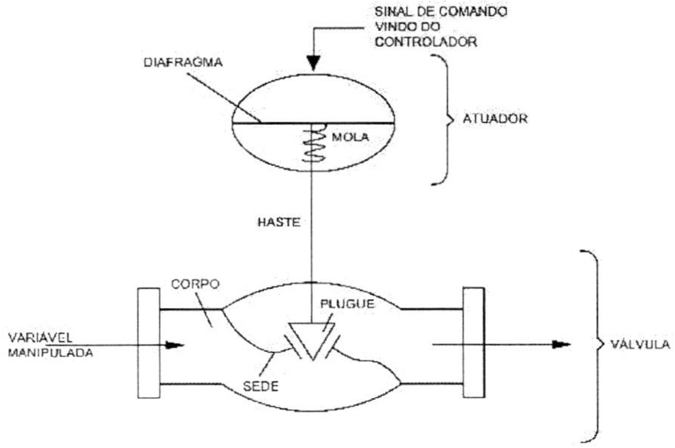

Fonte: autor

O "*atuador*" é composto, essencialmente, por um diafragma e uma mola. Estes elementos são inseridos em uma caixa metálica representada com uma seção elíptica na figura 1.3.16. O diafragma divide a caixa em duas partes isoladas. No exemplo construtivo, mostrado na figura 1.3.16, podemos ver que na parte superior do diafragma do atuador, atua um sinal pneumático (S_c), o qual varia dentro do *range* necessário para levar a válvula de toda fechada a toda aberta, como por exemplo, um sinal de 0,2 e 1,0 bar (3 a 15 psig), como o sinal de saída dos instrumentos pneumáticos. Este sinal varia em seu *range* sob o comando dos controladores, como descrito no subitem 1.3.5.

No conjunto esquematizado na figura 1.3.16, um aumento de pressão sobre o diafragma empurra-o para baixo. Ao diafragma está acoplada uma haste, a qual na outra extremidade está ligada ao *plugue* da válvula. Assim, os movimentos do diafragma serão integralmente transmitidos ao plugue, fechando a válvula no caso do aumento do valor do sinal Sc (aumento da pressão sobre o diafragma), e abrindo-a, em caso de redução do valor desse sinal, uma vez que a mola empurra o diafragma para cima.

A forma de montagem da válvula de controle representada da figura 1.3.16 recebe a denominação de "falha-abre" ou "ar-fecha" uma vez que, como se pode observar da figura 1.3.16, a mola tenderá sempre a manter a válvula aberta. Uma válvula falha-abre ou ar-fecha sempre abrirá em caso de falha do ar de suprimento ou danos no diafragma ou perda do sinal do controlador. Desta forma necessitará de ar para fechar a válvula, daí a denominação de ar-fecha ou falha ar-abre.

A figura 1.3.17 apresenta dois esquemas de válvulas, uma *falha-abre (ou ar-fecha)* e outra válvula *falha-fecha (ou ar-abre)*. A *abertura da válvula* de controle será sempre proporcional ao sinal (S_c) que chega ao seu atuador. A variação da vazão em função da abertura da válvula dependerá, no entanto, das geometrias do plugue e da sede da válvula. A figura 1.3.17 apresenta também as *curvas de resposta* para válvulas de controle falha-abre e falha-fecha. A escolha da válvula falhando aberta ou fechada dependerá dos requisitos de segurança operacional do sistema de processamento onde a válvula será aplicada.

Figura 1.3.17 – Tipos construtivos de válvulas de controle, quanto à forma de atuarem em falta de ar.

a) válvulas falha-abre

b) válvulas falha-fecha

Fonte: autor

b) função do posicionador da válvula de controle

A válvula de controle é projetada, como representado na figura 1.3.16, para abrir e fechar proporcionalmente ao sinal vindo do controlador que a comanda. Ocorre que durante a operação da válvula surgem atritos mecânicos que provocam resistências ao seu movimento sob o comando direto do controlador, introduzindo não linearidades na relação abertura da válvula *versus* sinal do controlador.

As pressões que o fluido de processo faz sobre o plugue da válvula também colocam dificuldades para a válvula abrir ou fechar de acordo com o comando do controlador. Assim, por exemplo, sabemos que se o controlador emite um sinal correspondente a 50% do seu *range* de saída (12 mA num controlador eletrônico de 4 a 20 mA, por exemplo) a válvula deve ir para 50% de sua abertura. Para garantir tal proporcionalidade é comum a instalação de dispositivos chamados *posicionadores*, que são acoplados às válvulas.

Os posicionadores garantem a linearidade entre o sinal do controlador e a abertura da válvula. Estes dispositivos detectam a posição de abertura da válvula de controle e a comparam com o sinal vindo do controlador. Caso a relação entre a abertura e o sinal do controlador não esteja linear, o posicionador, o qual contém uma alimentação própria (de ar no caso de válvulas pneumáticas) vai variando o sinal para o atuador da válvula até que a relação linear seja estabelecida.

Assim, por exemplo, se o controlador gerar um sinal de 50% para a válvula, o posicionador, recebendo este sinal, verifica se a abertura da válvula corresponde a 50%. Caso não corresponda, o posicionador vai alterando o seu sinal de saída até que a abertura correta seja alcançada.

Um esquema de posicionador instalado em uma válvula de controle está mostrado na figura 1.3.18(a). Na figura 1.3.18(b) está apresentada a curva de funcionamento do posicionador (sinal do controlador *versus* percentual de deslocamento da haste da válvula). Observemos que chegando ao posicionador 100% do valor do sinal do controlador isto poderá significar o comando para manter a válvula toda fechada, se esta for "falha-abre" (FA) ou toda aberta se a válvula for "falha-fecha" (FF).

Figura 1.3.18 - válvula de controle com posicionador.

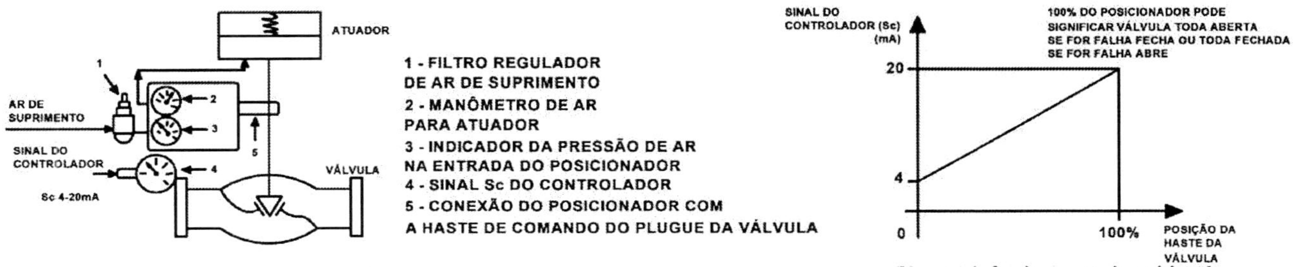

(a) válvula de controle com posicionador eletro pneumático; **(b) curva de funcionamento de posicionador.**

Fonte: autor

Tomemos assim um caso de uma válvula com atuador pneumático, com montagem do tipo falha-fecha, onde o sinal do controlador esteja em 50% do seu valor e a válvula em 40% de abertura. Como a válvula é falha-fecha o sinal de saída do posicionador terá que aumentar para que a válvula atinja 50% de abertura.

Os posicionadores de tecnologia digital conjugam outras funções à sua função principal de linearização. Assim podemos definir no posicionador, por exemplo, a curva de abertura que queremos para a válvula em função do sinal vindo do controlador fazendo esta curva ser igual ou diferente da linear. Podemos implementar nos posicionadores outras funções como a de conversão de sinal, que no exemplo da figura 1.3.18(a), converte sinal elétrico analógico (4 a 20 mA) em sinal pneumático inteligível para a válvula, ou implementar a função de controle como a executada por um controlador PID.

Para tornar mais clara as formas de funcionamento do controlador, do transmissor e da válvula de controle quando estes elementos estão interagindo em uma malha de controle, vejamos um exemplo:

Exemplo 1.3.2: O trocador de calor representado na figura 1.3.19 foi projetado de forma tal que a temperatura de saída do produto aquecido varia de 50 a 250° C. Deseja-se controlar esta temperatura em

200°C (*set-point* da temperatura) e, para tanto, instalou-se uma malha de controle eletrônica digital (sinais variando de 0 a 100%) com transmissor, controlador de painel e válvula de controle.

Sabe-se que:

i - o controlador é proporcional (P) com ganho K= 2 => Sc=KE+Sco;

ii - a vazão máxima capaz de passar pela válvula é de 100 kg/h de vapor => vazão a 100% de abertura;

iii - a válvula é falha-fecha e funciona linearmente (define a curva da válvula);

iv - quando o erro ou desvio da variável controlada é zero, a abertura da válvula é 50% (esta informação define o sinal de erro zero do controlador – Sco em 50%);

v - o erro será calculado pelo controlador como E= Sp-St, ou seja, o sinal relacionado ao erro, expresso em %, será o sinal do set-point em % (Sp) menos o do transmissor em % (St);

Na figura 1.3.19, TT é um transmissor de temperatura, TIC um instrumento que tem as funções de indicação (I) e controle (C) e TV é a válvula de controle. St é o sinal de saída do transmissor e Sc o sinal de saída do controlador. FF indica que a válvula de controle é falha-fecha (ar-abre).

Figura 1.3.19 – Trocador de calor com malha de controle de temperatura.

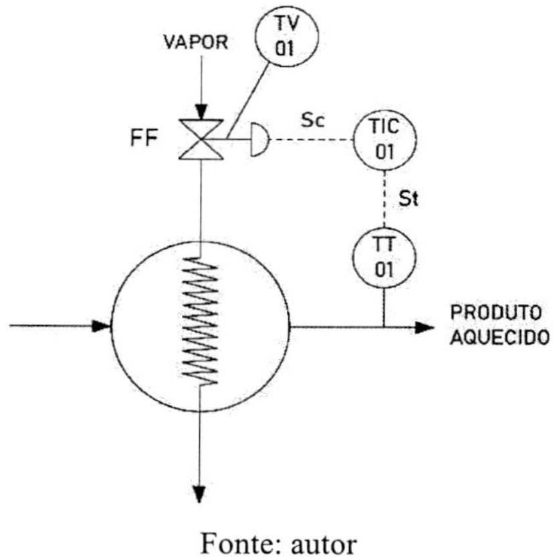

Fonte: autor

Pergunta-se:

a) qual o sinal gerado pelo transmissor e pelo controlador e a vazão que passa pela válvula de controle, quando a temperatura estiver no *set-point* (200 °C)?

b) qual o sinal gerado pelo controlador e a vazão que passará pela válvula se a temperatura do produto estiver em 150° C, mantidas as demais condições de operação (*set-point* e sinal de erro zero)?

Solução:

a) determinação do sinal do transmissor, controlador e vazão da válvula de controle para T = 200° C (*set-point*).

a.1) determinação do sinal gerado pelo transmissor na temperatura de 200 °C.

Para determinarmos o sinal de saída do TT-01, necessitamos conhecer a curva de resposta deste transmissor. Com o range de entrada da temperatura de 50 a 250 °C e o sinal de saída do transmissor variando de 0 a 100% temos a curva da figura 1.3.20.

Figura 1.3.20 – Curva de resposta do transmissor do exemplo 1.3.2.

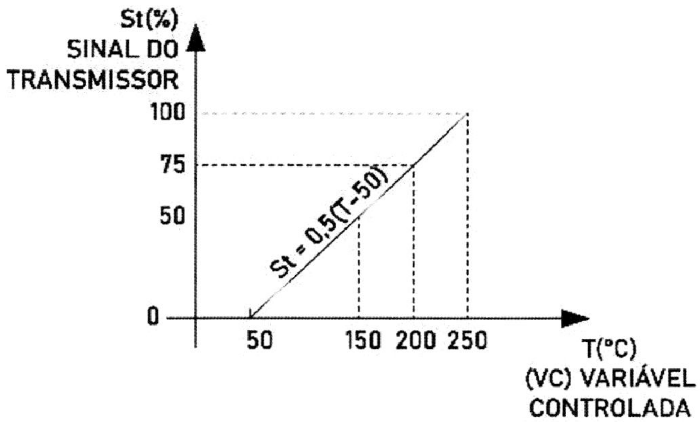

Fonte: autor

A equação da curva do transmissor será, portanto, dada por: St(%) = 0,5(T – 50). Assim, quando a temperatura estiver no *set-point*, ou seja, em 200 °C o sinal gerado pelo transmissor será de St = 75%.

a2) determinação do sinal gerado pelo controlador

Sabemos que quando a temperatura na saída do trocador for T=200 °C, valor do *set-point*, a abertura da válvula será de 50%, como descrito no enunciado. Como 200 °C é o valor do set-point, o erro "calculado" pelo controlador no seu "comparador" será zero, ou seja, E= Sp-St = 0, ou seja, St=Sp=75%.

Como o controlador é proporcional, sua curva de resposta será: Sc = KE + Sco (ver dado "i" do enunciado). Como no caso, E=0, o sinal de saída do controlador, Sc, será igual ao sinal de erro zero, Sco, ou seja, o sinal de saída do controlador será dado por Sc=0+Sco. Assim, o sinal do controlador ficará em 50% do seu *range*, ou seja, Sc =Sco = 50% e o percentual de abertura da válvula, %A, que é igual ao sinal em % que sai do controlador (ver curva 1.3.21), também valerá 50%.

Figura 1.3.21 – Vazão (abertura da válvula de controle) x sinal de saída do controlador (Sc).

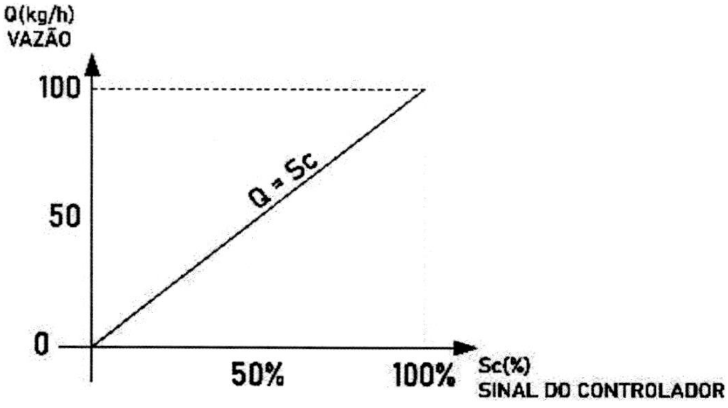

Fonte: autor

Como a válvula é linear (informação “iii” do enunciado), a vazão variará linearmente com a abertura e, portanto, a vazão ficará em 50 kg/h, uma vez que a vazão máxima (vazão a 100% de abertura da válvula) é de 100 kg/h (ver figura 1.3.21).

b) sinal gerado pelo controlador e a vazão da válvula quando a temperatura do produto estiver em 150 °C

b.1) sinal do transmissor para T=150 °C:

Quando a temperatura estiver em 150 °C, o sinal relacionado a esta temperatura, que chegará ao controlador, valerá 50%, conforme curva do transmissor, figura 1.3.20.

b.2) sinal do controlador

Como o controlador é proporcional (P), sua saída será expressa por:

$S_c = KE + S_{co}$, onde:

K = 2 (dado do problema)

S_{co} = 50% (informação “iv” do enunciado)

Com estas informações tiramos que $S_c = 2E + 50\%$

Para calcularmos o erro utilizaremos os dados de sinais obtidos a partir da curva do transmissor para 150 °C (temperatura do processo) ou seja, sinal St de 50% (item b.1) e 200 °C (*set-point*), ou seja, sinal de 75% (item a.1). Assim teremos que E= 25%, calculado por (Sp-St), como informado no item “v” do enunciado.

Assim, para T=150 °C teremos:

$S_c = 2E + 50\% = 2*(25\%) + 50\% = 100\%$, logo a válvula estará totalmente aberta, uma vez que a equação da válvula de controle é: $\%A = S_c$

Neste caso, a vazão passante pela válvula será de 100 kg/h

Observações sobre o exemplo:

i) Da análise do sistema de controle da figura 1.3.19 podemos concluir que se a temperatura do processo estiver menor que o *set-point*, como é o caso do exemplo 1.3.2, o controlador deverá comandar a abertura da válvula para que passe mais vapor no trocador de calor aumentando assim a temperatura do produto que está sendo aquecido. Para abrir a válvula que é falha-fecha, o sinal do controlador deverá aumentar, o que está coerente com o nosso resultado.

ii) se os instrumentos fossem eletrônicos com saída de 4 a 20 mA, teríamos que relacionar os valores percentuais calculados com o *range* de 4 a 20mA. Neste caso a temperatura de 150 °C (50% do sinal) corresponderia a um sinal de 12 mA (ponto médio entre 4 e 20mA). A temperatura de 200 °C a um sinal de 16 mA, calculado pela relação linear entra o *range* da temperatura (50 a 250 °C) e o range do transmissor (4 a 20 mA). Ver figura 1.3.22.

Figura 1.3.22 – Curva do transmissor eletrônico (4 a 20 mA).

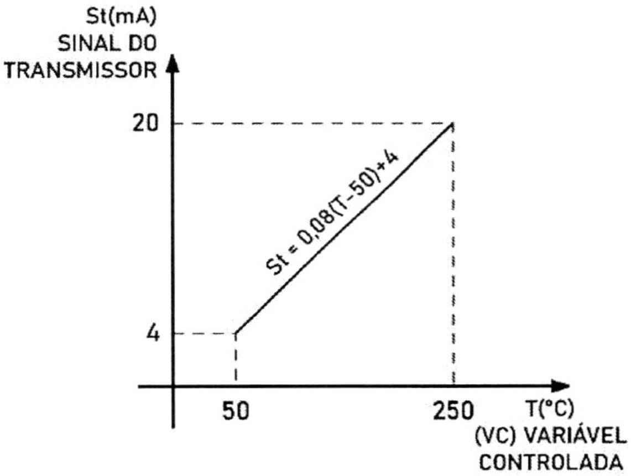

Fonte: autor

iii) Quanto menor o ganho, menor será a variação da condição do elemento final de controle e, portanto, menor a variação da variável manipulada. Se o ganho do controlador fosse ajustado em K= 1, por exemplo, mantidas as condições de temperatura do processo de 150 °C e *set-point* de 200 °C, ou seja, erro de 25%, o sinal gerado pelo controlador seria de Sc = E + 50% e neste caso, Sc seria igual a 75%, levando a válvula para uma vazão de 75 kg/h, significando um menor aumento da vazão de vapor e, portanto, uma resposta menos intensa da variável controlada. Assim, uma redução do ganho reduz a intensidade de ação do controlador e um aumento nele aumenta esta intensidade.

iv) Se o controlador fosse integral, teríamos que conhecer o comportamento do erro ao longo do tempo, para sabermos o sinal de saída do controlador. O mesmo vale para o derivativo.

1.3.6.3 - Válvulas de controle auto-operadas

Quando queremos um controle de pressão, temperatura, nível ou vazão, sem necessidade de grande precisão e em linhas de diâmetros até cerca de 6", podemos utilizar, em lugar do controlador associado à uma válvula de controle convencional, uma válvula de controle auto-operada. A figura 1.3.23 apresenta o esquema de uma válvula de controle de pressão auto-operada, instalada em uma tubulação.

Figura 1.3.23 – Válvula de controle de pressão (PCV) auto-operada.

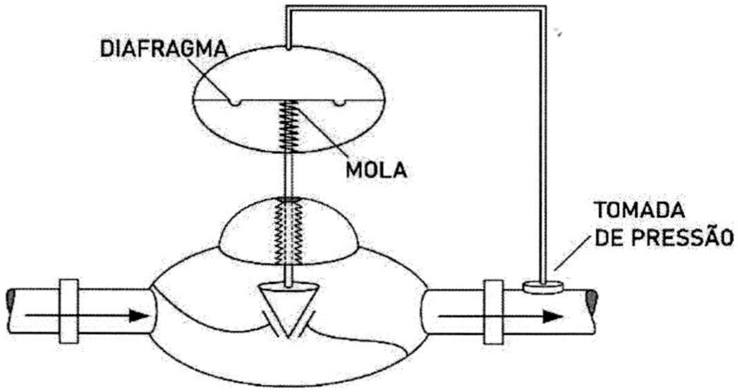

Fonte: autor

Estas válvulas são semelhantes às válvulas de controle com atuador tipo diafragma, recebendo em lugar da informação (sinal) vindo do controlador, a pressão direta do fluido cuja pressão desejamos controlar.

A informação da pressão do processo vem, portanto, através de um tubo que interliga o ponto cuja pressão queremos controlar a câmara superior do atuador da válvula. Com este arranjo, a pressão do fluido que se quer controlar, força o diafragma para baixo, atuando no sentido de fechar a válvula, e a mola, no sentido de abri-la. Desta forma, a pressão à jusante da válvula será controlada. Se a pressão aumentar, a válvula fechará, atuando no sentido de reduzi-la. O valor da pressão que queremos controlar é ajustado através do ajuste da pressão da mola sobre o diafragma.

Construções análogas existem para válvulas de controle auto-operadas de temperatura, vazão e nível.

1.3.6.4 – Variadores de frequência

A utilização de válvulas de controle para manipular a vazão ou a pressão de fluidos em escoamento nas tubulações é feita gerando uma restrição neste escoamento o que, inevitavelmente, consome parte da energia cedida ao fluido pelas máquinas de fluxo como bombas, compressores e ventiladores acionadas por motor elétrico. Isto significa que damos energia ao fluido e depois retiramos esta energia sem aproveitá-la para qualquer finalidade útil. Isto representa aumento do consumo de energia elétrica da planta e redução da eficiência do sistema industrial como um todo. Dependendo da aplicação, em lugar de criarmos uma restrição no escoamento para retirar energia indesejável do fluido, procedemos à variação da rotação da máquina de fluxo que produz o escoamento, regulando o fluxo do fluido conforme a necessidade do processo. Esta variação da rotação da máquina de fluxo pode ser feita de forma eficiente, com os variadores de frequência (VFD - *variable frequency drive).*

Sabemos que para calcularmos a rotação dos motores elétricos de indução onde conhecemos a frequência da rede (f) e o número de polos do motor (p), podemos utilizar a expressão:

$$n = f \,.\, 60 / p$$

onde: n = rotação do motor em rpm; f = frequência da rede em Hertz (Hz); p = número de pares de polos do motor; 60 = fator de conversão para rotação em minutos.

Por esta expressão podemos concluir, por exemplo, que em 50 Hz a rotação do motor será menor que em 60 Hz. Nas aplicações industriais, como o motor já está definido, não se pode fazer alterações no número de polos, ficando a rotação dependente somente da frequência de alimentação o motor.

Assim, os variadores ou conversores de frequência, como também são chamados, se situam entre a fonte de alimentação e os motores elétricos, promovendo a alteração da frequência de alimentação destes motores, a partir dos sinais de comando vindos do controlador, alterando sua velocidade e com isto, a vazão ou pressão do fluido movimentado pelas máquinas acionadas por esses motores, como bombas, compressores e ventiladores.

Regulando a frequência da eletricidade recebida pelo motor, o variador de frequência oferece exatamente a energia demandada pelo motor evitando assim perdas de energia, ou seja, otimizando o consumo. Desta forma, a velocidade do motor é controlada pela alteração da frequência da alimentação elétrica.

Basicamente, um variador de frequência converte a frequência da rede para outra frequência entre 0 a 300 Hz ou mesmo superior, e, assim, controla a velocidade do motor, proporcionalmente à frequência. No funcionamento do variador de frequência a corrente elétrica passa por três estágios de transformação, conforme figura 1.3.24:

Figura 1.3.24 – Componentes de um variador de frequência AC: retificador, circuito CC e inversor.

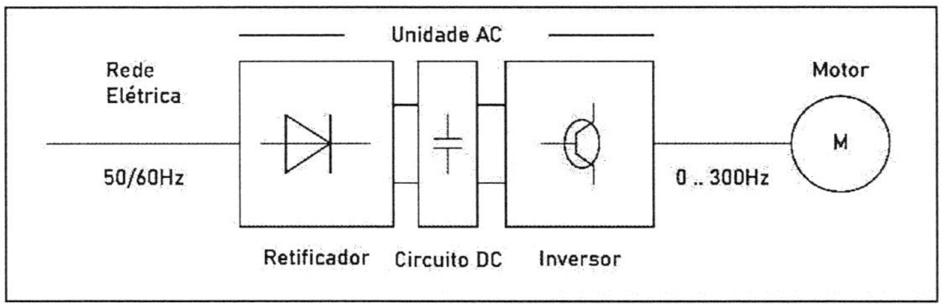

Fonte: autor com base em MOTORCONTROL, c2021

1- os variadores convertem a corrente alternada da rede elétrica em corrente contínua. Esta operação ocorre na parte do variador chamada de retificador;

2- a energia do retificador será armazenada para ser utilizada na terceira fase, a de inversão da corrente. Um circuito de corrente contínua (CC) irá armazenar a energia elétrica a partir do retificador para posteriormente ser utilizada pelo inversor. Na maioria dos casos, este armazenamento é feito em capacitores de alta potência;

3- nesta etapa a corrente contínua armazenada é novamente convertida em corrente alternada num inversor de corrente. A corrente alternada gerada pelo inversor já é produzida na frequência desejada, que no caso de controle de processos, é determinada pelo controlador de processo. O inversor utiliza técnicas de modulação para criar as 3 fases de corrente alternada necessárias à saída para alimentar o motor de indução.

A unidade retificadora pode ser unidirecional ou bidirecional. Quando unidirecional, a unidade de CA pode acelerar e rodar o motor, tomando a energia da rede. Caso seja bidirecional, o variador de velocidade também pode tomar a energia mecânica de rotação do motor e do processo e injetá-la de volta à rede elétrica.

Existem vários tipos de variadores de frequência que podem ser classificados como[23]:

- variadores de frequência de corrente alternada, que são os VDFs aqui descritos;

- variadores de frequência de corrente contínua, aplicados para motores de corrente contínua;

- variadores de frequência de voltagem de entrada, que geram uma nova onda senoidal de tensão;

- variadores de frequência de fontes de entrada, atuando nas fontes geradoras de corrente;

- variadores de frequência de largura de pulso modulado, também conhecido como PWM (*pulse-width modulation*), que mantêm um torque constante no motor por meio de pulsos de voltagem constantes realizados por resistores.

- variadores de frequência de vetor de fluxo de largura de pulso modulado, os quais através de um microprocessador gerem o processo de regulação ou variação da corrente para o motor.

Em resumo, as vantagens da utilização dos variadores de frequência são:

- economia de energia

- facilidade de instalação

- reduzida necessidade de manutenção;

- aumento de vida útil dos equipamentos (motores, bombas, etc.) que passam a trabalhar em condições mais adequadas de velocidade;

- menor impacto ao meio ambiente;

- menor despesa de energia, se aplicados devidamente em substituição às válvulas de controle;

---

[23] Para mais informações gerais sobre variadores de frequência pode-se acessar MOTORCONTROL, 2020 e MASCHERONI et al, 2005.

- redução de ruído dos motores e máquinas associadas aos motores.

Os variadores de frequência podem vir com a função controle integrada, sendo capazes de executar controles PID, se desejado.

1.3.6.5 – Cilindros e circuitos hidráulicos e pneumáticos

Em muitos casos os elementos de atuação final nos processos são *cilindros hidráulicos e pneumáticos* que executam movimentos lineares. Alguns esquemas de cilindros mais usuais estão representados na figura 1.3.25.

Figura 1.3.25 – Esquemas de tipos de cilindros hidráulicos e pneumáticos

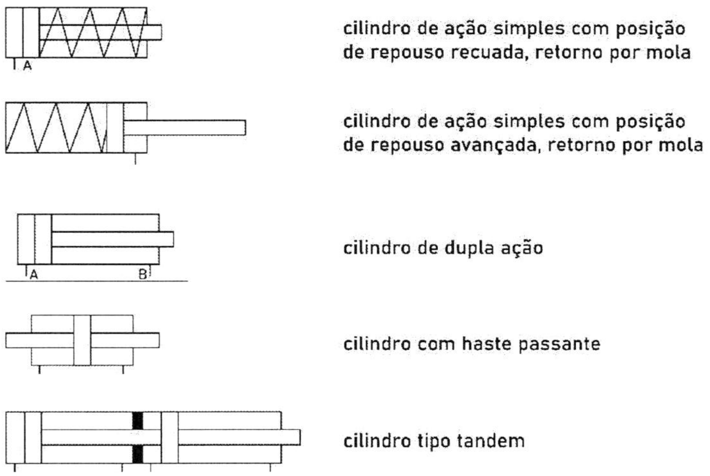

Fonte: simbologia baseada na ISO, 2012 e ABNT, 1985

Os cilindros são, de fato, elementos finais de *circuitos hidráulicos e pneumáticos* circuitos estes formados por válvulas acionadas por solenoides, denominadas como válvulas solenoides. Os comandos elétricos que vão para as válvulas solenoides têm origem em chaves e em controladores lógicos.

As solenoides são constituídas por uma bobina, um núcleo magnético e uma mola, como esquematizado na figura 1.3.26. Quando a bobina é energizada se cria um campo magnético capaz de movimentar um núcleo magnético (ímã). Conectando a haste em válvulas de diversos tipos temos as válvulas solenoides, conforme os esquemas da figura 1.3.27.

Figura 1.3.26 – Solenoide com uma haste para acionamento de válvulas ou outros elementos.

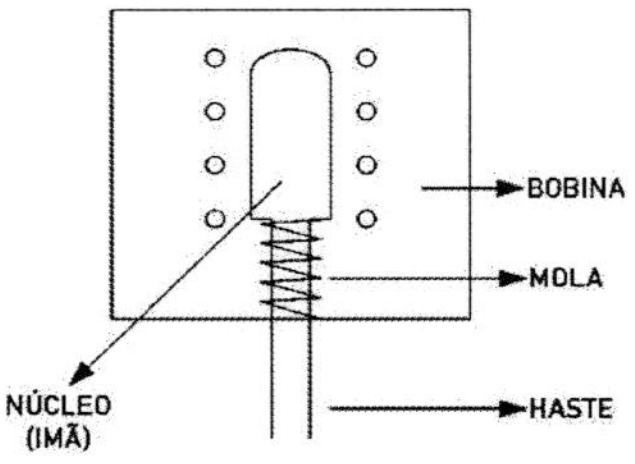

Fonte: autor

Figura 1.3.27 – Esquema de válvulas solenoide.

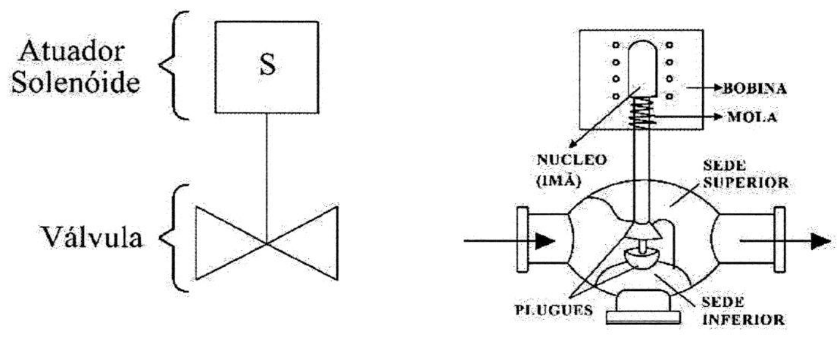

(a) válvula solenóide de 2 vias (b) válvula solenóide de 3 vias

Fonte: autor

As válvulas solenoides podem ser utilizadas para bloqueio e liberação de fluidos em linhas de pequenos diâmetros, em geral até 2", sendo comum nestes casos a utilização das válvulas solenoides de duas vias, como a esquematizada na figura 1.3.27(a). Nestas utilizações as válvulas solenoides só operam em duas posições extremas, ou seja, totalmente abertas ou fechadas. As válvulas de duas posições e 3 vias, como a da figura 1.3.27(b), são de uso comum quando queremos atuar abrindo ou fechando totalmente cilindros ou válvulas de controle.

Nas válvulas de 3 vias temos 3 passagens para o fluido. Quando a solenoide está energizada duas das passagens se conectam e a outra fica bloqueada. Quando desenergizada o obturador da válvula desliza verticalmente bloqueando uma passagem antes liberada e conectando as outras duas restantes. No caso da válvula de 3 vias da figura 1.3.27(b), a mola tende a levantar o plugue da válvula. Assim, quando a válvula estiver energizada ficará com a sede superior aberta e a inferior fechada. Nesta situação, a força da solenoide puxando o núcleo solidário à haste da válvula para baixo vence a força da mola. Quando a solenoide é desenergizada, a mola empurra a haste para cima, fechando a passagem pela sede superior e abrindo pela inferior.

Nos circuitos hidráulicos ou pneumáticos são utilizadas válvulas direcionais de diversos tipos, com várias vias e capazes de assumir mais de duas posições, como as explicitadas no quadro 1.3.1, de forma a atingir objetivos de atuação, onde o elemento final é uma válvula de controle pneumática ou pistão pneumático.

Quadro 1.3.1 – Símbolos mais comuns em circuitos hidráulicos e pneumáticos.

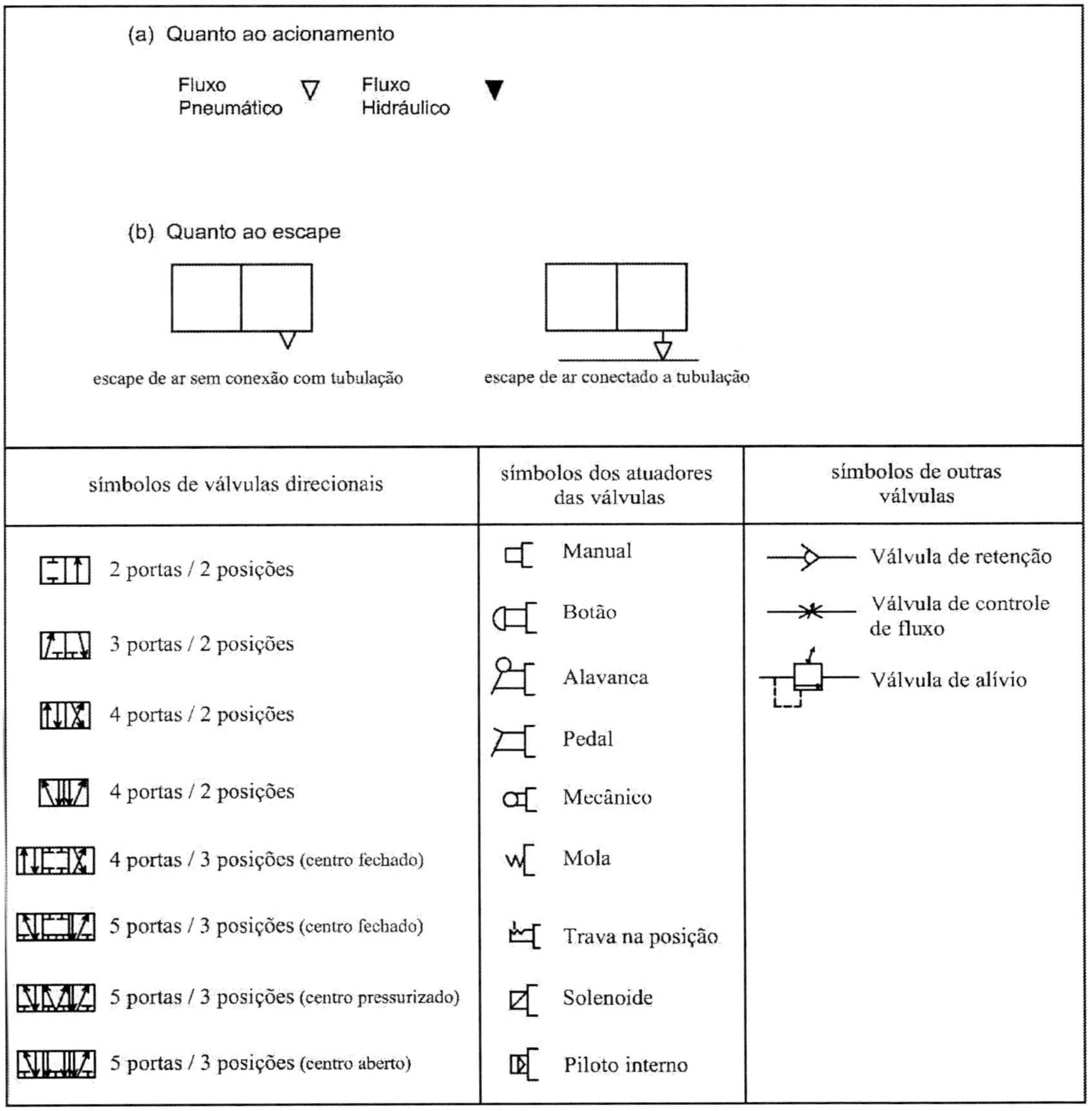

Fonte: autor com base na ISO, 2012.

Tomemos por exemplo, o sistema representado na figura 1.3.28(a). Temos um produto transportado por esteiras para um silo. O silo acumula um determinado volume de produto. Quando o volume ajustado é atingido ele é drenado de uma forma automática, não analisada aqui, para um saco que já estará posicionado sob o funil do silo.

Para realizar tal automação foi colocado na boca do funil do silo um cilindro pneumático de ação simples com retorno por mola e posição de repouso avançada e uma chave para deteção do evento "volume atingido no silo", a qual é acionada quando o volume desejado no silo é atingido. Embora na figura 1.3.28(a) tenhamos representado esquematicamente o cilindro e a chave, o que existe de fato é um pequeno circuito eletropneumático composto pela chave, um temporizador com retardo na saída, uma válvula solenoide de duas posições e três vias e o cilindro, como representado na figura 1.3.28(b).

Um resumo da simbologia dos circuitos pneumáticos está no quadro 1.3.1, a qual é baseada na norma ISO-1219 (2012). Nessa tabela, as válvulas são representadas por quadrados justapostos. O número de quadrados indica o número de posições que a válvula pode assumir. No caso da figura 1.3.28(b) temos uma válvula de 2 posições e 3 vias, acionada por solenoide e com retorno por mola (ver simbologia no quadro 1.3.1).

Quando a chave de nível for acionada e o contato fechar, o temporizador terá a sua saída energizada, a qual permanecerá energizada por um tempo "t" nele ajustado. Com isto a solenoide manterá conectadas as vias 1 e 2 da válvula solenoide de duas posições e três vias, mantendo o cilindro pressurizado e a saída do silo aberta por este tempo. Passado o tempo "t" a solenoide é desenergizada e são conectadas as vias 2 e 3 da válvula de três vias, despressurizando o cilindro o qual retorna à posição normal por efeito da mola, fechando a saída do silo.

Figura 1.3.28 – Sistema automático de drenagem de produto do silo para o vaso.

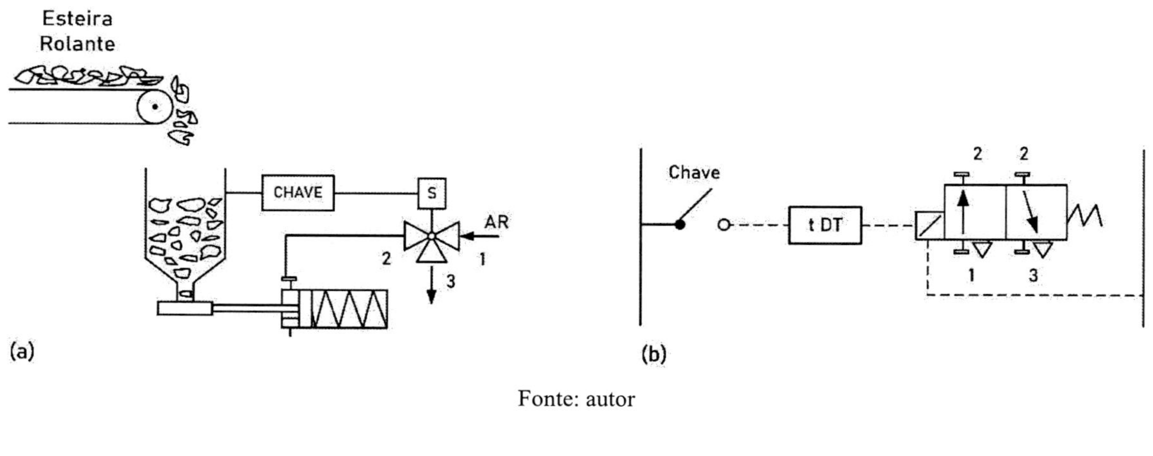

Fonte: autor

Observamos que motores hidráulicos e pneumáticos também são utilizados como elementos finais de controle quando são desejados movimentos rotativos com transmissão de potência.

1.3.6.6 – Motores de passo

Os motores elétricos mais comuns utilizados para controle de posicionamento de objetos, seja funcionando como elementos finais de controle de variáveis ou de controle lógico, são os motores de passo. Nas indústrias eles são utilizados para acionamento de sistemas como braços robôs e posicionamento de ferramentas em máquinas com comando numérico computadorizado (CNC), dentre outras aplicações.

Esses motores têm como característica um deslocamento angular preciso do seu eixo, o que na forma de rotação ou transformando a rotação em deslocamento linear, com o uso de sistemas mecânicos, viabiliza que controladores manipulem elementos de saída diversos como braços robôs e eixos de máquinas. O conhecimento do funcionamento básico dos motores de passo pode ser obtido na internet[24]. Em resumo, o motor de passo na sua forma mais simples é composto por quatro bobinas no estator e um imã no rotor, como esquematizado na figura 1.3.29.

Figura 1.3.29 – (a) esquema construtivo de um motor de passo com imã, de quatro polos; (b) motor com 8 polos e resolução de 22,5°.

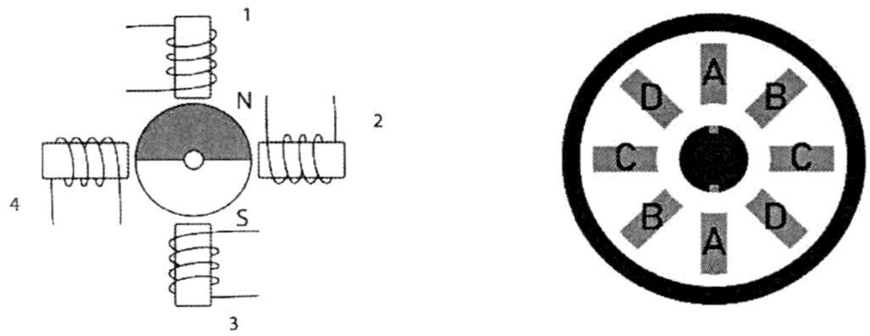

(a) (b)

Fonte: autor

Energizando a bobina 1 da figura 1.3.29(a) o polo norte do imã se alinhará com o polo sul da bobina. Se energizarmos a bobina 2, mantendo a 1 energizada, o motor avançará 45°, percorrendo assim um passo de 45°. Energizando sucessivamente somente a bobina 2, depois a 2 e a 3, depois somente a 3, depois a 3 e a 4, depois a 4 somente e depois a 4 e a 1 teremos completado um ciclo, com resolução de 45°, no exemplo dado na figura 1.3.29(a). Aumentando o número de bobinas no exemplo da figura 1.3.29(b) melhoramos a resolução do motor.

Embora existam construções diversas para motores de passo com mais bobinas e na ordem de centenas de passos, todos os motores de passo usam desse mesmo princípio: as bobinas são energizadas uma a uma fazendo o motor girar passo a passo. A velocidade do giro do motor dependerá da velocidade com que energizemos cada uma das bobinas.

[24]Ver por exemplo BRITES; SANTOS, 2008.

Existem três tipos básicos de motores de passo:

a) os de Relutância Variável (RV), nos quais o estator tem os enrolamentos e o rotor tem várias polaridades (e não duas como os de imã);

b) os de imã permanente (IP), anteriormente descrito, que embora seja parecido com o motor (RV), possui um imã fixo no rotor;

c) o motor híbrido, o qual possui um imã permanente no eixo e rotor multidentado, sendo este o tipo de motor mais comum na indústria.

O número de bobinas e de dentes magnéticos no rotor varia conforma o motor e esta quantidade definirá o passo do motor. Para definir as bobinas que serão energizadas os motores de precisão necessitam de um *driver*, o qual controla o avanço angular do rotor.

Além disso, o *driver* permitirá a definição do torque e da velocidade do motor a qual dependerá da velocidade de comutação da bobina definida pelo *driver*. Com circuitos chamados de *drivers* de micro passo podemos controlar a intensidade do campo de cada bobina e aumentar muito a quantidade de passos entre as bobinas usando técnicas como a PWM (*Pulse Width Modulation*).

Os motores de passo apresentam como vantagens sobre os motores comuns a não necessidade de realimentação da sua posição, fácil frenagem e fácil aceleração, podendo operar em sentido horário e anti-horário.

1.3.6.7 – Resistores

Os resistores industriais são de uso comum em locais onde se deseja controlar temperatura, como em fornos elétricos, aquecimentos localizados de tubulações, moldes para fabricação e sistemas de aquecimento em geral.

Os resistores trabalham por efeito Joule liberando calor proporcionalmente ao quadrado da resistência elétrica que os transpassa. A corrente passante é definida por controladores de processo com modos de controle PID e em aplicações mais simples são associados a controles Liga- Desliga (ON-OFF).

As resistências são utilizadas como elementos finais de controle em sistemas de aquecimento, como os de tanques, fornos de médio e pequeno porte e bicos de injetoras de plástico, dentre muitas aplicações.

1.3.7 – Função conversão de sinais

Sempre que queremos comunicar instrumentos que trabalham com padrões diferentes de sinal teremos que introduzir entre estes instrumentos uma conversão de sinais. Assim se queremos fazer comunicação entre um dispositivo analógico com um digital, introduziremos na malha de instrumentos um conversor analógico-digital.

Por exemplo, para um controlador com saída eletrônica (saída 4 a 20 mA) poder comandar a abertura e o fechamento de uma válvula pneumática (que trabalha com sinal pneumático, em geral na faixa de 0,2 a 1,0 bar), é necessário que se faça uma "conversão" do sinal elétrico de 4 a 20 mA para o sinal pneumático de 0,2 a 1,0 bar.

Os conversores trabalham relacionando linearmente o sinal de entrada com o de saída. A figura 1.3.30 apresenta a curva de resposta de um conversor eletropneumático ou corrente-pressão (I/P) que recebe um sinal de entrada (Se) de 4 a 20 mA e gera sinal de saída (Ss) de 0,2 a 1,0 bar.

Figura 1.3.30 – Curva de resposta de conversor I/P (sinal de entrada (Se) de corrente e saída (Ss) de pressão).

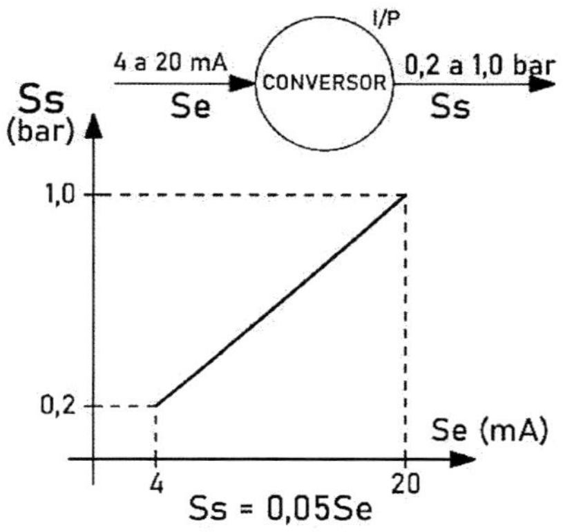

Fonte: autor

Existem vários tipos de conversores. Os mais comuns são:

- conversor corrente-pressão (I/P): figura 1.3.30;

- conversor pressão-corrente (P/I): análogo ao I/P;

- conversor milivoltagem-corrente (mV/I): converte sinal de mV gerado por termopar em sinal de corrente padrão (comumente 4 a 20 mA);

- conversor analógico-digital (A/D): converte sinal analógico (4 a 20 mA, 0,2 a 1,0 bar, etc.) em sinal digital (inteligível a sistemas microprocessados);

- conversor digital-analógico (D/A): converte sinais digitais em analógicos;

- conversor resistência-corrente (R/I): converte valor de resistência de sensores que medem relacionando a variável de processo com a resistência elétrica, em sinal de corrente padrão (comumente 4 a 20 mA).

Exemplo 1.3.3 - A figura 1.3.31 representa uma malha de controle da temperatura do produto aquecido num forno, composta pelo sensor de temperatura TE-01 (termopar ou outro qualquer), um transmissor eletrônico, TT-01, um indicador controlador de temperatura TIC-01, um conversor de corrente para pressão (conversor I/P) TX-01 e uma válvula de controle TV-01.

Após o conversor TX-01 foi inserida uma válvula solenoide de três vias (PY-03). Esta válvula tem a sua solenoide energizada a partir do comando da chave de pressão baixa, PSL-03. A função desta válvula é permitir o corte de gás para o forno em caso de pressão baixa de combustível, pressão baixa esta percebida pela chave PSL-03. Descreva o funcionamento do sistema de controle de temperatura e a forma de ação da solenoide de 3 vias.

Figura 1.3.31 – Sistema de instrumentação com malha de controle de temperatura e sistema de proteção contra pressão baixa do gás atuando através de válvula solenoide de três vias.

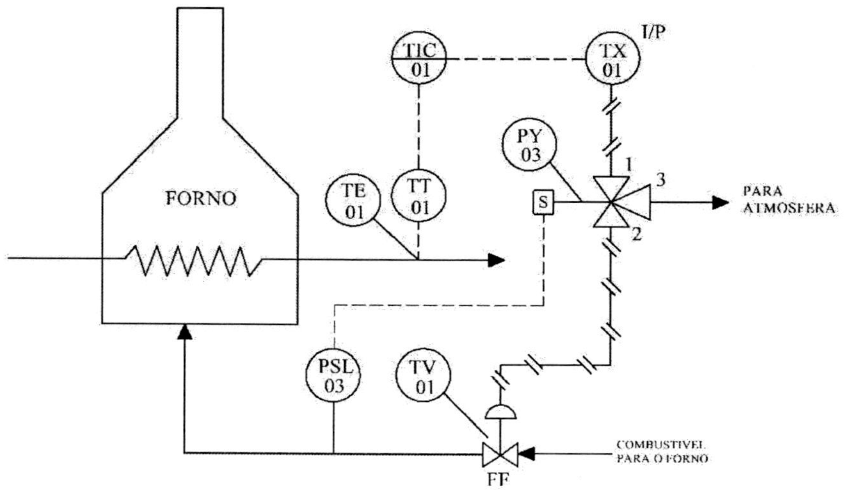

Fonte: autor

Solução

Quando a pressão do gás combustível está normal (não está baixa), a solenoide interliga as vias 1 e 2, permitindo que o sinal pneumático que vem do conversor TX-01, e está associado ao sinal do controlador TIC-01, chegue até a válvula de controle, comandando sua abertura ou fechamento de acordo com o comando do controlador.

Caso a pressão do combustível fique baixa, o PSL-03 comandará a solenoide, de tal forma que ela bloqueará a via 1 e passará a comunicar as vias 2 e 3. Com isso, o sinal vindo do TIC-01 não chegará mais à válvula de controle TV-01 e o ar que pressurizava o atuador desta válvula será drenado para a atmosfera, provocando sua despressurização e, consequentemente, o fechamento da válvula de controle que foi escolhida previamente falha-fecha (fecha na falta de pressão de ar).

1.3.8 – Função deteção de eventos

A ocorrência ou não de um determinado evento, como por exemplo, se uma determinada temperatura foi atingida ou não, se uma determinada peça ou equipamento chegou ou não numa posição desejada, se uma quantidade de produtos passou por um determinado ponto ou não, se um determinado tempo foi ou não transcorrido ou, de forma geral, se eventos ocorreram ou não, são detetados por sistemas como chaves, contadores e temporizadores.

Por meio da deteção da ocorrência de eventos podemos energizar ou desenergizar uma dada carga (motor, alarme, válvulas elétricas, etc.), mandar informação para um controlador lógico ou simplesmente acionarmos um sinal sonoro ou luminoso. Apresentaremos aqui de forma sumária as chaves, os contadores e os temporizadores.

1.3.8.1 - Chaves

As chaves possuem contatos elétricos que se energizam ou desenergizam quando a variável de processo medida assume um determinado valor, ou se torna maior ou menor que este. Suponhamos, por exemplo, que queremos ligar a bomba representada na figura 1.3.32, quando o nível no vaso V-01 atingir o valor de 30 cm em relação ao fundo do vaso. O evento que se quer detetar é "nível de 30 cm atingido". Esta função deteção é exercida pela chave de nível, representada na figura 1.3.32, como LSH-01 (*Level Switch High*).

Figura 1.3.32 – Chave de nível (LSH) usada para ligar bomba acionada por motor elétrico.

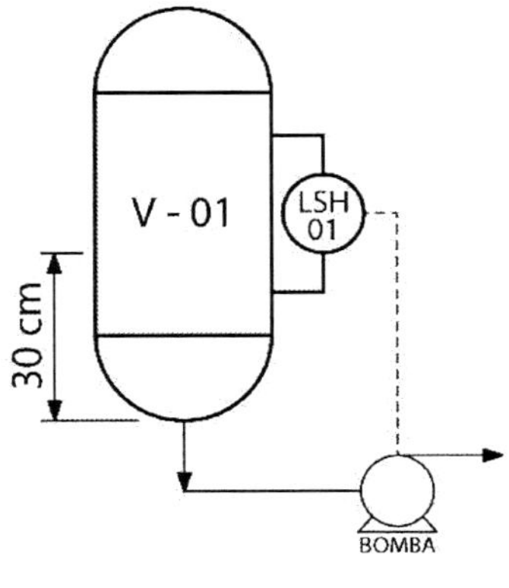

Fonte: autor

Construtivamente, as chaves são compostas por um sensor e um contato elétrico que tem sua abertura ou fechamento comandado pelo sensor. A figura 1.3.33 esquematiza uma construção possível para a chave da figura 1.3.32. Ela consiste de um sensor de nível (flutuador) e um contato elétrico do tipo microchave (*microswitch*).

Figura 1.3.33 – Funcionamento esquemático de chave de nível.

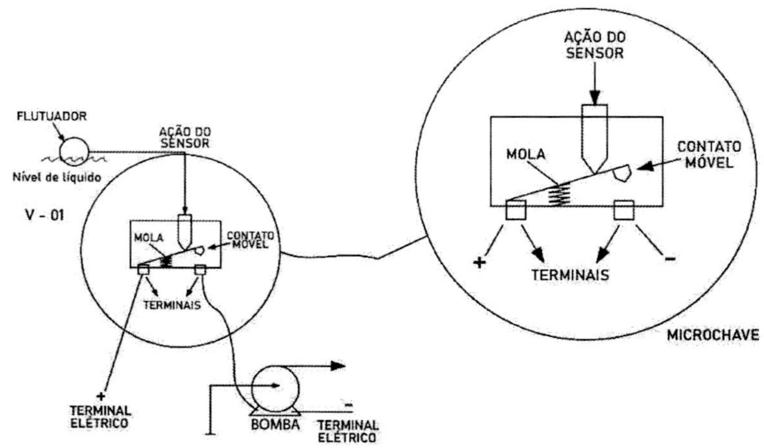

Fonte: autor

O sensor se movimenta com o nível e atingindo o ponto ajustado na chave ele atua na botoeira da microchave que, pelo deslocamento do contato móvel fecha o circuito elétrico, o qual permite fluxo de corrente entre dois terminais elétricos e com isso o acionamento de cargas, no caso da figura 1.3.33, uma bomba.

Existem chaves de pressão, temperatura, vazão, nível, velocidade, etc. O que muda essencialmente de uma para outra é o sensor utilizado, o qual deve ser adequado à variável medida.

Quando recebendo sinais de transmissores de campo, a função de deteção de eventos realizada pelas chaves pode ser apenas uma configuração do sistema digital, com pontos de atuação definidos nesta configuração. As configurações devem ajustar o acionamento dos contatos elétricos quando o sinal do transmissor corresponder ao valor da variável de processo no qual se deseja o acionamento da chave. Se por exemplo, estamos medindo uma temperatura com um range de 0 a 200°C, com um tranmissor que tenha um sinal de saída variando de 4 a 20 mA, e queremos que o contato da chave feche em 50 °C, devemos configurar a chave para fechar o seu contato em 8 mA.

Sejam chaves de campo, analógicas ou digitais, todas estão associadas a contatos elétricos ou eletrônicos que se fecham ou abrem quando a variável de processo chega ao valor que se quer detetar. O exemplo a seguir ilustra a utilização de uma chave de corrente na função de chave de velocidade.

Exemplo 1.3.4: A figura 1.3.34 representa um sistema turbocompressor. Este sistema é protegido por um alarme contra velocidades altas, representado na figura como SAH-01- *(Speed Alarm High)*. O transmissor de velocidade (*Speed Transmitter*) ST-01 tem faixa de trabalho (*range*) de 0 a 1000 rpm. Sabendo-se que o ST-01 é um transmissor eletrônico com sinal de 4 a 20 mA e que o alarme deve ser acionado em 800 rpm, qual a corrente ajustada na chave de velocidade alta *(Speed Switch High)*, SSH-01?

Figura 1.3.34 – Turbocompressor com proteção contra velocidade.

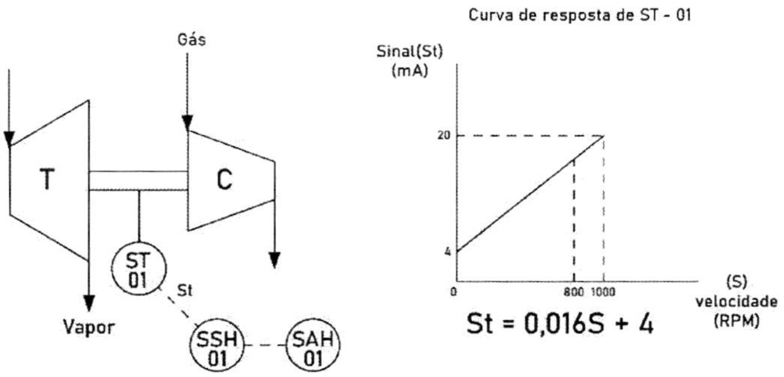

Fonte: autor

Solução

- A curva de resposta do transmissor será:

$S_t = 0{,}016S + 4$

onde S_t é o sinal do transmissor em mA e S a velocidade em rpm.

Como queremos o disparo do alarme em 800 rpm, devemos ajustar a chave SSH-01 para fechar seu contato quando receber do transmissor a corrente de 16,8 mA, a qual corresponderá à velocidade na turbina de 800 rpm.

Obs.: raciocínio análogo se aplica para sistemas digitais que recebem sinais de 0 a 100% dos transmissores.

1.3.8.2 – Contadores e temporizadores

Em muitas aplicações os eventos de entrada para sistemas lógicos são definidos por contagem de produtos, ciclos, ou outros eventos contáveis. Outras vezes o tempo é o evento importante.

Os *contadores* são associados a sensores que percebem a presença ou passagem de um objeto que queremos contar, como a passagem de garrafas que se movimentam apoiadas em esteiras. A contagem é feita por uma chave, onde a passagem do objeto produz uma variação numa tensão elétrica, por exemplo, pela interrupção de um feixe de luz que incide sobre um material fotossensível. A contagem pode ser feita também pelo contato físico do objeto que queremos contar com uma haste que se interpõe no seu caminho (ver sensores de posição no item 2.7). A contagem pode ser feita e indicada localmente, quando nosso interesse é só indicação, ou pode ser informação de entrada para sistemas lógicos (entrada de um CLP, por exemplo).

Os *temporizadores* olham para o evento tempo. Temos dois tipos básicos de *temporizadores*: o *fixador de duração de pulso (pulse delay - PD)* e o *retardador de pulso (time delay off - DT)*. A figura 1.3.35 ilustra o funcionamento dos dois tipos de temporizadores, onde 1 significa energizado e 0 desenergizado. O primeiro mantém a saída (S) energizada pelo tempo "t" que nele ajustamos, após a sua entrada (E) ter ído de desenergizada para energizada (de 0 para 1). Ainda que a entrada "E" permaneça energizada por um tempo maior que "t", a saída, S, só ficará energizada por um tempo "t". Depois deste tempo voltará a se energizar se a entrada for de desenergizada a energizada outra vez. O retardador de pulso manterá a saída, S, energizada por um tempo "t" depois da entrada, E, ser desenergizada (ido para sinal 0), sendo a saída energizada assim que a entrada for energizada.

Figura 1.3.35 – Temporizadores: (a) fixador de duração de pulso; (b) retardador de pulso.

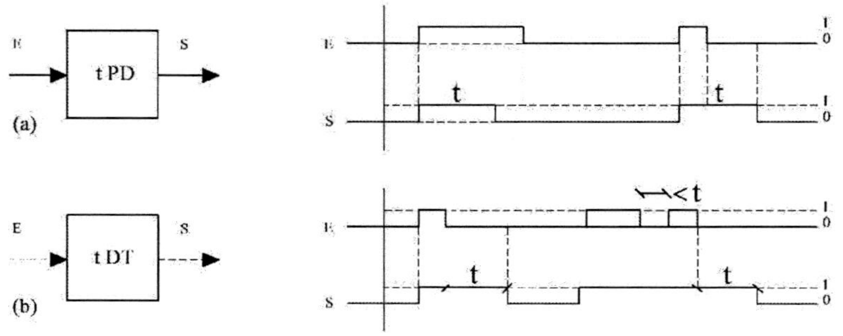

Fonte: autor com base na ISA, 2009

1.3.9 – Função proteção

Os dispositivos voltados para a proteção dos sistemas industriais, de uso mais comum, são os alarmes, as válvulas de alívio de pressão e os sistemas de intertravamento.

1.3.9.1- Alarmes

a) funcionamento

Os alarmes têm por objetivo chamar a atenção dos responsáveis pela operação do sistema industrial de que algo de anormal está ocorrendo. Para cumprir tal função, os alarmes são constituídos de avisos visuais e/ou sonoros, acionados quando da ocorrência do evento anormal.

A figura 1.3.36(a) apresenta um esquema de um *anunciador de alarmes* comumente encontrado em painéis de controles analógicos. Para sistemas digitais os alarmes são configurados (programados) nos sistemas, de forma a serem acionados nos valores ajustados por programação (ver figura 1.3.36(b)).

Figura 1.3.36 – Anunciador de alarmes.

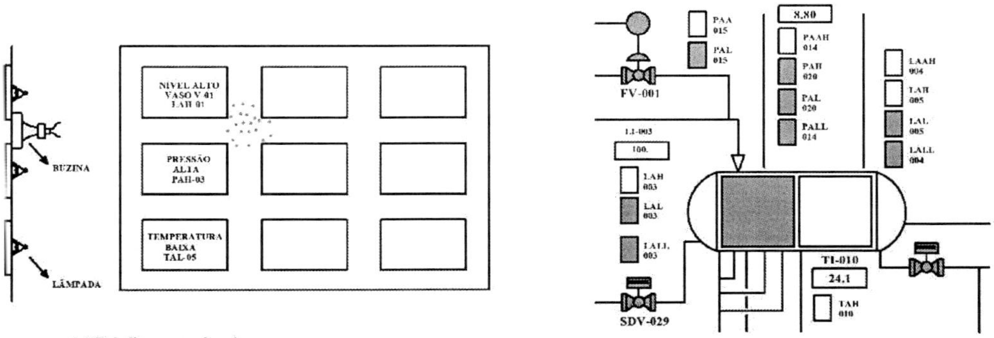

(a) Painéis convencionais

(b) Painéis digitais com representação de alarmes (LAHH, LAH, LAL, etc)

Fonte: autor

Outra forma comum de se avisar ao operador qual o evento anormal que está ocorrendo na unidade é através de avisos escritos que aparecem em telas de vídeos associados a sistemas digitais.

Seja através de anunciadores como o da figura 1.3.36(a) ou através de interfaces homem-máquina (IHM), como a da figura 1.3.36(b), temos associado aos alarmes o acionamento de sinais sonoros, de forma a chamar atenção do operador do sistema.

b) gerenciamento de alarmes

Quando um alarme é acionado, em geral outros são acionados em cascata, uma vez que o primeiro evento anormal gera outros eventos anormais. Assim, por exemplo, a redução a níveis críticos da pressão de entrada de um líquido que alimenta um vaso acumulador como o representado na figura 1.3.36(b), pode disparar outros alarmes como, o de nível baixo e o de pressão baixa no vaso. Isto pode tirar a atenção do operador ou levá-lo a desconsiderar alguns alarmes por achar que este é resultado de uma falha anterior já corrigida.

Muitos acidentes já ocorreram por esta razão e um deles, ocorrido em uma refinaria no país de Gales em 1994[25], levou a uma análise mais profunda e ao desenvolvimento da técnica de gerenciamento de alarmes.

De forma geral, a aplicação do gerenciamento de alarmes se faz adequada quando uma das ocorrências abaixo for verdadeira[26]:

- Existem alarmes que se repetem com frequência?
- Existem alarmes que não possuem ação corretiva definida?

---

[25] Ver HEALTH AND SAFETY EXECUTIVE, 1997.

[26] Ver LOGIQUE, 2017

- Os operadores frequentemente ignoram os alarmes ou os reconhecem sem tomar nenhuma medida correspondente?
- Uma porcentagem alta de todos os alarmes disparados são frutos de uma pequena minoria da quantidade total de alarmes?

O gerenciamento de alarmes não será discutido em detalhes aqui, informações mais técnicas podem ser obtidas nas fontes citadas neste tópico e na ISA 18.2 (2016).

1.3.9.2 – Válvulas de alívio de pressão (*Pressure Safety Valve* – PSV)

As válvulas de alívio de pressão (PSV) são instrumentos estritamente mecânicos de largo uso em situações onde queremos impedir a ocorrência de pressões elevadas, que possam pôr em risco instalações industriais como tubulações ou equipamentos e, indiretamente, pessoas.

Uma PSV é um dispositivo no qual a passagem de fluido pela sede é bloqueada por um disco que nela se comprime, por ação de uma mola (figura 1.3.37). O valor de pressão para o qual a PSV abrirá é determinado pelo ajuste adequado da mola e está relacionado com a máxima pressão a que o sistema protegido pode ser submetido.

Figura 1.3.37 – Válvula de alívio de pressão: (a) posição fechada; (b) posição fechada.

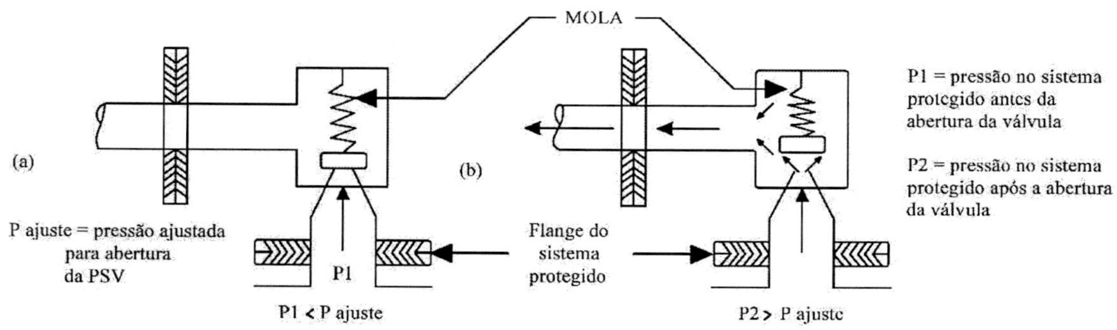

Fonte: autor

1.3.9.3 – Sistemas de intertravamento

Os Sistemas de Intertravamento são *sistemas lógicos*, semelhantes ao descrito no subitem 1.3.5.5, construídos para atuarem em *situações de emergência*, segundo uma rotina predefinida.

Tomemos, por exemplo, a instalação industrial representada na figura 1.3.38.

Figura 1.3.38 – Sistema de compressão de gás com sistema de intertravamento para proteção.

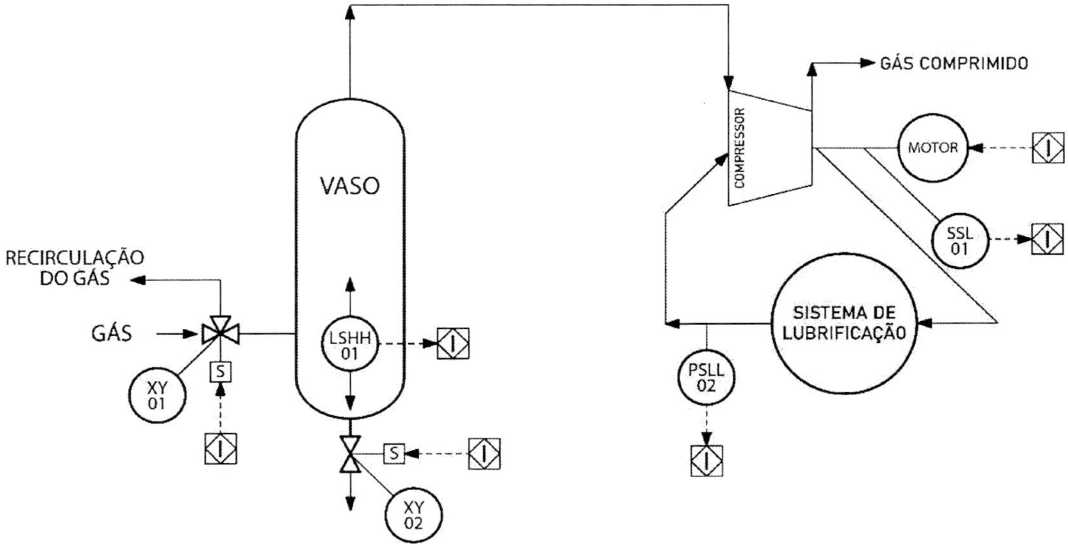

Nomenclatura:

LSHH – chave (S) de nível (L) muito alto (HH)

PSLL – chave (S) de pressão (P) muito baixa (LL)

SSL – chave (S) de velocidade (S) baixa (L)

XY – válvula solenóide

 - sistema de intertravamento

Fonte: autor

O esquema representa um sistema de compressão de gás. É suposto que um gás seco vai do vaso para o compressor e que, por anormalidade operacional, possa vir líquido arrastado com o gás. Caso o líquido chegue ao compressor, este poderá ser danificado, uma vez que este é projetado para trabalhar com gás.

A situação de líquido arrastado será detetada por uma chave de nível muito alto identificada na figura 1.3.38, como LSHH-01. Como todas as chaves, no caso de identificação de que o nível no vaso está alto, ela energizará ou desenergizará sua saída, conforme seja mais seguro operacionalmente. Um sistema lógico, neste caso dedicado à ação de proteção do sistema e conhecido como sistema de intertravamento (*interlock system*), receberá esta informação codificada por um sinal elétrico. A lógica programada no sistema lógico, que pode ser implementado com o uso de um Controlador Lógico Programável (CLP), comandará a abertura da válvula solenoide, XY-02, para drenagem do líquido arrastado com o gás. Como não se admite líquido no vaso, o gás que arrasta o líquido será também recirculado através da XY-01. Além disso, como não haverá mais gás para comprimir, a parada do motor do compressor também será acionada.

Outros eventos podem ocasionar ações do intertravamento, como por exemplo, a pressão baixa do óleo lubrificante, acusada pela chave PSLL-02, e a velocidade baixa do compressor, acusada pela chave SSL-01. Nestes dois casos o compressor será desligado e a recirculação do gás acionada.

As ações anteriores são do mesmo tipo que as descritas para os sistemas de controle lógicos, ou seja, são ações do tipo SE-ENTÃO, onde SE ocorrerem os eventos de entrada, no caso, o nível alto OU a pressão de óleo baixa, OU a velocidade baixa, o sistema de intertravamento, que é um sistema lógico, travará (bloqueará) alguns equipamentos e liberará outros. Uma das formas de descrever o funcionamento lógico do sistema é através de uma tabela chamada de *Tabela de Causa e Efeito*, onde são explicitados os eventos de entrada no sistema de intertravamento e os de saída, relacionando-os com uma marcação "X", como no quadro 1.3.2. A tabela de causa e efeito traduz assim a lógica SE (causa) - ENTÃO (efeito) desejada.

Os sistemas de intertravamento acionados por sistemas digitais aparecem representados em desenhos por um losango circunscrito por um quadrado, como representado na figura 1.3.38.

Quadro 1.3.2 – Tabela causa x efeito do sistema de compressão representado na figura 1.3.38.

Efeito / Causa	Instrumento que deteta o evento	1 - Abre dreno do vaso XY-02	2 - Abre recirculação de gás XY-01	3 - Corta motocompressor M
1 - nível de líquido muito alto no vaso	LSHH-01	X	X	X
2 - pressão baixa de óleo lubrificante	PSLL-02		X	X
3 - velocidade baixa do moto-compressor	SSL-01		X	X

Fonte: autor

Por esta tabela, temos uma boa visão das ações (efeitos) a serem tomadas pelo sistema de intertravamento, no caso da ocorrência dos eventos de entrada (causas) anormais possíveis.

Como vemos pelo exemplo, a deteção das causas é comumente feita por meio de chaves (de nível, pressão, velocidade, etc.). A ação do *sistema de intertravamento* está voltada para a proteção do sistema industrial.

Além da tabela de Causa e Efeito, outras formas comuns para representação das ações a serem tomadas pelo sistema de intertravamento são a Tabela Verdade, o Diagrama Lógico e o Diagrama Funcional, os quais serão apresentados no item 1.5.

1.3.10 – Função monitoração

O conceito de monitoração foi introduzido no subitenm 1.1.3.

Os *instrumentos mais comumente usados para monitoração* são: os registradores (figura 1.3.39 (a)); os indicadores (figura 1.3.39 (b)); os totalizadores (figura 1.3.39 (c)).

Os *indicadores* são usados quando nosso interesse reside em obtermos informações instantâneas sobre qualquer variável do processo. A indicação pode ser obtida com instrumentos dedicados (como manômetros) ou compartilhada em sistemas digitais sendo apresentadas em telas gráficas.

Os *registradores*, figura 1.3.39(a), são utilizados quando desejamos guardar as informações, para consulta futura, ou quando queremos conhecer o comportamento da variável no tempo para futuras análises. Os registros são usualmente feitos com impressões em papel a partir de informações em bancos de dados ou simplesmente apresentados em telas gráficas.

Os totalizadores são instrumentos dedicados à monitoração de vazão e indicam o total de volume que passa numa tubulação em um determinado intervalo de tempo. Assim o seu resultado de saída é um volume (volume total de produto medido) que passou pela tubulação num período determinado de tempo.

Figura 1.3.39 – Esquemas de instrumentos de monitoração.

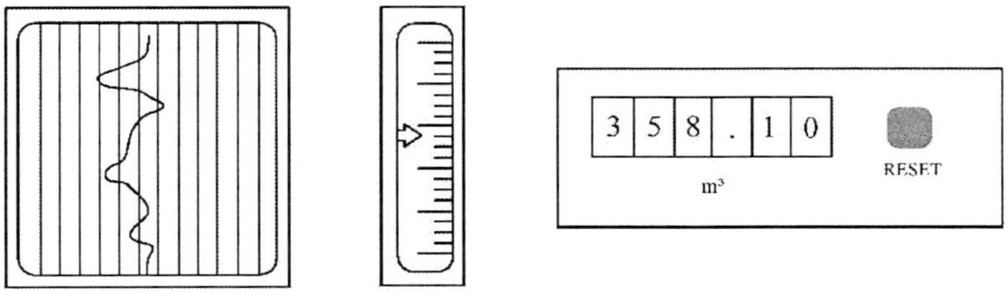

a) registrador b) indicador c) totalizador

Fonte: autor

Consideremos, por exemplo, a monitoração de um grande forno de tratamento térmico (figura 1.3.40) que executa serviços para clientes. Neste caso, interessa-nos não só o valor instantâneo da temperatura no forno, como também o seu registro ao longo do tempo, para termos certeza de que o processo transcorreu como desejado, e para termos provas para o cliente de que o tratamento de uma determinada peça foi feito como devido ou acordado em contrato.

Figura 1.3.40 – Monitoração da temperatura de um forno industrial para tratamento térmico.

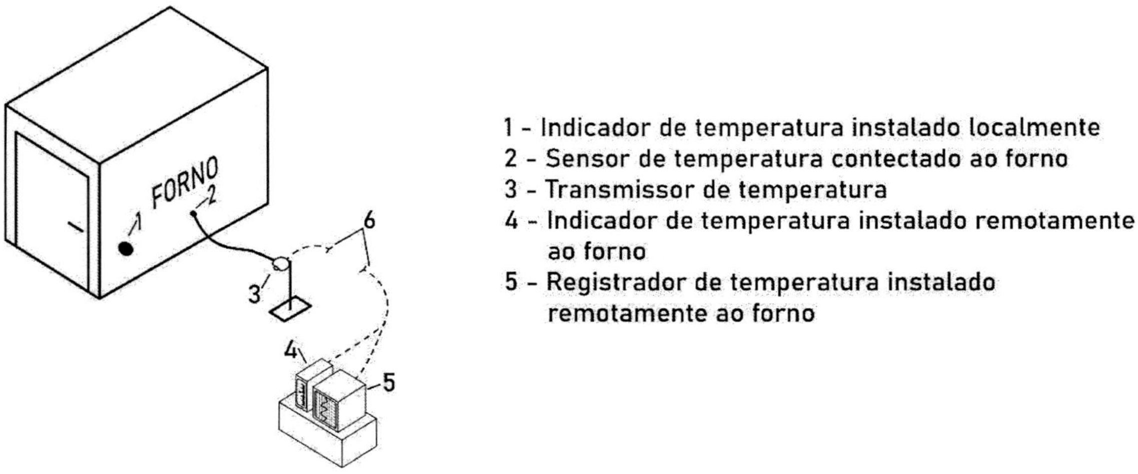

Fonte: autor

1.3.11 - Função cálculos matemáticos

a – aplicação

Em algumas aplicações temos interesse em conhecer o valor de variáveis de processo que não são praticamente passíveis de medição direta ou são de difícil medição.

Tomemos o exemplo da figura 1.3.41. Aqui nosso interesse é a indicação da carga térmica (Q) recebida pelo fluido que é aquecido no forno F-01. Como a medida direta da carga térmica é de grande dificuldade, ela pode ser calculada através da resolução da seguinte equação matemática:

$$Q = m * c * \Delta T,$$

onde:

Q é a carga térmica cujo valor se deseja indicar;

m é a vazão de produto que está sendo aquecido pelo forno;

c é o calor específico do produto;

ΔT é a diferença entre a temperatura da saída menos a de entrada do produto.

Figura 1.3.41 – Forno com instrumentação para indicação da carga térmica.

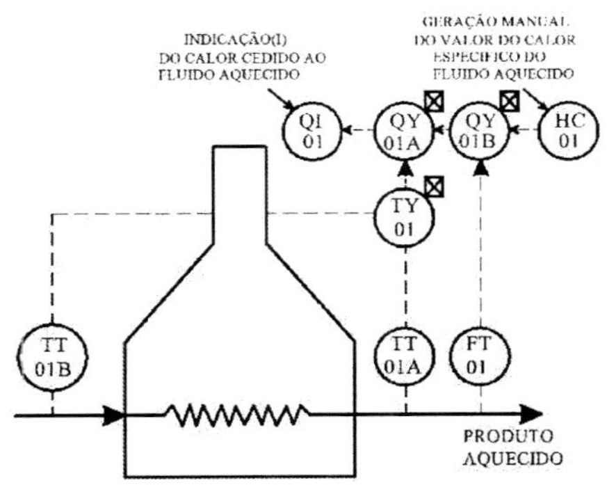

-TT-01 A: transmissor do valor da temperatura do produto aquecido na saída do forno;

-TT-01 B: transmissor do valor da temperatura do produto aquecido na entrada do forno;

-TY-01: instrumento que calcula a diferença entre a temperatura de saída e entrada do produto, ou seja, faz ΔT = (sinal TT-01 A) - (sinal TT-01 B);

-HC-01 (*hand controller*) é um instrumento que, atuado pelo operador, estará configurado para gerar um sinal proporcional ao calor específico (c) do fluido aquecido;

-FT-01: medidor de vazão que gera sinal proporcional a vazão massica (m) passante;

-QY-01 B: calcula o produto m * c, gerando sinal proporcional a este valor;

-QY-01 A: calcula o produto $Q=m*c*\Delta T$, gerando sinal proporcional a este valor, que é o calor recebido pelo fluido aquecido (carga térmica cedida pelo forno);

-QI-01: indica a carga térmica Q cedida pelo forno (recebida pelo produto).

Fonte: autor

Para conseguirmos, portanto, a medida da carga térmica (Q) recebida pelo produto aquecido, necessitamos medir a temperatura do produto na saída (T_A) e na entrada (T_B) do forno, calculando a diferença $\Delta T = T_A - T_B$.

O cálculo do ΔT é efetuado por um instrumento de cálculo, o TY-01, o qual gera um sinal de saída proporcional à diferença entre T_A e T_B. Para ficar claro que o TY-01 calcula uma diferença, foi colocado um símbolo Δ à direita, na parte superior do círculo que o representa.

O sinal de saída gerado pelo TY-01 vai ser multiplicado no QY-01A pelo sinal que vem do QY-01B. O QY-01B, por sua vez, é um instrumento de cálculo (multiplicador – X), que recebe dois sinais: um do HC-01 e outro do FT-01. O HC-01 é um instrumento de geração de sinal (analógico ou digital). O valor do sinal será ajustado (pelo operador do sistema, por exemplo), de tal forma que represente o valor do calor específico "c" do produto que está sendo aquecido. O FT-01 é um transmissor de vazão que gera um sinal proporcional à vazão (m). Desta forma, o QY-01B calcula o produto m * c.

Como o QY-01A recebe os sinais do TY-01 (proporcional a ΔT) e do QY-01B (proporcional a m * c), ele dará como resultado um sinal proporcional ao produto $m * c*\Delta T$ e, portanto, o QI-01 indicará o valor da carga térmica do forno, $Q = m * c* \Delta T$.

Aplicações semelhantes à descrita anteriormente, onde realizamos cálculos matemáticos com o uso de instrumentos, são muito comuns em indústrias de processamento. Para atender a esta demanda, dispomos de uma série de instrumentos (em caso de sistemas analógicos) ou funções (inseridas em sistemas digitais) que permitem a resolução de equações e inequações matemáticas.

b - funções básicas para cálculos

Os cálculos possíveis de serem executados pelas funções de cálculos são de todos os tipos que uma calculadora pode efetuar como: soma, subtrações, potenciação, extração de raiz, geração de funções diversas, comparação de valores de entrada e seleção do maior, do menor, cálculo de derivadas, integrais e outros cálculos matemáticos. O Standard ISA.S.5.1 (2009) da *International Society of Automation*, apresenta um quadro geral das funções normalmente disponíveis para configuração de sistema de instrumentação e controle, reproduzida no quadro 1.6.2, no item 1.6.

Nos desenhos de engenharia os instrumentos de cálculos aparecem representados como círculos com as entradas a serem operadas matemática ou logicamente e com uma indicação na parte superior direita do círculo, do cálculo executado, como nos exemplos da figura 1.3.42.

Figura 1.3.42 – Representação de alguns instrumentos que executam a função cálculo.

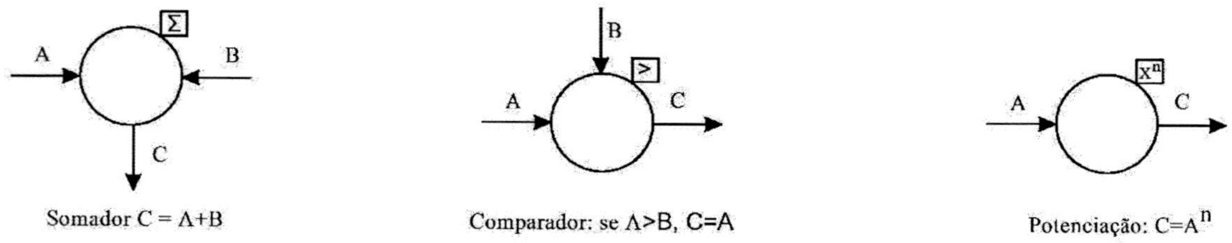

Fonte: autor com base na ISA, 2009.

c - normalização das entradas e saídas dos sistemas de cálculos

Os instrumentos e sistemas de cálculos sejam analógicos ou digitais, funcionam a partir de sinais proporcionais aos valores das variáveis que estão sendo medidas. Desta forma, os sinais que os instrumentos ou funções ou sistemas de cálculo produzem em sua saída ou recebem em suas entradas (seja 4 a 20 mA, 0,2 a 1,0 bar ou 0 a 100%), só têm sentido se associados ao *range* esperado para as variáveis de entrada e de saída.

Tomemos um exemplo. A figura 1.3.43 apresenta um esquema para cálculo da diferença de temperatura entre a linha 1 e a linha 2, com a indicação deste valor no TDI-01 (*I*ndicador da *D*iferença de *T*emperatura).

Figura 1.3.43 – Sistema de instrumentação para cálculo da diferença de temperatura.

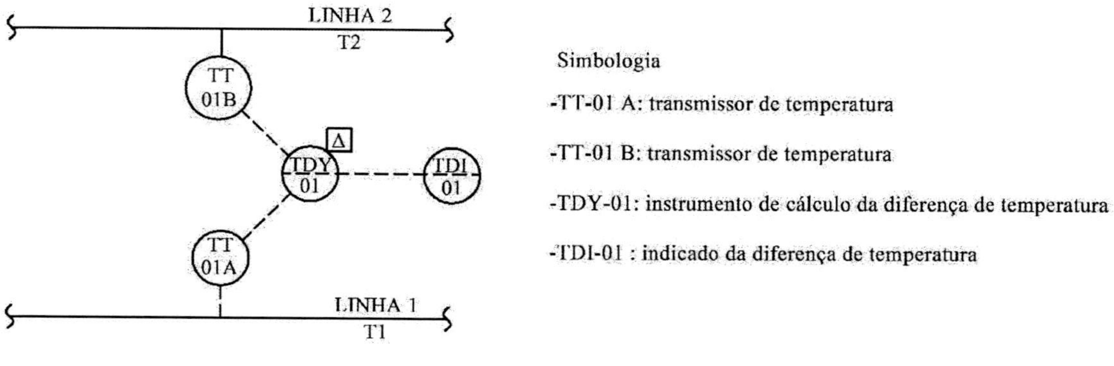

Fonte: autor

O TT-01 A e TT-01 B são transmissores de temperatura eletrônicos que suporemos com sinal de saída variando de 0 a 100%, quando a temperatura da linha na qual estão acoplados variar ao longo do *range* de medida. Suponhamos que a temperatura da linha 1 varie de 0 a 200 °C e a da linha 2 de 0 a 100 °C.

O TDY-01 receberá os dois sinais dos TT's variando de 0 a 100% e gerará um sinal de saída também variando de 0 a 100%, proporcional à diferença entre a temperatura da linha 1 (T_1) e da linha 2 (T_1), ou seja, proporcional a $\Delta T = T_1 - T_2$.

Para que o sinal de 0 a 100% na saída do TDY-01 represente a diferença ΔT, temos que associá-lo ao *range* possível de ΔT. Como $\Delta T = T_1 - T_2$, e T_1 varia de 0 a 200° C e T_2 de 0 a 100° C, $\Delta T = T_1 - T_2$ poderá variar de -100° a 200° C ($\Delta T = 0 - 100$ a $\Delta T = 200 - 0$), logo o valor 0% na saída do TDY-01 significará -100° C e o valor 100%, 200° C.

Vemos, portanto, que o instrumento de cálculo da diferença receberá duas entradas variando de 0 a 100%, significando o valor das variáveis medidas, de acordo com o *range* destas variáveis, e gerará um sinal de saída, também variando de 0 a 100%, significando o *range* da diferença de temperatura.

Sendo S_{T1} o sinal (0 a 100%) associado a T_1 e S_{T2} o sinal (0 a 100%) associado a T_2 e $S_{\Delta T}$ o sinal (0 a 100%) associado a ΔT, quando S_{T1} valer, por exemplo, 0%, significando que T_1 vale 0° C e S_{T2} valer 100%, significando que T_2 vale 100° C, o valor de $S_{\Delta T}$ deverá ser 0%, significando o valor mínimo do range de ΔT, ou seja -100° C.

Assim sendo, verificamos que os sinais não são subtraídos diretamente no instrumento de cálculo, pois $S_{\Delta T} \neq S_{T1} - S_{T2}$. Portanto, antes de serem subtraídos, os sinais de entrada têm que ser tratados por operadores matemáticos. Os operadores matemáticos surgem quando normalizamos as variáveis de processo de entrada e saída dos instrumentos de cálculo, o que é feito, de forma geral, automaticamente pelos instrumentos a partir da informação dos *ranges* de entrada.

Normalizar as entradas e saídas significa colocá-las em uma mesma escala, por exemplo, 4 a 20 mA, 0 a 100%, 3 a 15 psi, etc. e verificarmos que peso a unidade da escala normalizada de uma dada entrada tem no resultado total. O sinal relacionado a cada entrada ficará multiplicado por esse peso.

Aplicando a normalização às entradas e saídas do exemplo dado, colocando todos os *ranges* nas escalas de 0 a 100%, por exemplo, temos as equações mostradas na figura 1.3.44.

Figura 1.3.44 – Normalização das entradas e saídas do TDY-01 do sistema mostrado na figura 1.3.43.

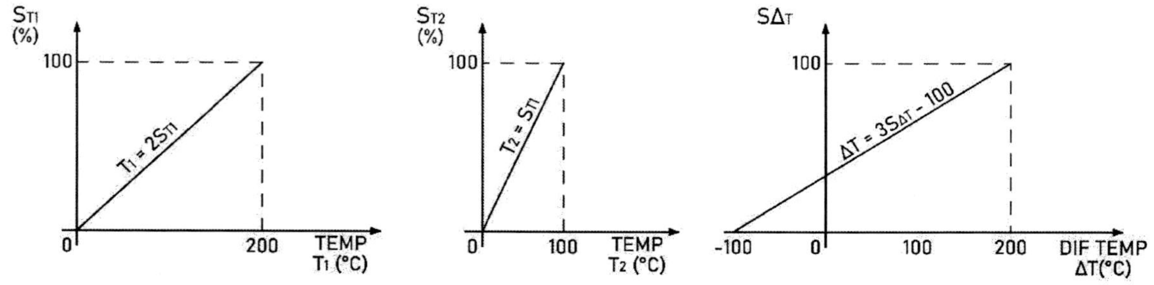

Fonte: autor

Para encontrarmos o peso de cada % associado a cada variável de processo usaremos a equação que relaciona as várias variáveis, no exemplo em análise,

$$\Delta T = T_1 - T_2$$

Substituindo as variáveis pelas equações que as relacionam com os sinais (ver figura 1.3.44), vem:

$$3.S_{\Delta T} - 100 = 2\ (S_{T1}) - (S_{T2}) \qquad \text{ou seja,}$$

$$S_{\Delta T}\ (\%) = (\frac{2}{3}\, S_{T1} - \frac{1}{3}\, S_{T2} + 33{,}3)\%$$

Se considerarmos que o instrumento de cálculo executa a equação:

$$S_{\Delta T}\ (\%) = (aS_{T1} - bS_{T2} + c)\ (\%),$$

Teremos que ajustar os parâmetros a,b,c na equação do instrumento como:

a=0,66; b=0,33 e c=33,3, que seriam os operadores matemáticos.

Observemos que se os sinais fossem analógicos de 4 a 20mA ou de 0,2 a 1,0 bar ou outro qualquer, o tratamento seria o mesmo, somente trocando o 0% por 4 mA ou 0,2 bar e o 100% por 20 mA ou 1,0 bar, conforme o sinal de saída dos transmissores.

Com isto, por exemplo, se tivéssemos transmissores eletrônicos de 4 a 20mA, para $T_1 = 0°$ C ($S_{T1} = 4$ mA) e $T_2 = 100°$ C ($S_{T2} = 20$ mA), $\Delta T = -100°$ C ($S_{\Delta T} = 4$ mA), a equação 3.1 ficaria:

$$S_{\Delta T} = 0{,}66 \times 4 - 0{,}33 \times 20 + 8 = 4 \text{ mA}.$$

A tabela 1.3.1 apresenta o resultado de ΔS_T para alguns valores de T_1 e T_2. Com esta tabela, podemos verificar que a aplicação dos operadores matemáticos aos sinais de entrada gera $S_{\Delta T}$ proporcional à diferença $\Delta T = T_1 - T_2$, no range de ΔT (–100 a 200° C).

Tabela 1.3.1 – Valores de saída do TDY-01 em mA e em % (figura 1.3.44) para alguns valores de T_1 e T_2.

ENTRADAS				SAÍDA	
VARIÁVEIS		SINAIS		SINAL	VALOR ΔT (° C) RELACIONADO AO RANGE (–100 a 200° C)
T_1 (° C) Range (0 a 200°C)	T_2 (° C) Range (0 a 100°C)	S_{T1} (mA) / %	S_{T2} (mA) / %	$S_{\Delta T}$ (mA / %)	
0	100	4 / 0	20 / 100	4 / 0	-100
100	100	12 / 50	20 / 100	9,33 / 33,3	0
200	0	20 / 100	4 / 0	20 / 100	200
200	100	20/100	20 / 100	14,66 / 70	100
50	50	8 / 25	12 /50	9,33 / 33,3	0

Fonte: autor

Este item teve por objetivo:

- apresentar os principais elementos que compõem os sistemas de instrumentação, com sua forma de funcionamento, independentemente da tecnologia utilizada (pneumática, eletrônica analógica ou digital);
- trazer os primeiros conceitos de simbologia utilizados nos documentos de engenharia ligados à automação industrial, o que será aprofundado no item 1.6;
- apresentar alguns exemplos práticos de cálculos que são feitos a partir do conhecimento do funcionamento dos instrumentos;
- fornecer ferramentas para análise e definição de sistemas de instrumentação para automação.

Questões de síntese do conteúdo

1.3.1 – Cite nove funções básicas desempenhadas pela instrumentação com o objetivo de realizar monitorações, controles e proteções dos sistemas industriais?

1.3.2 – Qual o *range* de um sensor que mede vazão variando de 10 a 200 l/s? Qual o *span* deste sensor?

1.3.3 – Por que é importante conhecermos o *range* do sensor quando este está acoplado a um transmissor?

1.3.4 – Qual a equação da curva de resposta de um transmissor eletrônico analógico de nível, que tenha sinal de saída, St, variando de 4 a 20 mA e seja capaz de medir nível num *range* de 0 a 1000 mm?

1.3.5 – O que é uma malha de instrumentação?

1.3.6 - Quando se recomenda o uso de transmissores em malhas de instrumentos?

1.3.7 – Em controle de processos, como você definiria variável controlada, variável manipulada e perturbação?

1.3.8 – Quais as duas partes básicas que compõem os controladores de processo?

1.3.9 - Quais os modos de controle clássicos implementados nos controladores de processo?

1.3.10 – O que é um controle "liga-desliga" e qual sua limitação no controle de variáveis de processo?

1.3.11 – O controle de uma máquina de lavar roupa domiciliar é um controle do tipo lógico que executa as seguintes etapas:

- coloca o nível de água em valor baixo, médio ou alto, conforme ajuste;
- movimenta o tambor rotativo da máquina para molhar a roupa por um tempo;
- lança água pelo depósito de sabão para levar o sabão para o interior da máquina;
- rotaciona o tambor rotativo para lavar a roupa por um tempo determinado;
- aguarda um tempo de molho para o sabão atuar;
- remove a água com sabão;
- coloca nova água para enxague;
- movimenta o tambor rotativo para remover o sabão da roupa, por um tempo definido;
- elimina a água de enxague;
- gira o tambor para centrifugar a roupa e fazer uma pré-secagem, por um tempo determinado.
- elimina a água da centrifugação.

a) Descreva com palavras a lógica SE-ENTÃO executada pelo sistema lógico capaz de controlar as operações desta máquina de lavar.

b) Em linhas gerais, quais os sensores/detetores de eventos e elementos de atuação final que devem ser instalados na máquina e que são entradas e saídas, respectivamente, para o sistema lógico de controle?

1.3.12 – O que é uma válvula de controle falha-abre e uma falha-fecha?

1.3.13 – Qual o percentual de abertura (entre 0 e 100%) de uma válvula de controle falha-abre que recebe um sinal de um controlador em 75% do seu *range*? E se a válvula for falha-fecha, qual será este percentual de abertura?

1.3.14 – Qual a função principal do posicionador instalado em uma válvula de controle? Que outras funções ele pode desempenhar?

1.3.15 – Descreva em linhas gerais, com o apoio em um esquema, o funcionamento de uma válvula termostática auto-operada.

1.3.16 – O que são "variadores de frequência"? Explicite duas vantagens destes variadores em relação às válvulas de controle, na manipulação de vazões?

1.3.17 – O que você entende por gerenciamento de alarmes?

1.3.18 – Em qual destes equipamentos seria indicada a instalação de uma PSV? a) tubulação de saída de vapor de geradores de vapor (caldeiras); b) descarga de bombas centrífugas; c) descarga de bombas alternativas; d) linhas de saída de produto aquecido em trocador de calor com aquecimento a vapor.

1.3.19 – Qual a diferença de objetivos dos sistemas lógicos dedicados ao controle de operação e os dedicados à proteção de sistemas industriais (sistema de intertravamento)?

1.3.20 – Dos instrumentos listados, quais são dedicados à monitoração de variáveis: controladores, registradores, manômetros, conversores, instrumentos de cálculo, PSV, totalizadores, alarmes e válvulas solenoides.

1.3.21 – Pesquisando na internet, liste 3 tipos de sensores de temperatura, dois de pressão e dois de vazão, descrevendo brevemente seus princípios de funcionamento.

1.3.22 – Pesquisando, explicite três características dos protocolos Fieldbus Foudation, do Profibus PA e do HART.

1.3.23 – Na malha de controle de temperatura do reator representado na figura 1.3.45, o *range* de variação da variável controlada é de 0 a 200 °C. A válvula de controle manipula a vazão de vapor para aquecimento do reator, podendo variar linearmente esta vazão até o valor máximo de 50 t/h de vapor quando atingir 100% de abertura. O *set-point* definido para operação do reator é de 80 °C, e nesta situação, a válvula opera com abertura de 30% e o erro no controle é zero (o reator opera no *set-point*). Suponha instrumentação com sinal de saída de 4~20 mA e válvula Falha-Fecha (FF).

Figura 1.3.45 – figura da questão 1.3.23

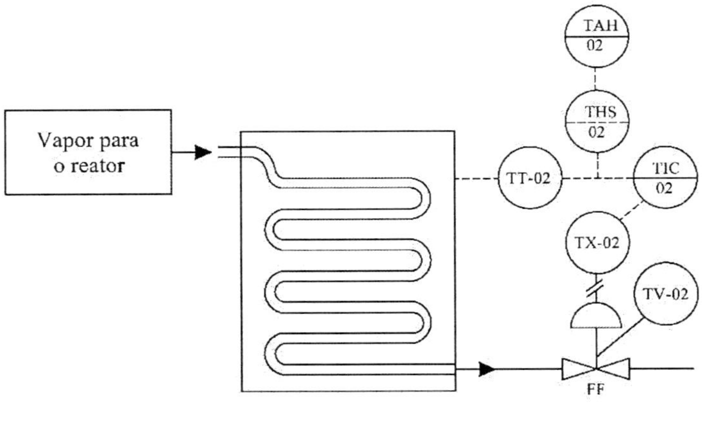

Fonte: autor

i – qual o valor do sinal (em mA) que deve ser ajustado na chave de temperatura, TSH-02, se o TAH-02 deve alarmar em 175 °C?

ii – qual o sinal de erro zero ajustado no controlador?

iii – quando o a temperatura do reator ultrapassar o *set-point*, o controlador deve aumentar ou diminuir o sinal de comando para a válvula de controle (a válvula é FF)?

iv - qual a abertura da válvula de controle se o reator estiver a 100 °C e o controlador instalado for proporcional com ganho 0,5 e com erro calculado como E = Sp-St, onde Sp sinal correspondente ao set point de 80 °C e St é o sinal que sai do transmissor, no exemplo, correspondente à temperatura de 100 °C?

1.3.24 - Desenhe as respostas dos controladores P, PI e PID para o erro mostrado na figura 1.3.46, se K=1, T_I=1 e T_D=0,5.

Figura 1.3.46 - Curvas de resposta de erro e dos controladores com modos P, I, D, PI e PID (questão 1.3.24).

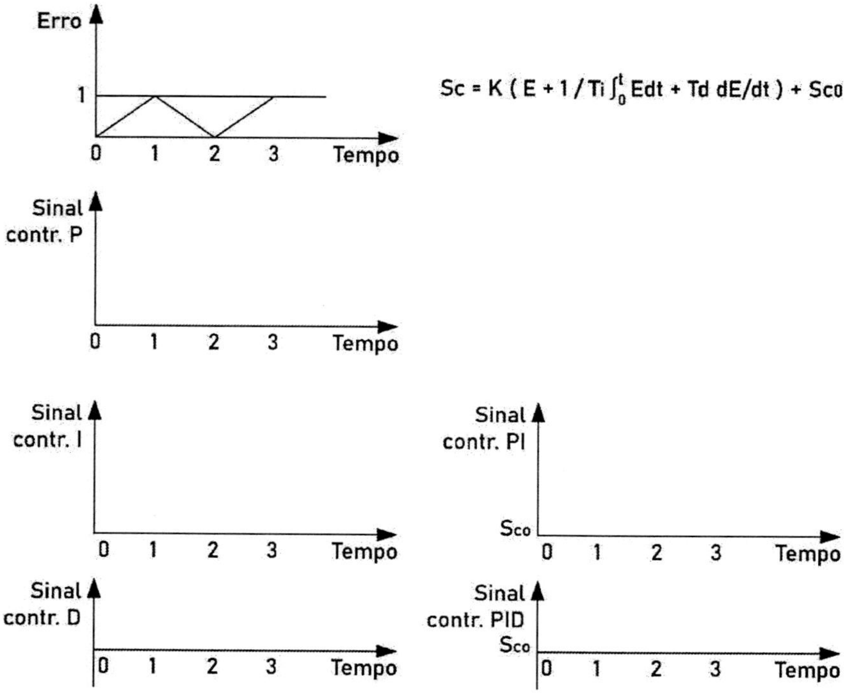

Fonte: autor

1.3.25 – Qual a resolução angular de um motor de passo de imã permanente com 8 polos, onde é energizado um polo por vez, ou seja, com referência na figura 1.3.29(b), somente o polo AA, BB, CC e DD.

1.3.26 – Pense num trem de metro. Faça a tabela de causa e efeito do sistema que permite a partida do trem, através da energização do motor elétrico. Defina primeiramente quais são os eventos que permitem o trem iniciar o deslocamento da estação, como fechamento de portas, etc.

1.3.27 – Qual o cálculo efetuado pela malha de instrumentos representada a seguir (figura 1.3.47) e com valor indicado no indicador representado como QI-01? No esquema representado TT é um transmissor de temperatura, FT é um transmissor de vazão que gera um sinal de saída proporcional ao quadrado da vazão medida, TY e FY representam instrumentos de cálculo, onde o cálculo efetuado pelo instrumento está indicado na parte superior direita do círculo; HX é uma botoeira deslizante que ajusta um sinal proporcional ao calor específico do fluido cuja vazão e temperatura estão sendo medidas pelos sensores acoplados aos transmissores.

Figura 1.3.47 – Malha de instrumentação para cálculo descrito na questão 1.3.27.

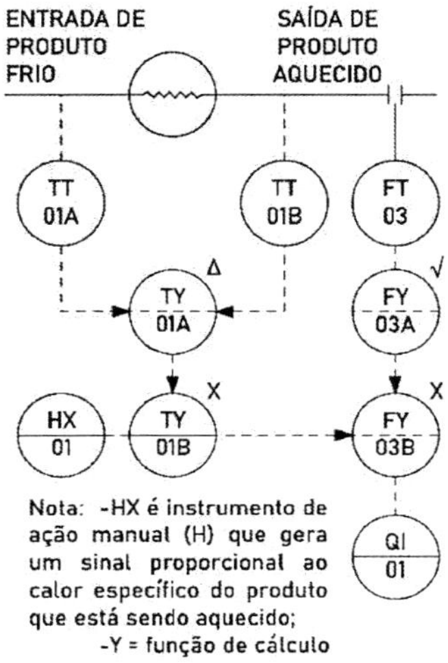

Fonte: autor

1.3.28 - Um determinado sistema digital calcula a soma de duas vazões. O sistema recebe sinais de transmissores de campo proporcionais aos valores dos *ranges* das vazões medidas e os associa a *ranges* de 0 a 100% (0 a 1,0), operando internamente com este último *range*. Sendo o *range* das vazões Q_1 = 50 a 300 m^3/h e Q_2 = 0 a 400 m^3/h, quais os operadores matemáticos "a, b, c" a serem ajustados no instrumento, tendo ele uma equação relacionando entradas e saídas na forma: $S_{\Sigma Q}(\%) = aS_{Q1}(\%) + bS_{Q2}(\%) + c\%$, onde S_{Q1} e S_{Q2} são os sinais vindos dos transmissores de campo e $S_{\Sigma Q}$ o sinal relacionado com a soma das vazões?

Figura 1.3.48 - Dica de solução da questão 1.3.28.

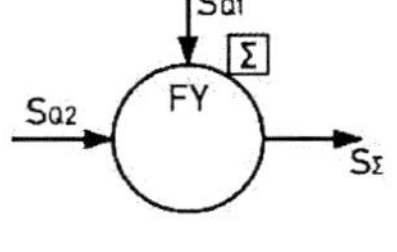

Fonte: autor

Normalize as entradas e saídas

Sendo S_{Q1} e S_{Q2} os sinais vindos dos transmissores de campo e $S_{\Sigma Q}$ o sinal gerado pelo somador (FY) que será proporcional à soma das vazões. As equações normalizadas estão na figura 1.3.49.

Figura 1.3.49 – Curva variável de processo x sinal e equações correspondentes.

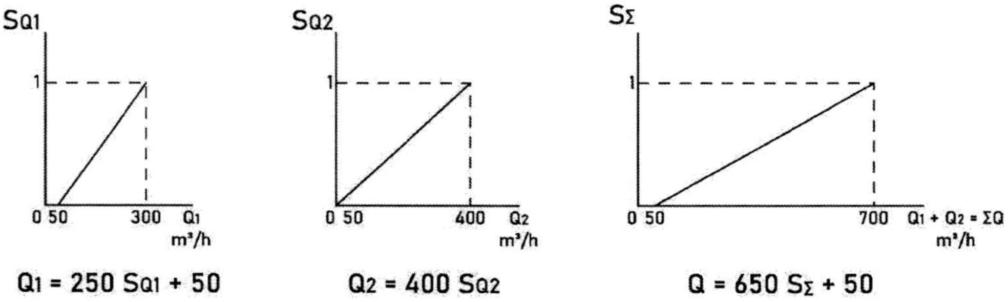

Fonte: autor

Determine os operadores matemáticos das entradas sabendo que: $Q_1 + Q_2 = \Sigma Q$.

Substitua Q_1, Q_2 e ΣQ pelas equações em função dos sinais, obtendo a equação que relaciona sinais das variáveis a serem somadas com o sinal relacionado ao resultado da soma.

$250\ S_{Q1} + 50 + 400\ S_{Q2} = 650\ S_{\Sigma} + 50$ e logo, $5/13\ SQ1 + 8/13\ SQ2 = S_{\Sigma}$

Logo, os operadores serão: a=0.385; b=0,615; c=0

1.4 - Controlador de variáveis de processo

1.4.1 – Pertinência do tema e conceito de controle de variáveis de processo

São comuns em cursos de controle de processos a análise dos sistemas de controle e a avaliação da performance dos controladores, sejam eles os clássicos PID ou controles avançados, através de técnicas de modelamento matemático. Nestes tratamentos é possível ver o resultado de diferentes controladores instalados em processos industriais, através dos gráficos de respostas e mesmo concluir sobre os melhores controladores, ajustes e arquiteturas a serem instalados nos processos, porém, muitas vezes sem um completo entendimento do que se passa fisicamente e os conceitos que estão embutidos nas equações matemáticas. Será apresentada uma compreensão física do funcionamento dos controladores em processos industriais, discutindo sua performance qualitativamente, a partir do entendimento das dificuldades que os processos industriais impõem aos controladores e dos benefícios de cada modo de controle clássico (P, I e D).

Vimos no item 1.1, que o significado do que chamamos de "controle" depende do tipo de *processo* ser *contínuo*, onde temos os chamados controles de variáveis de processo, ou *discreto*, onde temos os controles sequenciais ou de operações, executados pelos controladores lógicos. Aqui olharemos mais de perto os processos contínuos e o controle de variáveis de processo ou simplesmente controle de variáveis ou controle de processo.

Como vimos no item 1.1, processo industrial é qualquer transformação pela qual passa uma dada matéria-prima até se transformar num produto-final, em uma indústria. O produto-final deve obedecer a determinadas especificações como composição química, dureza, dimensões físicas e acabamento, dentre muitas, que dependerão dos valores de variáveis físico-químicas e biológicas envolvidas no processo, como temperatura, pressão, vazão, composição química dos materiais utilizados e medidas dimensionais, as quais modificam seus valores durante o processamento.

Assim, por exemplo, a temperatura de reação de dois produtos químicos misturados pode definir a qualidade de um polímero que queiramos produzir; a pressão em equipamentos de destilação pode definir a composição de produtos destilados; a vazão de produtos que são misturados ou postos em contato pode definir a qualidade da mistura que será obtida; o diâmetro de um eixo é decisivo no seu funcionamento.

A essas variáveis de natureza físico-químicas e biológicas chamamos *variáveis de processo*. Das variáveis de processo, algumas mais importantes, pelo impacto que causam no resultado final do produto, têm que ser mantidas dentro de faixas de valores adequados, para que possamos obter o produto final dentro das especificações desejadas, ou em outras palavras, algumas variáveis do processo têm que ser mantidas sob *controle*. Estas variáveis do processo são chamadas especificamente de *"variáveis controladas"*.

Controlar um processo é, portanto, manter as *variáveis controladas* (variáveis físico-químicas e biológicas do processo) dentro de valores e condições julgadas adequadas para obtenção dos resultados finais do processamento.

Os controles de processos são implementados através dos chamados *controladores de processo*. Os controladores de processo podem ser instrumentos dedicados ou funções configuradas através de "*softwares*" instalados em sistemas como os Sistemas Digitais de Controle Distribuídos – SDCD, que têm o controle de variáveis de processo como um de seus objetivos.

1.4.2 – Nomenclatura utilizada em controle de processos

Nos processos que queremos controlar, o *valor desejado* em torno do qual se deseja manter a variável controlada é usualmente referenciado pelo termo em inglês *set-point* (ponto de ajuste). Os *set-points* são ajustados nos controladores de processo. Os controladores são, portanto, os responsáveis por manter as variáveis controladas em uma região situada no entorno do *set-point*, tão próximo deste quanto possível e necessário.

Em processos industriais, o *desvio* da variável controlada em relação ao *set-point* acontece em função da ocorrência do que chamamos de *perturbação* no processo. Todo processo industrial está sujeito a perturbações, ou seja, a ocorrências que tendem a distanciar o valor da variável controlada em relação ao *set-point*. Assim, tomemos, por exemplo, um processo de pressurização, onde desejamos controlar a pressão de um gás em um vaso de pressão, como o representado na figura 1.4.1. Nesta figura foram utilizados símbolos que são padronizados e reconhecidos mundialmente e que serão discutidos com mais detalhes no item 1.6. Adiantamos, porém, que o círculo representa um instrumento, as linhas que interligam os círculos são sinais de comunicação entre os instrumentos, a letra P dentro do círculo indica que a variável que está sendo medida, e neste exemplo controlada, é a pressão. As letras justapostas à letra P indicam a função do instrumento: T, I, C, X e V se referem a transmissor, indicador, controlador, conversor e válvula, respectivamente.

Figura 1.4.1 – Processo de pressurização de gás em vaso de pressão com controle da variável pressão.

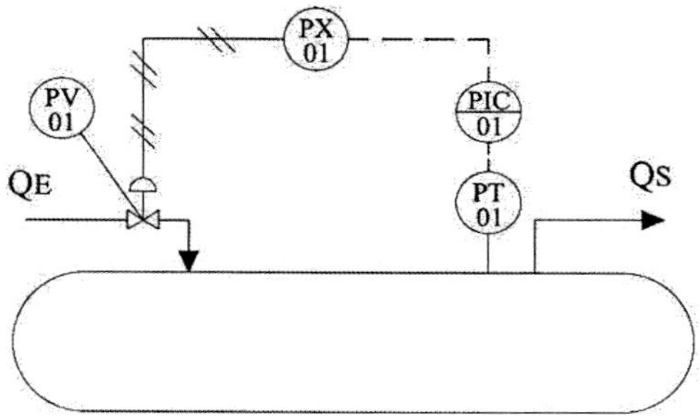

Fonte: autor

Neste processo estamos admitindo que a vazão de saída do vaso, Q_S poderá variar o seu valor conforme a demanda dos consumidores que utilizam o gás, demanda esta feita sem um planejamento prévio, podendo assim a vazão de saída, Q_S, assumir quaisquer valores dentro dos limites para os quais o sistema de pressurização foi projetado.

Já a vazão do gás que entra no vaso, Q_E, terá seu valor ajustado conforme se deseje, por ação direta do controlador e indicador de pressão, PIC-01. Observe que Q_E não é uma variável controlada, já que o seu valor vai variar conforme seja necessário, para garantir que a variável pressão, esta sim controlada, seja mantida tão próximo quanto possível *do set-point*. A variável em que se atua para garantir o controle de outra á chamada de *variável manipulada*: no exemplo é a vazão Q_E. Assim, se a pressão (variável controlada) aumentar seu valor, o controlador reduzirá o da vazão de entrada de gás (variável manipulada), e a aumentará em caso de redução da pressão dentro do vaso. A variação do valor da variável manipulada é feita através do que denominamos *"elemento final de controle"* que no exemplo dado é uma válvula de controle (PV-01).

Como podemos concluir da análise do sistema representado na figura 1.4.1, se a vazão Q_S aumentar seu valor, a pressão dentro do vaso tenderá a diminuir. Se Q_S, diminuir, a pressão no vaso tenderá a aumentar seu valor. Às variáveis livres, no exemplo dado, Q_S, cujo valor não podemos regular e que afeta o comportamento da variável controlada, chamamos de *perturbação ou distúrbio*, uma vez que ela "perturba" a estabilidade da variável controlada. Um processo pode estar sujeito a muitas perturbações, mas nas nossas considerações aqui, assumiremos uma única perturbação atuando no processo e afetando, consequentemente, a variável controlada.

Dizemos então que quando um processo é perturbado e ocorre o desvio da variável controlada em relação ao *set-point*, o controlador atua no sentido de reestabelecer o valor desejado para a variável controlada atuando na variável manipulada. Como ele faz isto? No exemplo do vaso de pressurização da figura 1.4.1, é simples: se a pressão no vaso (variável controlada) aumenta, porque sai menos gás (perturbação) do que está entrando, o controlador de processo (PIC-01) percebe este aumento e comanda o fechamento da válvula de controle, PV-01, reduzindo a vazão de gás que entra no vaso (variável manipulada) impedindo assim, o aumento do desvio da pressão em relação ao valor desejado (*set-point*) e atuando, se possível, no sentido de retornar a pressão ao *set-point*. Caso a vazão que sai do vaso (perturbação) aumente o seu valor, levando a pressão no vaso a ficar em valor menor que o do *set- point*, o controlador comandará a abertura da PV-01, aumentando o valor da variável manipulada, que é a entrada de gás, de forma a elevar novamente a pressão no equipamento.

Observemos que para o controlador agir ele terá que identificar que houve desvio do valor da variável controlada em relação ao *set-point*. É com base neste *desvio ou erro* presente na variável controlada que o controlador atua.

Podemos concluir que para controlarmos um processo é importante, desde o início, sabermos identificar a variável controlada, que é aquela cujo valor queremos manter no *set-point*, identificar a variável manipulada, que é aquela na qual atuaremos para tentar manter a controlada no *set-point* e a variável perturbação, que é aquela que, alterando seu valor, tende a retirar a variável controlada do *set-point*.

Importante também termos em mente que os controladores atuam em função do *desvio ou erro* (E) percebido na variável controlada em relação ao *set-point*. É com esta informação que o controlador trabalha. O desvio ou erro é calculado como a diferença entre o valor do *set-point* (SP) menos o valor da variável controlada (VC), ou seja:

$$E = SP\text{-}VC,$$

podendo ser também E =VC-SP, dependendo da polaridade do controlador como será discutido no subitem 1.4.11.

1.4.3 – O sistema de controle com realimentação e com malha aberta: funcionamento e representação

Por *sistema* entendemos um conjunto de elementos ou partes, como equipamentos e dispositivos em geral, que atuam de forma interdependente formando um conjunto organizado, visando um objetivo comum. Uma fábrica com suas máquinas e dispositivos pode ser considerada um sistema industrial, assim como uma empresa com seus departamentos pode ser considerado um sistema empresarial e o conjunto de escolas e organizações voltadas para o ensino e pesquisa, professores, recursos materiais, alunos pode ser considerado um sistema educacional.

Um sistema funciona de tal forma que uma modificação em um dos elementos alterará a condição ou estado dos outros elementos do sistema e, por consequência, do sistema como um todo. Nosso interesse aqui são sistemas formados por um conjunto de instrumentos e pelo processo a ser controlado, o qual chamamos de *sistema de controle*.

Um sistema de controle é, portanto, o conjunto de elementos, composto por instrumentos (transmissores, controladores, válvulas de controle) e pelo processo que ocorre nos equipamentos de processamento. Instrumentos e processo interagindo entre si, concorrem para definir o valor da variável controlada. Um processo será dito controlado, quando atender aos requisitos que garantam os resultados desejados.

Uma forma comum de representar um sistema qualquer, e o de controle em particular, é através de blocos, onde aparecem os elementos do sistema interligados de tal forma, que a saída de informação de um elemento é entrada para outro elemento. Ao diagrama assim construído chamamos de *diagrama de blocos*.

A figura 1.4.2(a) representa um diagrama de blocos de um *sistema de controle com realimentação*, genérico. Genérico, porque não é a representação de um sistema de controle particular, mas de qualquer um que tenha os mesmos elementos com a mesma organização entre eles. Neste diagrama de blocos, cada elemento aparece como um bloco representado com suas entradas e saídas. Um transmissor, por exemplo, tem como entrada a informação da variável medida pelo sensor e como saída o sinal que é transmitido (St), como representado na figura 1.4.2(b); o controlador tem como entradas o *set-point* (SP) ajustado e o sinal do transmissor (St), o qual codifica o valor da variável que está sendo controlada e como saída o sinal de saída do controlador, Sc, o qual é também entrada do bloco que representa o elemento final de controle (elemento que atua variando a variável manipulada), como representado na figura 1.4.2(c) e o processo tem como entradas a variável perturbadora (distúrbio) (P) e a variável manipulada (VM) e como saída a variável controlada (VC), como na figura 1.4.2(d). A junção e interação dos blocos resultam no diagrama de blocos.

O sistema de controle como um todo, do ponto de vista do observador externo, se considerarmos o *set-point* mantido estável, tem então como entrada, a perturbação e como saída a variável controlada. A entrada e saída são informações que podem ser observadas externamente e que representam a ação do ambiente externo sobre o sistema de controle (perturbação) e sua resposta ao ambiente externo (variável controlada).

O que sai de um bloco e entra no outro denominamos, de forma geral, de *informação*. Informação pode ser um dado, uma massa movimentada ou adicionada ou retirada do sistema, energia, pessoas ou algo significativo para o sistema em estudo. A *informação* é algo que é entregue de um elemento do sistema para outro. Esta informação será saída para o elemento que a produz e entrada para o elemento que a recebe.

Figura 1.4.2 – (a) diagrama de blocos de um sistema de controle com realimentação, onde aparecem os blocos de alguns dos elementos que o constituem, além da entrada (perturbação), da saída (variável controlada) e da linha de realimentação; (b) bloco do transmissor; (c) bloco do controlador, (d) bloco do processo.

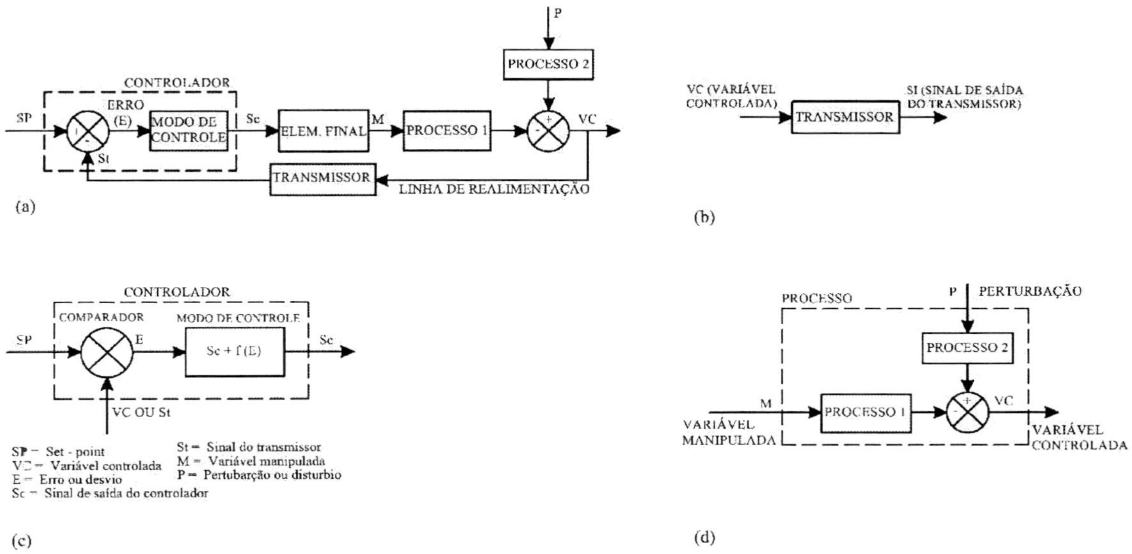

Fonte: autor

No caso da figura 1.4.2(a), observamos que a informação de saída do sistema como um todo (variável controlada) está sendo informada de volta para o controlador. Este fato está representado na figura 1.4.2(a) pela *linha de realimentação*. Esta maneira do sistema de controle funcionar, retornando para a entrada do sistema a informação do comportamento da saída, permite que o sistema avalie a qualidade de suas ações e saiba se está caminhando ou não na direção dos seus objetivos, que no caso do sistema de controle, é obter a resposta adequada da variável controlada quando o sistema de controle estiver submetido às perturbações. A esta estratégia de controle, onde a informação de saída retorna para a entrada do sistema, chamamos de controle com *retroação*, ou *realimentação* ou pelo termo em inglês, *feedback*.

Como se observa da figura 1.4.2(a) a informação de realimentação é disponibilizada pelo sensor/transmissor e tem por objetivo informar ao controlador o resultado de suas ações (*feedback* do controlador). Como já comentado, além do transmissor foram também representados no diagrama os blocos do elemento final de controle (uma válvula de controle, por exemplo), do processo e do controlador.

Alguns sistemas de controle não têm a linha de realimentação sendo chamados de sistemas de controle de *malha aberta*, ou seja, aqueles onde a saída não é realimentada para a entrada do sistema. O *diagrama de blocos* típico para um sistema em malha aberta está representado na figura 1.4.3(a). Um exemplo deste sistema de controle é o representado na figura 1.4.3(b), onde temos um sistema de adição de aditivo em uma corrente de óleo. Se supõe constante a qualidade e a vazão do óleo ao longo do processo, podendo-se assim determinar a vazão do aditivo em l/min por m^3/h de óleo. Nesse processo de aditivação, um analisador da qualidade do óleo pode ser instalado (como representado na figura) ou o óleo pode ser analisado em laboratórios. Se a análise indicar que a vazão de aditivo é insuficiente ou demasiada, o operador modificará o *set-point* que pode ser ajustado através do controlador manual (*hand controller*- HC) variando a abertura da válvula de controle HV e com isto acertando a quantidade de aditivo adicionada. O sistema de instrumentos inclui um indicador de vazão (*flow indicator* – FI) que acusa mudanças da vazão de fluido que passa pela tubulação. Neste caso, não há realmentação do valor da variável controlada para os instrumentos, sendo a malha (conjunto dos instrumentos) dito aberta.

Outro exemplo, do dia a dia, de controle em malha aberta é o de uma torradeira. Queremos aquecer o pão e para tal programamos uma ação do controlador, o qual desliga o aquecimento sem ser informado sobre a adequação do aquecimento do pão (sem realimentação).

Em resumo, um sistema de controle onde a malha de controle permite que o controlador atue no processo e saiba, continuamente, através da realimentação, como sua ação impactou a variável controlada, permitindo assim que o controlador vá ajustando sua ação continuamente, é dito "*sistema de controle com realimentação*" ou "*sistema de controle de malha fechada*". A existência da linha de realimentação caracteriza a malha fechada. O sistema de controle onde o controlador não recebe informações sobre o resultado de suas ações no processo, de forma automática, é dito um *sistema de controle em malha aberta*.

Para tornarmos um sistema de malha fechada em malha aberta é só cortarmos a informação da variável controlada para o controlador (linha de realimentação).

Figura 1.4.3 – Sistema de controle em malha aberta: (a) diagrama de blocos; (b) sistema de aditivação de óleo com malha aberta.

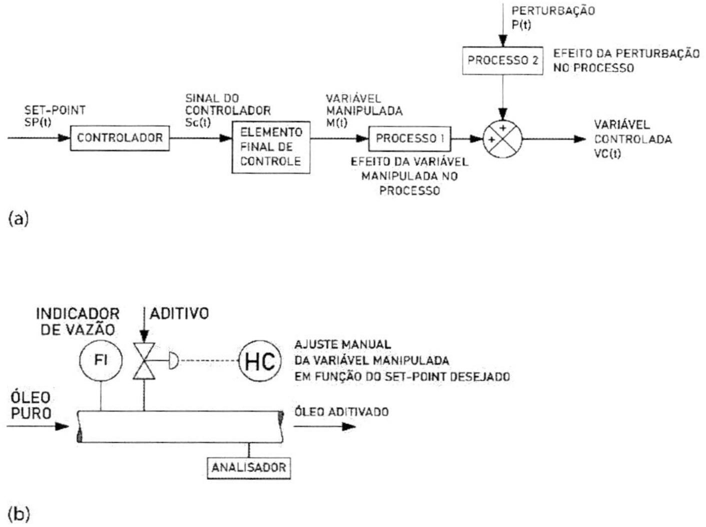

Fonte: autor

1.4.4 – Regime estacionário e transiente – respostas da variável controlada

O controlador ideal para ser instalado em um sistema de controle é aquele que, sendo menos complexo e trabalhando com a estratégia mais simples (realimentação, malha aberta, ou outras que serão discutidas no subitem 1.4.10), permite que o sistema de controle produza o comportamento desejado da variável controlada, ou em outras palavras, atenda às condições de projeto do sistema de controle.

Para definirmos o melhor sistema de controle a ser instalado para o *controle de uma determinada variável de processo*, devemos analisar o comportamento desta variável, que é de fato a *resposta do sistema de controle*, para diferentes possibilidades de estratégias (arquiteturas do sistema de controle) e tipos de controladores. Esta análise pode ser qualitativa ou quantitativa. Na análise qualitativa a escolha da melhor estratégia e controlador é feita com base em experiência prévia do funcionamento do sistema de controle, e com o conhecimento de algumas características do processo a ser controlado e do controlador que será instalado. Na quantitativa, a análise é feita através de modelagem física com sistemas análogos ou através de modelos matemáticos do sistema de controle. Aqui olharemos a análise qualitativa.

Qualquer que seja a análise, qualitativa ou quantitativa, nosso interesse é conhecer a resposta do sistema de controle, ou seja, o comportamento da variável controlada no tempo (resposta dinâmica) quando da ocorrência de uma perturbação, escolhendo a estratégia de controle (realimentação é uma delas, como veremos no subitem 1.4.10) e, no caso do que chamamos de controle clássico, o *modo de controle do controlador* (ver subitem 1.4.7, a seguir) que melhor se encaixe no processo dentre os disponíveis, ou seja, o melhor dentre os modos de controle Proporcional (P), Integral (I) e Derivativo (D), ou qualquer combinação destes, de forma a conseguirmos a melhor resposta para a variável controlada quando o sistema de controle for submetido à perturbação. Além disso, buscamos definir os melhores ajustes dos parâmetros do modo de controle escolhido, que são o ganho proporcional (K) ou a banda proporcional (BP) para controladores P, além destes o ganho integral (K_I) ou o tempo integral (T_I) para controladores PI e mais o ganho ou tempo derivativo (K_D ou T_D), para controladores PID.

Os sistemas de controle por sua vez, só entram em efetivo funcionamento quando a variável controlada é forçada a se desviar do *set-point*, por efeito da ação de uma perturbação no processo. Quando o processo é submetido a uma perturbação, ou seja, a variável controlada se afasta do *set-point* por ação da ocorrência de uma perturbação no processo, observando o comportamento da variável controlada ao longo do tempo, identificaremos dois comportamentos, ou estados, ou regimes de respostas: o estacionário e o transiente (ou resposta dinâmica). A figura 1.4.4 representa graficamente estes regimes.

Figura 1.4.4 – Regimes de comportamento da variável controlada.

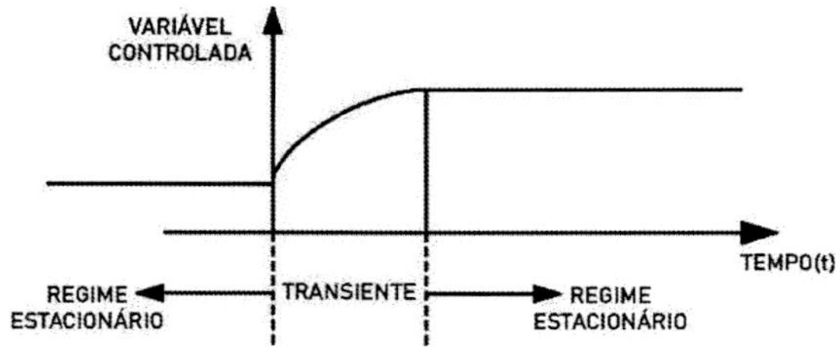

Fonte: autor

O *regime estacionário* é aquele em que a variável controlada não modifica o seu valor ao longo do tempo. O estado ou *regime transiente* é aquele no qual a variável controlada modifica seu valor ao longo do tempo.

Como será discutido melhor nos itens seguintes, o comportamento da variável controlada no regime transiente dependerá basicamente da estratégia ou arquitetura do sistema de controle, tema que será discutido no subitem 1.4.10, das características do processo, que serão discutidas no subitem 1.4.5, dos modos de controle e dos ajustes dos parâmetros do controlador que serão discutidos no subitem 1.4.7.

A escolha adequada da estratégia de controle e do controlador que melhor se encaixe no processo a ser controlado, resultará num comportamento adequado da variável controlada. Uma escolha inadequada poderá gerar instabilidade no processo, levando a variável controlada a se afastar do *set-point*, levando-a a atingir valores extremos nos limites físicos impostos pela natureza do processo, como temperaturas máximas possíveis em aquecedores e pressões máximas de bombas e compressores, por exemplo. Tal resposta instável da variável controlada está representada na figura 1.4.5(a). O ideal é que, quando o processo sofra uma perturbação, a variável controlada se desvie o mínimo do *set-point* retornando a ele no menor tempo possível. De forma geral o comportamento 1 da figura 1.4.5(b) é preferível ao comportamento 2. Pode ocorrer também que a variável controlada se estabilize *fora do set-point*, num comportamento semelhante ao representado na figura 1.4.5(c), caso em que diremos que a variável controlada apresenta um "*off-set*". Este *off-set* poderá ser tolerado, dependendo do tipo de processo que está sendo controlado.

Figura 1.4.5 – (a) sistema de controle instável; (b) sistemas de controle com respostas estáveis e estabilização em regime estacionário no *set-point*; (c) variável controlada estabilizada fora do *set-point*, ou seja, com *off-set*.

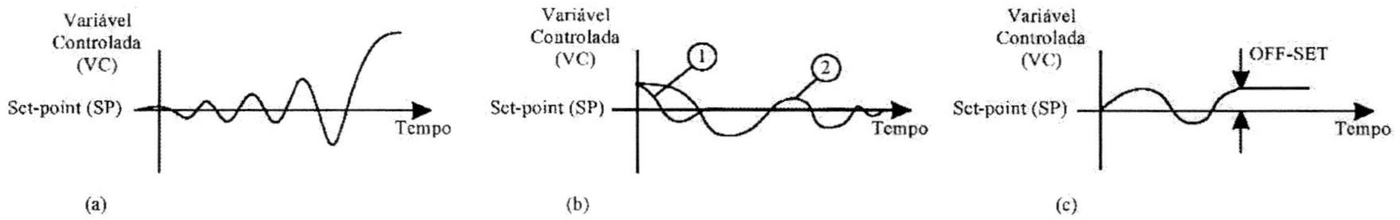

Fonte: autor

Como nosso interesse nas análises de sistemas de controle está voltado para as respostas em regime transiente, o que se espera de um sistema de controle bem projetado são respostas neste regime com:

- mínimos desvios da variável controlada em relação ao seu valor de referência (*set-point*);

- manutenção da variável controlada com boa estabilidade (sem oscilação significativa em relação ao *set-point*).

- adequada velocidade de resposta, ou seja, um retorno rápido e estável para a variável que queremos controlar, quando esta se desvia do *set-point*;

Dizemos assim, que um processo está controlado, quando ele opera dentro das condições que desejamos, ou seja, quando o comportamento da variável controlada atender aos chamados *parâmetros de projeto*. Este atendimento deve ocorrer quando o processo for submetido à modificação no valor de qualquer variável que tenda a retirá-lo do seu *set-point*, ou seja, quando for *perturbado*.

Para atingirmos os parâmetros de projeto desejados, devemos adequar o controlador ao processo que será controlado. Uma vez que o processo é dado, com suas perturbações e variáveis diversas, resta-nos escolher a melhor forma de controlá-lo. Como comentado, esta escolha exige que conheçamos as características do processo a ser controlado e que escolhamos a melhor estratégia de controle e a melhor função matemática a ser inserida no controlador.

Observamos que outras funções e modelos, além das associadas aos modos de controle P, I e D, podem ser utilizadas, dentro das técnicas chamadas genericamente de *controle avançado*. Aqui só discutiremos os controladores clássicos (PID)[27].

[27] Para melhor discussão sobre controles inteligentes ver, por exemplo, CAMPOS; SAITO, 2004.

Sendo as características do processo e os tipos de controle implementados determinantes no comportamento da variável controlada, passaremos a olhar esses dois fatores, começando pelas características dos processos e avançando para a escolha do controlador mais adequado cada processo com as dadas características.

1.4.5 – Características dos processos: controle ideal e real

O controlador ideal seria aquele que fosse capaz de compensar os efeitos das perturbações, atuando imediatamente na modificação do valor da variável manipulada, de forma a cancelar, com as ações nesta, os efeitos da perturbação.

Assim, de forma ideal, suponhamos que um dado processo estivesse no regime estacionário e sofresse uma perturbação, como a perturbação em forma de degrau representada na figura 1.4.6(a). Suponhamos que esta perturbação sozinha (sem considerar ainda o efeito da variável manipulada sobre o processo) provocasse uma curva de resposta da variável controlada como a da figura 1.4.6(b). O desejável seria que o controlador atuasse na variável manipulada (figura 1.4.6(c)), de tal forma que ela provocasse sozinha (sem considerar o efeito da perturbação) na curva da variável controlada uma resposta como a mostrada na figura 1.4.6(d). A superposição dos dois efeitos, o provocado pela perturbação (figura 1.4.6(b)) e pela variável manipulada (figura 1.4.6(d)), na variável controlada, o qual considera um controlador ideal capaz de atuar de imediato na variável manipulada compensando integralmente os desvios provocados pela perturbação, daria como resultado uma variável controlada estável, como a representada na curva 1.4.6(e). Ali, a perturbação provocará um desvio num sentido e a ação do controlador sobre a variável manipulada provocará o desvio em sentido oposto, compensando os desvios provocados pela perturbação sobre a variável controlada.

Figura 1.4.6 – Comportamento ideal de resposta de um sistema de controle: (a) perturbação em degrau; (b) resposta da variável controlada à perturbação sem considerar os efeitos da manipulada; (c) comportamento ideal da variável manipulada; (d) resposta da variável controlada às variações na variável manipulada; (e) efeito total da perturbação e da variável manipulada na variável controlada.

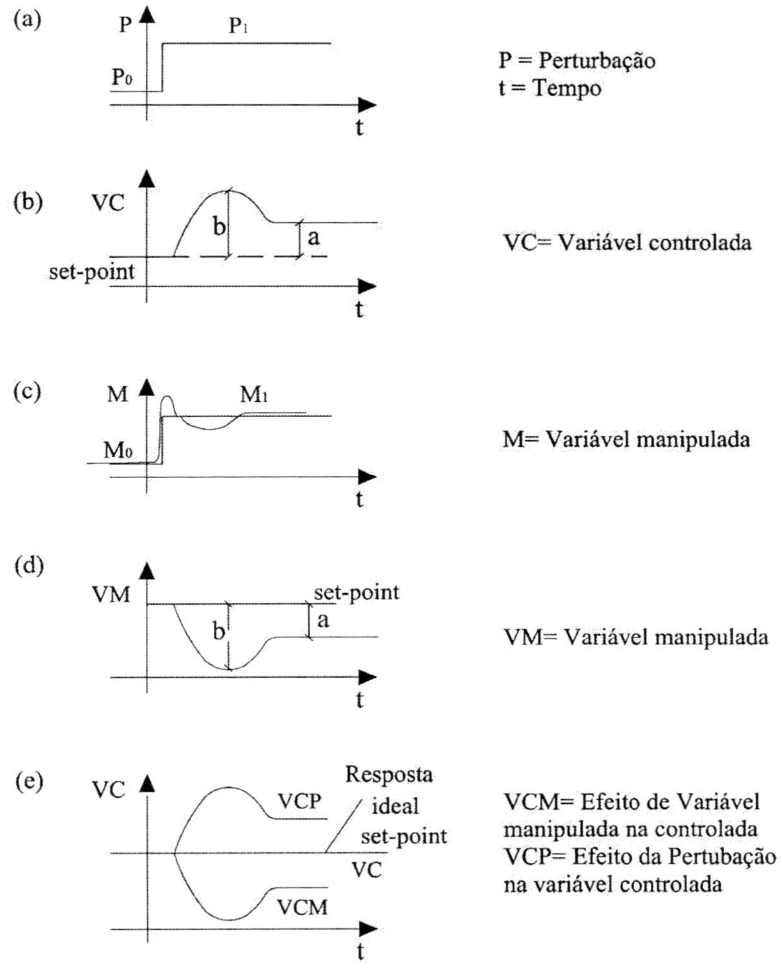

Fonte: autor

Tal ação ideal do controlador sobre o processo, no entanto, é inatingível, devido a vários fatores que ocorrem durante a ação do sistema de controle, no regime transiente, dentre eles:

- atrasos nas medições efetuadas pelos sensores devido ao tempo necessário para este assumir equilíbrio com o processo;

- necessidade, nos controles com realimentação, do controlador perceber o erro ou desvio da variável controlada para poder atuar, uma vez que estes atuam em função destes desvios, ou seja, haverá necessariamente a presença de erro no processo;

- lentidão para a variável controlada responder às modificações nas variáveis perturbação e manipulada devido às *resistências ao escoamento e às capacitâncias (armazenamento de energia e massa)* nos processos reais.

- retardos devido ao tempo necessário para a massa se transportar de um local para outro, só deixando o controlador (sensor) saber o que se passa no processo um tempo depois da ocorrência das perturbações ou das modificações no valor da variável manipulada, tempo este conhecido como *tempo morto*.

Vejamos cada uma destas características.

a) atrasos na resposta dos sensores

Para entendermos o efeito do primeiro fator, *atrasos na resposta dos sensores*, imaginemos um processo de controle de temperatura de um fluido dentro de uma tubulação, onde esta temperatura é medida por um sensor de temperatura qualquer. Suponhamos que o fluido sofra um aumento quase instantâneo no valor da sua temperatura, como representado na figura 1.4.7(a), indo da temperatura T_0 para a T_1. A variação da temperatura no sensor, no entanto, não ocorrerá instantaneamente, uma vez que o sensor precisará ser aquecido, ou seja, ganhar energia no tempo. O resultado real é que, embora a temperatura do processo vá instantaneamente de T_0 para T_1, o sensor só medirá o valor T_1 um tempo "t" depois da ocorrência desta mudança de valor no processo, havendo, portanto, um atraso "t" na resposta do sensor.

Figura 1.4.7 – Defasagem entre a resposta ideal e a real da variável controlada devido ao atraso na resposta do sensor.

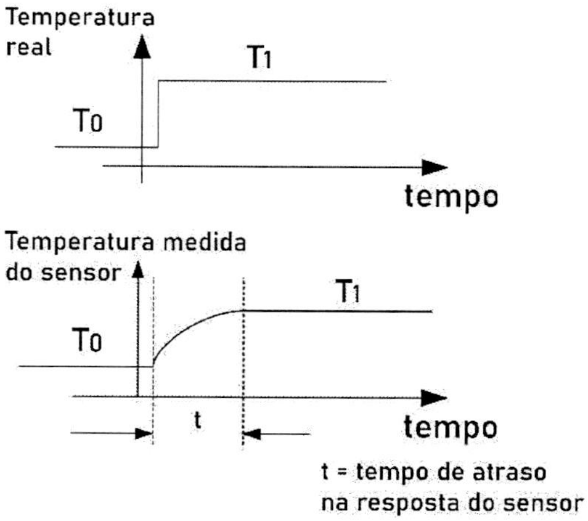

Fonte: autor

b) necessidade da presença de erro para que o controlador possa atuar

O segundo fator que dificulta um controle preciso da variável controlada é a necessidade da *presença do erro ou desvio* no processo para que o controlador possa atuar. Esta presença é necessária para o controlador variar sua saída, sendo inerente ao funcionamento do controlador com realimentação que só alterará o valor da sua saída (Sc) quando o erro estiver presente, como pode ser concluído a partir das equações que definem o modo de controle dos controladores, como será discutido no subitem 1.4.7. Sendo necessária a presença do erro para o controlador atuar podemos concluir que a variável controlada, necessariamente se desviará do set-point, ainda que este desvio possa ser minimizado.

c) atrasos devido à capacitância e resistência existentes no processo sob controle

O terceiro fator que dificulta o controle ideal da variável controlada é a presença de *atrasos nas respostas da variável controlada* às ações do controlador, quando este atua alterando o valor da variável manipulada.

Vamos olhar a razão destes atrasos com base em um exemplo real de um sistema de controle. Tomemos o controle de temperatura do produto que é aquecido em um forno industrial, onde a energia térmica cedida ao produto se origina da queima de gás combustível. O forno e a malha de controle estão representados na figura 1.4.8(a). O sistema tem como perturbação a variação da vazão mássica de produto entrando no forno, "m" e como variável manipulada a vazão mássica de gás combustível queimado no forno, "mg". Vamos supor que inicialmente a malha de controle esteja aberta (sistema de controle em manual).

Figura 1.4.8 – Controle de temperatura de um forno industrial: (a) forno e malha de controle; (b) variação em degrau na massa de produto aquecido (perturbação no processo); (c) resposta da variável controlada à variação somente na vazão de produto aquecido; (d) variação em degrau da massa de gás para o forno (variável manipulada); (e) resposta da variável controlada à variação somente na vazão de gás.

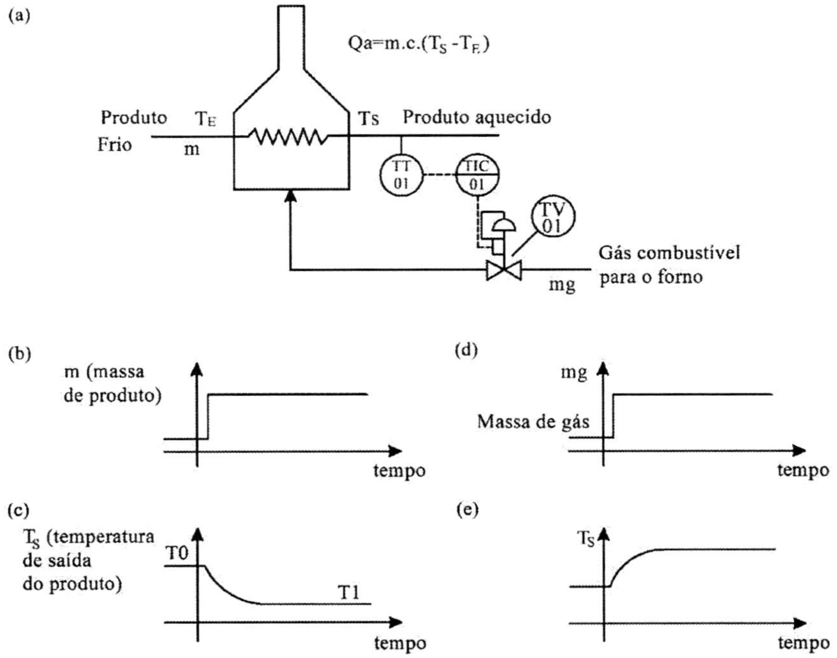

Fonte: autor

Como o calor "Qa" absorvido pelo produto que está sendo aquecido pode ser estimado pela multiplicação da vazão mássica "m" do produto que está sendo aquecido, pelo seu calor específico "c", pela diferença entre a temperatura de entrada, "T_E", e de saída, T_S, do produto, ou seja, "$\Delta T = T_E - T_S$". Podemos escrever:

$$Qa = m.c.\Delta T$$

concluindo que um aumento na vazão "m" de produto, como representado na figura 1.4.8(b), onde supusemos uma variação da massa em degrau, levará a temperatura de saída do produto "T_S" a diminuir indo de um valor T_0 para um valor T_1, como representado na figura 1.4.8(c), já que "Qa" se mantém constante, uma vez que o valor do calor fornecido pela queima do gás combustível, "Qf", não se alterou (considera-se que a massa de gás "mg" não alterou o seu valor, uma vez que não há nenhuma ação de controle sobre ela, pois supusemos a malha aberta, ou seja, sem informação do valor da variável controlada). O que se observa, de forma prática, é que a diminuição da temperatura do produto, "T_S", se dará de forma gradativa e não instantaneamente como estamos supondo ocorrer com a variação da vazão mássica de produto, exigindo um tempo para a temperatura atingir o novo estado estacionário em T_1. Tal atraso ou amortecimento na variação da temperatura, que neste exemplo é a variável controlada do processo, se deve basicamente à capacidade que o forno tem de armazenar energia nas suas partes metálicas como tubos e carcaça, por exemplo, impedindo que a temperatura varie bruscamente, ou seja, todo o forno terá que ser aquecido, armazenando energia, para que o produto também se aqueça. A esta capacidade presente nos sistemas físicos de armazenar energia chamaremos de "*capacitância*", em analogia aos capacitores elétricos. O atraso na resposta também é influenciado pela dificuldade da energia ser transferida de um ponto a outro do equipamento, devido às resistências impostas ao fluxo de energia por paredes metálicas ou pelo tempo necessário para os fluidos conduzirem na sua massa a energia. A este último atraso chamaremos de "*resistência ao fluxo de energia*", em analogia com a resistência ao fluxo de corrente elétrica.

A capacitância ocorre em todos os sistemas físicos como, por exemplo, os mecânicos. Assim num sistema mecânico com uma massa "m" e uma mola de constante elástica "k", como representado na figura 1.4.9(a), quando forçarmos a massa a se deslocar por ação de uma perturbação "P" em forma de degrau, que varie instantaneamente seu valor de P_0 para P_1, como representado na figura 1.4.9(b) ocorrerá o deslocamento de "x_0" até "x_1", retardado em relação ao movimento de um corpo ideal sem massa (m=0) e sem mola (k=0) que estivesse se movendo livremente sob ação da mesma variação da força "P", como representado na figura 1.4.9(c). O atraso na resposta real em relação à ideal se deve à capacidade da mola e da massa acumularem energia.

Estes atrasos podem ser motivados não só pelo acúmulo e transporte de energia, mas também pelo acúmulo e transporte de massa, como é o caso da variação do nível em um tanque acumulador de líquido como o representado na figura 1.4.9(d), onde o nível (H) variará gradativamente para uma variação instantânea na entrada de massa (Q_E) no tanque. Assim, o vaso acumulador de líquido representado na figura 1.4.9(d) variará o nível (H) tão mais lentamente para a mesma variação de vazão de entrada (perturbação) de Q_{E0} para Q_{E1}, como representado na figura 1.4.9(e), quanto maior for a área "A" do tanque, a qual definirá a capacidade do tanque acumular massa, e quanto maior for a resistência "R" provocada por uma restrição que crie dificuldade ao escoamento (perda de carga), como representado na figura 1.4.9(f), onde A1 e A2 são áreas de dois tanques distintos e R1, R2 e R3 são diferentes resistências impostas ao escoamento da vazão de saída dos tanques.

Figura 1.4.9 – Efeito na resposta das variáveis de processo em função de capacitâncias e resistências dos processos a serem controlados: (a) sistema massa-mola; (b) variação no tempo da força atuando no sistema massa-mola; (c) resposta real e ideal do sistema massa-mola; (d) tanque acumulador de líquido; (e) variação da vazão de entrada no tanque acumulador; (f) respostas do nível no tanque acumulador para diferentes capacitâncias e resistências.

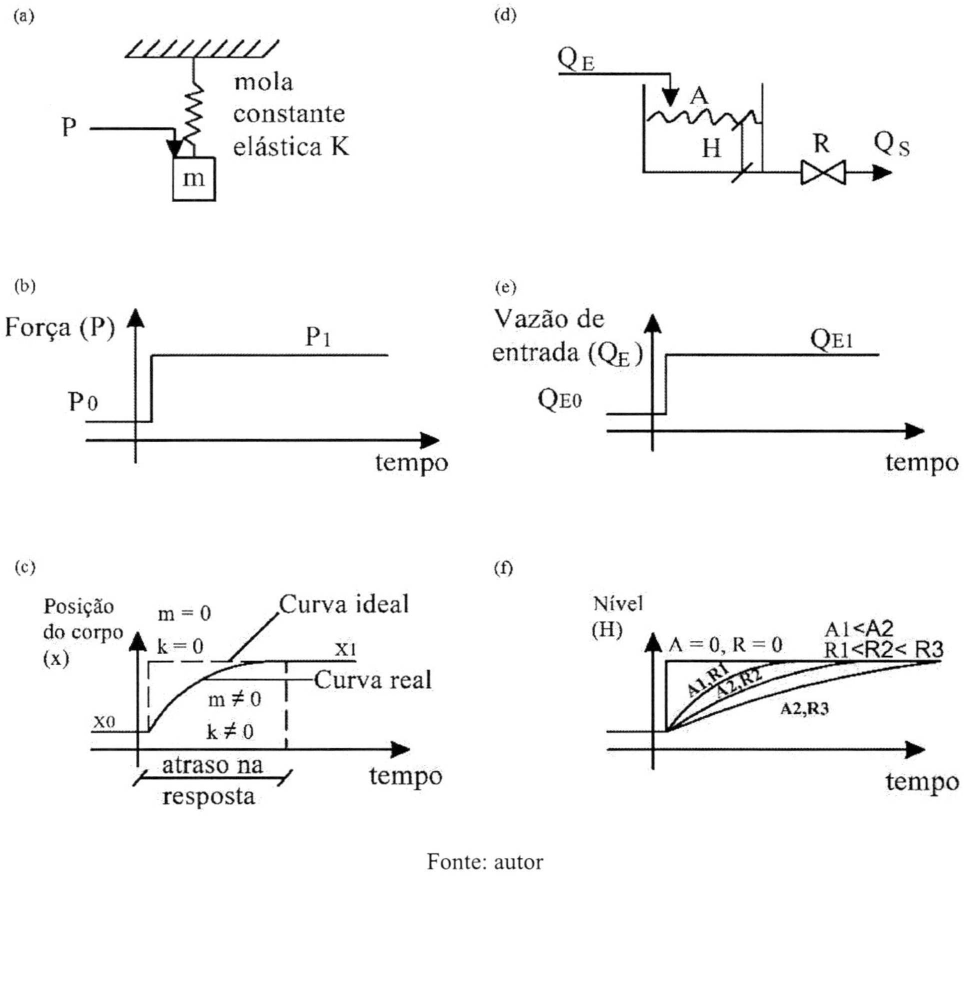

Fonte: autor

Entendida a natureza dos atrasos impostos pelas *capacitâncias e resistências* podemos inferir que quando da alteração do valor da variável manipulada (e não da perturbação, como analisado anteriormente) o efeito na resposta da variável controlada será análogo. Desta forma, quando a variável controlada se desviar do *set-point* por efeito de uma perturbação e o controlador atuar na variável manipulada no sentido de retornar a variável controlada para o *set-point*, a variável controlada não responderá de imediato às ações do controlador.

Assim, voltando ao exemplo do forno industrial representado na figura 1.4.8(a), podemos observar o comportamento típico da variável controlada (figura 1.4.8(e)) quando o controlador modificar o valor da variável manipulada, que é a massa de gás "mg" (figura 1.4.8(d)), abrindo a válvula de alimentação de gás para o forno, liberando grande quantidade de energia para este, ou seja, aumentando o valor do calor fornecido ao fluido, "Qf". Com este aumento, a temperatura do produto na saída do forno, "T_S", aumentará, porém, o fará gradativamente e de forma amortecida como representado na figura 1.4.8(e).

Para melhor entendermos a dificuldade que este retardo na resposta provoca no controle da variável controlada, com base no mesmo exemplo do forno, representamos novamente na figura 1.4.10 (a) a variação da massa de gás combustível "mg" e na figura 1.4.10(b) o comportamento da variável controlada. A variável controlada levará um tempo "t" para atingir o seu valor potencial pleno, ou seja, atingir o novo estado estacionário, possibilitado pela vazão de gás combustível já disponibilizada pelo controlador, ou seja, atingir T_I na figura 1.4.10(e). Isto ocorrerá porque, como no tempo 0, por exemplo, o controlador receberá o *feedback* do valor atual da temperatura, "T_R" e não o valor que potencialmente o produto seria capaz de atingir, "T_I", (ver figura 1.4.10(b)), para saber se deve aumentar sua ação na variável manipulada, diminuí-la ou mantê-la constante. Ele entenderá que o valor da vazão de gás combustível ainda foi insuficiente para chegar ao valor T_I, uma vez que o que ele enxerga pelo retorno de informação (*feedback*) é T_R, e portanto, identifica um erro no processo igual a "T_I-T_R" comandando o aumento vazão de gás acima do necessário, o que em geral resulta em oscilação dos valores da variável controlada em torno do *set-point* ou do valor genérico de estabilização do sistema, como esquematizado na figura 1.4.10(c). Tal efeito do atraso na resposta devido, neste caso, às capacitâncias e resistências do processo, poderá levar a oscilações transitórias, como representado na figura 1.4.10(c), ou a uma instabilidade permanente da variável que está sendo controlada, representando uma dificuldade que deve ser vencida pela escolha adequada da estratégia de controle e da forma do controlador atuar no processo, como discutiremos nos itens 1.4.7 e 1.4.10.

Figura 1.4.10 – Respostas qualitativas da variável controlada, temperatura do produto na saída do forno da figura 1.4.8(a): (a) comportamento suposto para a variável manipulada, vazão de gás combustível para o forno; (b) repostas de um sistema ideal e de um sistema real, com o erro visto pelo controlador devido ao atraso na resposta da variável controlada; (c) comportamento oscilatório esperado para a variável controlada devido ao *feedback* da resposta real informar ao controlador que o seu comando não é suficiente para se atingir o valor final desejado, embora de fato, o valor comandado já o seja.

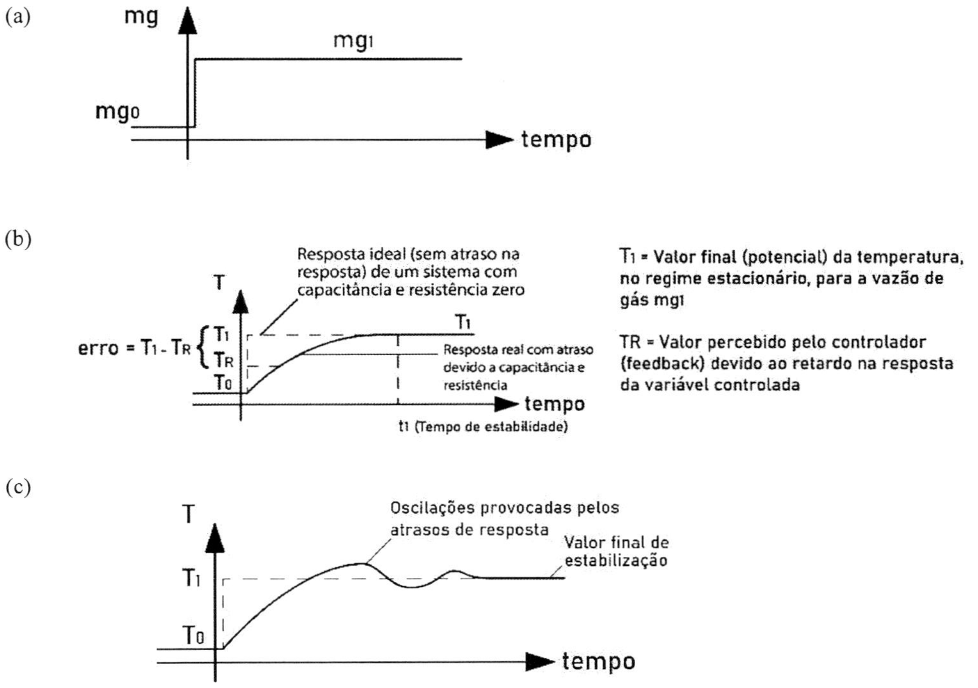

Fonte: autor

d) tempo morto

Para entendermos o significado do tempo morto em processos industriais, tomemos como exemplo o sistema da figura 1.4.11(a), onde está representado um aquecedor de água elétrico.

Figura 1.4.11- (a) aquecedor de água elétrico; (b) resposta da variável controlada devido à presença do tempo morto no processo.

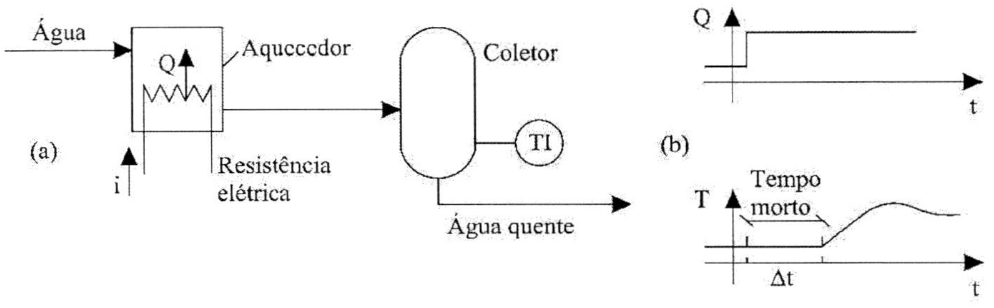

Fonte: autor

A corrente que passa na resistência elétrica do aquecedor alterando seu valor, altera também a liberação de calor para a água que vai ser aquecida. Como há um trecho de tubo a ser percorrido pela água depois de aquecida, até chegar ao coletor que disponibiliza a água quente, o sensor/indicador de temperatura instalado no coletor, TI, só perceberá uma variação na temperatura provocada por uma variação da corrente na resistência elétrica, após um tempo Δt, tempo este necessário para a água em temperatura mais alta escoar do aquecedor até o coletor, como representado na figura 1.4.11(b).

Assim, por exemplo, se o tubo que conecta o aquecedor ao coletor tiver uma área de "A" m^2 e um comprimento "L" m, e passar por ele uma vazão de fluido de "Q" m^3/h, o tempo Δt necessário para o sensor/indicador sentir a variação de temperatura que ocorreu no aquecedor será igual a (A*L/Q) horas. A este Δt, tempo transcorrido entre o evento e a percepção do mesmo pelo instrumento de medida é que chamamos de *tempo morto*.

Note-se que o tempo morto não é igual aos atrasos resistivos e capacitivos discutidos no item (c) anterior. Diante destes últimos o controlador percebe instantaneamente as variações, porém a variável controlada não responde de imediato. No tempo morto, o controlador leva um tempo para perceber a ocorrência do evento. O tempo morto introduz uma grande dificuldade no controle dos processos, uma vez que as ações do controlador ou os efeitos das perturbações no processo só são percebidas algum tempo depois de terem ocorrido. Desta forma, o controlador atuando por realimentação (*feedback*) por agir e só perceber o efeito de sua ação depois de um tempo morto "Δt", o qual retarda o retorno da informação sobre a variável controlada para o controlador, poderá entender que o processo não reagiu a sua ação e introduzir ações mais intensas levando o processo a se instabilizar. Algumas estratégias de controle, como o controle com antecipação (*feedfoward*), que será discutido no subitem 1.4.10, ajudam a contornar o problema do tempo morto.

De forma a evitar instabilidades e melhorar a resposta da variável controlada temos que escolher, portanto, estratégias de controle adequadas (algumas estratégias de controle serão apresentadas no subitem 1.4.10 a seguir) e adequar os modos de controle P, I e D aos atrasos inerentes ao processo, sensor e outros elementos capazes de introduzir instabilidade nos sistemas de controle.

Diante das dificuldades de se controlar os processos, de forma a se buscar atingir a performance de resposta dos sistemas de controle adequada e de forma mais simples, foram desenvolvidos diferentes modos de controle, chamados clássicos, que são o Proporcional (P), o Integral (I) e o Derivativo (D). Estes modos aparecem quase sempre combinados nos controladores, na forma de modos de controle PI (proporcional mais integral) e PID (proporcional mais integral, mais derivativo). Olharemos mais de perto no subitem seguinte, 1.4.7, o funcionamento e a performance destes controladores clássicos, quando aplicados nos sistemas de controle.

1.4.6 - O que se espera de uma análise qualitativa do sistema de controle de processo?

Como já vimos no subitem 1.3.5, a tecnologia desenvolveu três tipos básicos de funções matemáticas para definir a forma como o controlador atuará no controle de variáveis de processo, quando em presença do desvio desta em relação ao *set-point*, ou, dizendo de outra forma, em presença do erro da variável controlada em relação ao *set-point*.

Estas *funções clássicas* são chamadas de Proporcional (P), Integral (I) e Derivativa (D). Os controladores de processo, em geral combinam estas funções para melhorar o seu desempenho. Um controlador que combina a função Proporcional com a Integral é chamado de "controlador com modo proporcional mais integral" ou "PI" e o que combina a função proporcional, mais a integral, mais a derivativa é chamado de "controlador com modo de controle proporcional mais integral mais derivativo" ou "PID". Usamos o termo controlador PID também, de forma coloquial, para nos referirmos aos controladores clássicos sejam eles P, PI ou PID.

Quando trabalhamos com controladores de processo do tipo PID temos que ajustar seus parâmetros adequando-os às características dos processos a serem controlados, como discutimos no subitem 1.3.5. Assim, se temos um controlador PI instalado num sistema de controle de um dado processo podemos decidir, observando a resposta e as características do processo, se devemos aumentar ou diminuir os ganhos proporcional, K, e o ganho integral, T_I, do controlador, por exemplo.

Se quisermos saber valores exatos para ajustes e respostas que possam ser descritas matematicamente será conveniente não só o estudo qualitativo, mas também o estudo quantitativo, feito em geral por simulação de modelos matemáticos do sistema de controle de interesse. A análise qualitativa, que abordamos aqui, é capaz de indicar os modos de controle e os ajustes adequados para se conseguir controlar processos industriais e para melhorar a performance dos controles implementados, sem a necessidade da realização de operações matemáticas (análises matemáticas) mais complexas.

O que se espera de um sistema de controle bem adaptado ao processo pode ser explicitado como:

- que ele seja a melhor estratégia de controle a ser implementada dentre as disponíveis. Veremos no subitem 1.4.10 as estratégias de controle mais comuns (*feedback, feedforward*, cascata e outras);

- que o controlador tenha a melhor equação matemática implementada, de forma a atender os objetivos definidos para o comportamento da variável controlada. No caso dos controles clássicos estas equações são escolhidas entre as que envolvem combinações dos modos de controle P, I e D.

- que o sistema seja robusto o bastante para atingir a performance desejada para a variável controlada mesmo que o processo sofra *perturbações* significativas.

O objetivo final da análise dos sistemas de controle de processos é, portanto, a definição do melhor projeto de um controlador que atenda à performance desejada para a variável de processo que queremos controlar (variável controlada).

Conhecendo os controladores e tendo ideia das características dos processos a serem controlados, através da análise qualitativa, podemos responder a perguntas como:

- qual o melhor tipo de controlador para controlar um dado processo: P, PI ou PID?

- devo aumentar ou diminuir os ganhos ou introduzir novas estratégias de controle para melhorar a estabilidade do meu sistema de controle?

- se quero diminuir o tempo de resposta do meu sistema de controle, como devo proceder?

- se quero reduzir as amplitudes do desvio da variável controlada em relação ao *set-point* o que devo fazer com meu controlador?

- o que devo fazer com os ajustes dos ganhos proporcional, integral e derivativo para melhorar a performance do meu sistema de controle?

Estas perguntas podem ser respondidas através de uma análise qualitativa do sistema de controle. Os resultados desta análise são, tal como o método de tentativas e erros, avaliados qualitativamente como melhor ou pior e não, necessariamente, obtendo o controle ótimo, o que pode ser melhor aproximado com uma análise quantitativa que leve a um resultado numérico.

As análises qualitativas ajudam na avaliação de sistemas de controle mais simples, de forma geral, aqueles que têm uma variável controlada, uma única perturbação em consideração nas análises e uma única variável a ser manipulada para se obter o controle do sistema. Estes sistemas são conhecidos como sistemas SISO (simples entrada (*input*) simples saída (*output*)) e são os que consideramos e consideraremos aqui nos exemplos dados.

1.4.7 – Controladores clássicos

1.4.7.1 – Comentários preliminares

a) todos os controladores têm o mesmo esquema de funcionamento

Como já vimos, todos os controladores trabalham calculando o erro ou desvio "E" da variável controlada "VC" em relação ao *set-point* "SP" e geram um sinal de saída, "Sc", em função deste erro "E". À equação que define a saída do controlador em função do erro chamamos de "modo de controle" e nos controladores clássicos, como vimos, são de três tipos:

i) Proporcional (P), quando a variação na saída do controlador "ΔSc_P" for proporcional ao erro, ou seja: ΔSc_P= KE(t) ou ΔSc_P=(100/BP)E(t), sendo K chamado de ganho proporcional e BP de banda proporcional do controlador , onde K=100/BP;

ii) Integral (I), quando a variação na saída do controlador, "ΔSc_I" for proporcional à integral do erro no tempo, ou seja, $\Delta Sc_I = K_I \int E(t).dt$ ou $\Delta Sc_I = 1/T_I \int E(t).dt$, sendo K_I o ganho integral e o T_I o tempo integral, onde $K_I = 1/T_I$;

iii) Derivativo (D), quando a variação na saída do controlador, "ΔSc_D" for proporcional à derivada do erro no tempo, ou seja: $\Delta Sc_D = K_D.dE(t)/dt$ ou $T_D.dE(t)/dt$, sendo K_D e T_D chamados, respectivamente de ganho derivativo ou tempo derivativo.

De forma geral, os controladores dispõem dos três modos de controle e o ganho proporcional multiplica os demais, sendo a variação do sinal de saída do controlador, "ΔSc" expressa por:

$$\Delta Sc(t) = K(E(t) + K_I \int E(t).dt + K_D\, dE(t)/dt).$$

Caso queiramos operar com um controlador somente proporcional, zeramos os ganhos integral e derivativo, se quisermos somente um controlador PI, zeramos o ganho derivativo e assim por diante. Os controladores mais comuns nas indústrias são os P, PI e PID.

O esquema de blocos que representa o controlador é o apresentado na figura 1.4.12, onde temos o comparador, que calcula o erro E=VC-SP ou E=SP-VC, (a forma de calcular o erro pode depender da polaridade do controlador, como discutiremos no subitem 1.4.11), e a parte funcional que define o modo de controle do controlador.

Figura 1.4.12 – Esquema dos controladores de processo.

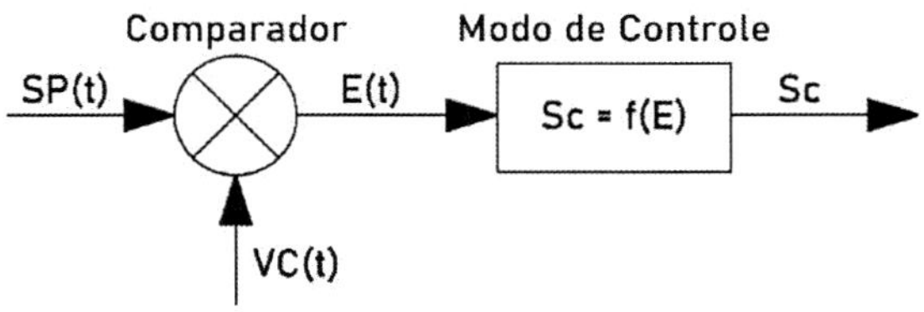

Fonte: autor

b) o sinal de saída do controlador define a condição de operação do elemento final de controle e, consequentemente, o valor da variável manipulada.

O sinal de saída do controlador comanda a condição de operação do elemento final de controle. Este elemento final pode ser uma válvula de controle, um variador de frequência, um resistor variável, dentre outros, como apresentado no subitem 1.3.6.

Mudando a condição de operação do elemento final de controle, como por exemplo, abrindo ou fechando uma válvula de controle, alterando a velocidade de um motor elétrico ou variando a corrente para uma resistência variável, alteramos o valor da variável manipulada. Assim modificaremos o fluxo de massa ou energia para o processo que estamos querendo controlar, buscando compensar modificações no valor da variável controlada provocadas por perturbações que ocorram no processo que está sendo controlado.

A relação entre a condição do elemento final de controle (abertura da válvula de controle, frequência ajustada no variador de frequência, corrente ajustada no resistor, por exemplo) variará, como regra, proporcionalmente ao sinal de saída do controlador "Sc". Tal relação proporcional é representada na figura 1.4.13.

Observemos que a *relação entre o sinal do controlador e a variável manipulada* poderá não ser linear, uma vez que, por exemplo, a vazão de uma válvula de controle, nem sempre será linear com a *abertura desta válvula*, que é quem *varia linearmente* com o sinal do controlador, bem como o calor liberado por um resistor elétrico não será linear com a corrente que por ele passa (a corrente é a variável que varia proporcionalmente ao sinal do controlador).

Figura 1.4.13 – Variação da condição operacional do elemento final de controle com o sinal de saída do controlador

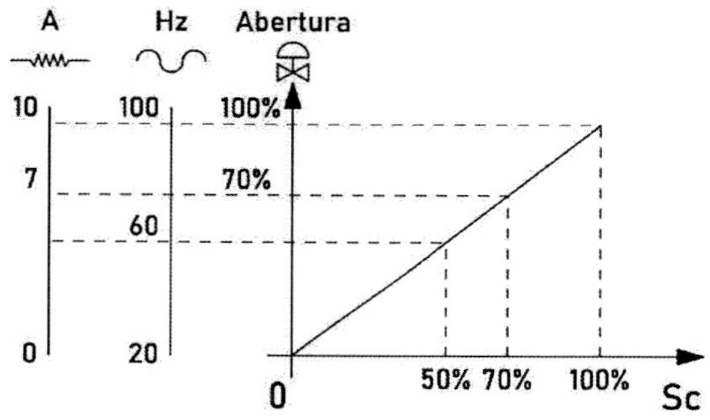

Fonte: autor

Assim, como esquematizado na figura 1.4.13, se o controlador gera um sinal de saída de 70%, por exemplo, e se este sinal for para uma válvula falha-fecha (ar-abre) esta ficará em 70% de sua abertura total. Se um sinal de 50% for do controlador para um variador de frequência que varia a frequência de 20 a 100 Hz, a frequência será ajustada pelo comando deste sinal em 60 Hz (valor intermediário do *range* do elemento final de controle) e se for para um resistor pelo qual circule uma corrente de 0 a 10A, a corrente em 70% de sinal do controlador será 7A.

c) o sinal de saída do controlador oscila em torno de um valor pré-ajustado no controlador, chamado de sinal de erro zero.

Das funções que definem os modos de controle dos controladores clássicos, podemos observar que as equações definem como o sinal do controlador deve variar, ou seja, "ΔSc". O sinal efetivamente gerado pelo controlador, "Sc" dependerá do valor em torno do qual este sinal varia, "Sco", ou seja, Sc= ΔSc+ Sco, onde ΔSc poderá ser positivo ou negativo.

O valor "Sco" em torno do qual o sinal do controlador varia seu valor é conhecido como "*sinal de erro zero*" do controlador, uma vez que, de forma geral, ele é ajustado no controlador quando a variável controlada está no *set-point* (erro zero) e o sistema em regime estacionário (sem variações no tempo).

Para entendermos melhor a função deste sinal, observemos o processo de acumulação de líquido em um tanque, com uma malha de controle de nível, representado na figura 1.4.14(a), onde o controlador LIC-03 comanda a abertura da válvula de controle LV-03.

Figura 1.4.14 – Vaso acumulador de líquido com a malha de controle do nível.

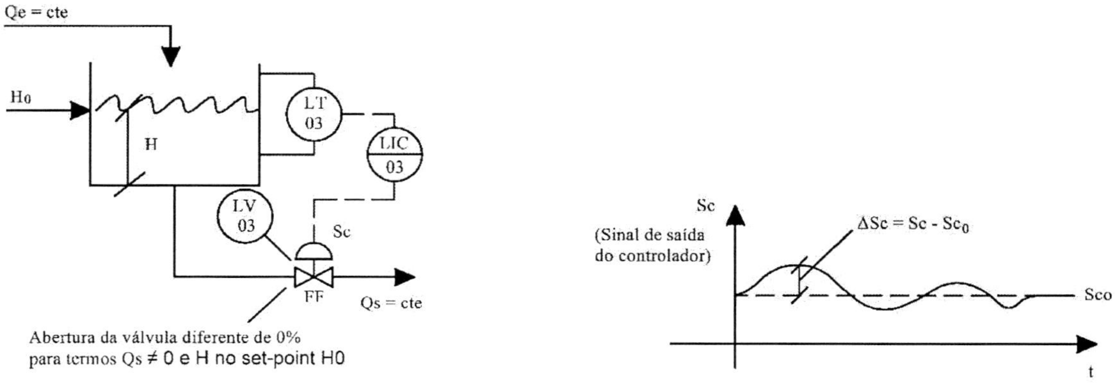

(a) tanque com válvula falha-fecha em regime estacionário

(b) variação do sinal do controlador, Sc, em torno do sinal de erro zero, Sco

Fonte: autor

Neste exemplo, para ajustarmos o sinal de erro zero, Sco, no controlador, vamos variando o sinal de saída do controlador manualmente, até que o nível "H" estabilize no *set-point* "Ho". Esta situação pode ser entendida como a condição operacional dita "normal" que é a esperada para a operação do sistema de controle, quando o processo estiver no seu regime estacionário de projeto.

Para que o nível fique estável no *set-point*, em regime estacionário, é necessário que a vazão de saída fique num valor "Qs" igual ao de entrada "Qe". Para tal, a válvula de controle LV-03 deve estar parcialmente aberta. Para que a abertura da válvula ocorra, já que não existe erro no processo, pois estamos supondo que a variável controlada está no *set-point,* é necessário que o sinal de saída do controlador seja diferente de zero.

Se a válvula de controle for falha-fecha (FF), como representado na figura 1.4.14(a), ela abrirá com o aumento do sinal de saída do controlador, "Sc". Assim, para que a vazão "Qs" ocorra, é necessário que o sinal de saída do controlador esteja num valor diferente de 0 %, pois no caso de ocorrência deste valor, a válvula irá para a posição toda fechada, zerando a vazão "Qs" e, portanto, impedindo o sistema de ficar estável, já que Qe será diferente de zero.

Assim, o sinal de erro zero, "Sco" é o necessário para manter o elemento final de controle, no exemplo a válvula de controle, em um valor diferente de zero, quando o erro da variável controlada for zero (variável controlada no mesmo valor do *set-point*). Desta forma, podemos escrever que num controlador PID, por exemplo, o sinal do controlador "Sc" será igual a: Sc=ΔSc+Sco, ou que, Sc= K(E(t)+ Ki$\int E(t).dt$ +K_D dE(t)/dt)+Sco. Uma representação típica da variação do sinal do controlador no tempo está na figura 1.4.14(b).

d) para haver regime estacionário é necessário que a entrada e a saída de massa ou energia sejam iguais.

Quando o sistema de controle estiver no regime transiente, ou seja, a variável controlada estiver variando com o tempo, significa que a quantidade de massa ou energia entrando no sistema e a dele saindo é diferente. O que o controlador busca é manter este equilíbrio, entre a massa ou energia entrando no sistema e a dele saindo. Desta forma, retornando ao exemplo do tanque acumulador de líquido, representado na figura 1.4.15(a), se a vazão entrando no sistema Qe for diferente da que dele sai, Qs, o nível estará variando sua posição. O esforço de controle é no sentido de estabelecer o equilíbrio, buscando sempre minimizar os desvios da variável controlada em relação ao *set-point*.

Observemos ainda, que neste esforço de controle, caso o processo acumule massa ou energia, para que o *set-point* seja reestabelecido, não basta que as massas e energias entrando e saindo do sistema sejam iguais; é necessário retirar a quantidade armazenada, caso esta esteja em excesso ou adicionar caso esteja em valor menor que o necessário para garantir que a variável fique no *set-point*.

Retomando o exemplo do tanque de acumulação, figura 1.4.15(a), onde foi representada uma malha de controle do nível eletrônica, podemos ver pelo gráfico da figura 1.4.15(b) que se a vazão de entrada aumentar (na figura o aumento está representado em forma de degrau), devido aos atrasos do sistema de controle, como discutidos no subitem 1.4.5, a variável manipulada não responderá tão imediatamente havendo, portanto, um acúmulo de massa no tanque, expresso pelas áreas A1 da figura 1.4.15(c). Para o nível voltar ao *set-point* é necessário que a vazão "M" ultrapasse o valor de P1 e desacumule o volume de líquido acumulado, ou seja, que a soma das áreas marcadas como A2 sejam de valor igual à soma das áreas A1 uma vez que a área sob a curva vazão x tempo, expressa o volume de líquido acumulado (A1) ou removido (A2).

Figura 1.4.15 – Comportamento da variável manipulada aos atrasos do processo.

(b)

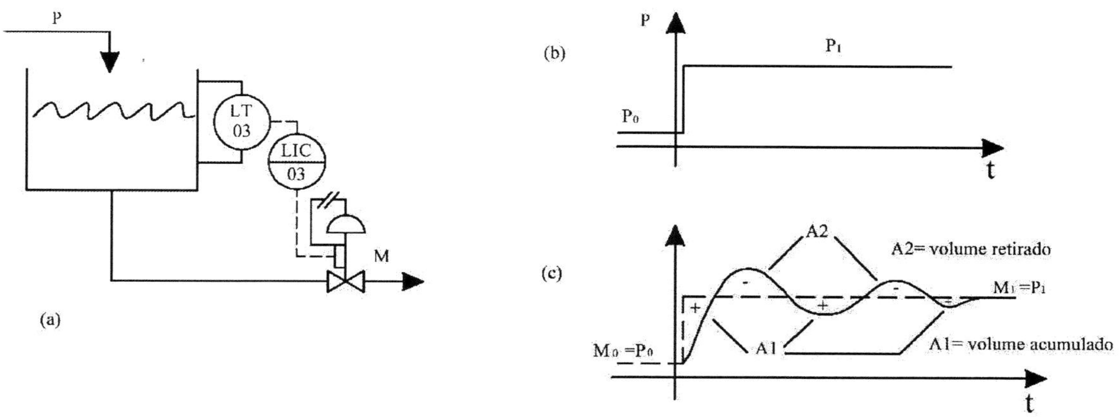

Fonte: autor

Assim, controladores que retornam o sistema para o *set-point* têm que ser capazes de provocar, transitoriamente, a variação da variável manipulada além ou aquém do valor de estabilidade estacionário *no set-point*, de forma a retirar ou adicionar massa ou energia no processo sob controle, voltando a estabelecer o equilíbrio entre a massa ou energia que entra no processo e a que dele sai.

e) a intensidade da resposta da variável controlada dependerá da intensidade dos parâmetros ajustados no controlador

O sinal de saída "Sc" dos controladores dependerá do erro "E" e do modo de controle do controlador. A ação do modo de controle poderá ser mais intensa ou menos intensa, dependendo dos valores dos parâmetros de ganho ajustados no controlador (K ou PB no controlador P; K_I ou T_I no Integral; K_D ou T_D no derivativo).

Se por exemplo, tivermos um erro "E" variando em rampa como representado na figura 1.4.16(a), teremos as variações nas saídas dos modos P, I e D, ou seja, ΔSc_P, ΔSc_I e ΔSc_D como representado na figura 1.4.16 (b) (c) (d), respectivamente. Cada uma das saídas está desenhada para dois ganhos diferentes, sendo os ganhos de índice 2 (K_2, K_{I2} e K_{D2}) maiores que os ganhos de índice 1 (K_1, K_{I1} e K_{D1}).

Figura 1.4.16 - Saídas dos modos de controle P, I e D para um erro da variável controlada em forma de rampa: (a) erro em rampa; (b) saída do modo proporcional; (c) saída do modo integral; (d) saída do modo derivativo.

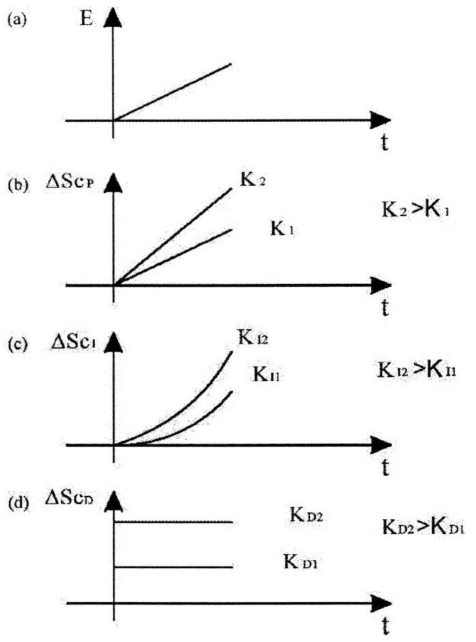

Fonte: autor

Assim, como o elemento final de controle varia sua condição de saída proporcionalmente ao sinal do controlador, ganhos maiores darão saídas mais intensas, uma vez que os sinais de saída do controlador serão maiores.

f) processos com maiores atrasos de resposta devido às maiores capacitâncias e resistências toleram ganhos maiores nos controladores.

Como vimos no tópico anterior, maiores ganhos ajustados no controlador produzem saídas mais intensas, ou seja, mudam a condição dos elementos finais de controle e, consequentemente da variável manipulada, de forma mais rápida. Como discutido no subitem 1.4.5(c), os atrasos nos processos levam o controlador a receber o *feedback* da variável controlada com retardo. Isto pode levar a uma resposta mais oscilatória e mesmo instável da variável controlada. Tal *tendência à oscilação* e instabilidade é mais intensa em processos com *pequenos atrasos devido às capacitâncias e resistências* e com *maiores ganhos* ajustados no controlador, uma vez que a variável controlada responde com rapidez e em paralelo o controlador atua com mais intensidade. Em processos com maiores atrasos as oscilações tendem a ser atenuadas.

A figura 1.4.17 compara as respostas da variável controlada para vasos de acumulação de líquido com diferentes atrasos e submetidos à mesma perturbação e controlados por controladores com mesmos ganhos. O vaso com menor diâmetro ou menor resistência ao fluxo de líquido na sua saída (menores atrasos) tende a responder mais rapidamente e com maiores desvios em relação ao *set-point* que o vaso com maior diâmetro ou maior resistência ao escoamento de massa (vaso com maiores atrasos).

Figura 1.4.17 – Comparação entre respostas da variável controlada para processos com diferentes atrasos.

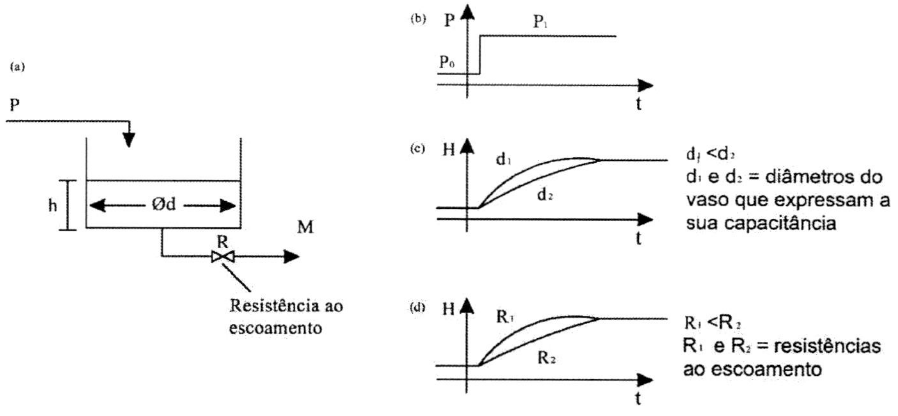

Fonte: autor

Da mesma forma, como esquematizado na figura 1.4.18(a), se formos aumentando os ganhos do controlador, (K, K_I e K_D), as respostas das variáveis controladas, "VC", tendem a ser mais rápidas, ou seja, elas tendem a atingir o *set-point* em menor tempo e com menores desvios em relação ao *set-point*, porém, a partir de um determinado valor a resposta da variável controlada tende a começar a oscilar. Os valores de ganhos para os quais o processo tende a se instabilizar tendem a ser maiores em processos com maiores atrasos na resposta (maiores capacitâncias e resistências), conforme representado na figura 1.4.18(b).

A conclusão é de que processos que respondem com mais lentidão (maiores atrasos devido a altas capacitâncias e resistências) tendem a responder sem instabilidade a ganhos mais elevados. Se o processo por sua vez tem pouco atraso, a resposta é mais imediata levando-o a tolerar menos ganhos maiores e responder de forma mais instável a eles.

Figura 1.4.18 – Respostas de variável controlada: (a) a diferentes ganhos ajustados no controlador; (b) a processos com diferentes capacitâncias (atrasos) na resposta da variável controlada.

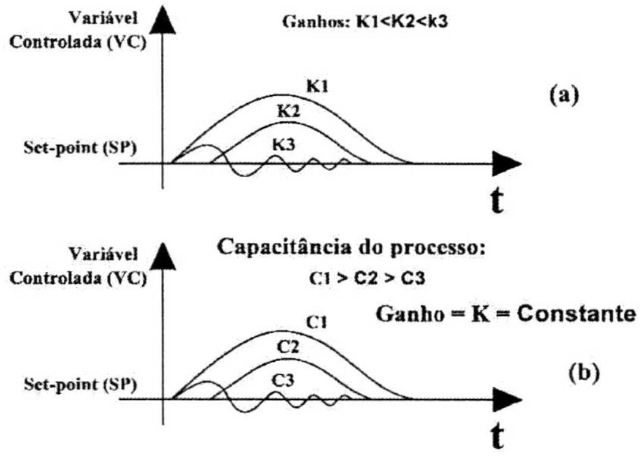

Fonte: autor

1.4.7.2 – O controlador proporcional (P)

a) vantagem e desvantagem

O controlador de modo de controle proporcional (P) é de *fácil ajuste,* pois só tem o ganho proporcional K (ou a banda proporcional PB), para ser ajustado. Num controlador PID, por exemplo, devem ser ajustados os três ganhos: o proporcional, K, o integral, K_I e o derivativo, K_D, demandando maior habilidade na adequação destes parâmetros ao processo a ser controlado.

Por outro lado, o controlador com modo P é utilizado quando se admite algum desvio permanente da variável controlada em relação ao *set-point.* Isto porque o controlador de modo proporcional só mantém a variável controlado no *set-point* se estiver operando nas condições em que o sinal de erro zero foi ajustado. Em qualquer outra condição operará com *desvio em relação ao set-point*, ou na linguagem corrente de controle, operará com *off-set.*

Para melhor entendermos as afirmativas anteriores, tomemos um controlador mecânico instalado num vaso acumulador de líquido, como representado na figura 1.4.19. Todas as conclusões tiradas para este controlador mecânico serão válidas para outros controladores P, sejam eles pneumáticos ou eletrônicos analógicos ou digitais.

O controlador mecânico da figura 1.4.19 funciona na mesma equação básica de qualquer controlador P. Assim, seu sinal de saída, Sc_P, variará no tempo proporcionalmente ao erro, E:

$$\Delta Sc_P(t)=K.E(t)$$

O controlador mecânico é basicamente composto por uma alavanca, AB, apoiada num fulcro, O. A saída do controlador, Sc_P, é dada pela posição da extremidade B da alavanca AB, o erro é a diferença entre a posição do flutuador quando o nível está no *set-point* "H_0" e quando ele está em outra posição, "H_1", e o ganho proporcional, K, é definido pela relação b/a, ou seja, K=b/a.

O controlador da figura 1.4.19 possui um parafuso conectado à haste da válvula de controle que define a abertura da válvula para uma dada condição operacional. Na condição inicial, o ajuste de parafuso conectado à haste de comando do plugue da válvula comanda uma abertura da válvula tal, que permite que a vazão que passa por ela, vazão M, assuma o valor $M_0 = P_0$, ou seja, a vazão que entra no tanque é a mesma que dele sai, mantendo o nível estável em H_0.

Suponhamos que o nível seja ajustado no *set-point* como indicado na figura 1.4.19(a) e (c), com a alavanca AB na posição (1). Nesta situação a vazão de entrada, "P" terá valor P_0 (ver figura 1.4.19(a)) e o mesmo valor deverá ter a vazão M para que o sistema fique estável, no regime estacionário, ou seja, $M_0=P_0$ (ver figura 1.4.19(e)).

Supondo que no tempo t=0 a vazão "P" altere o seu valor de forma súbita para P_1, o nível H passará a aumentar, até que a vazão M volte a se igualar a P, ou seja, $M_1=P_1$. Para tal acontecer é necessário que a alavanca se desloque da posição (1) para a (2), ou seja, que o nível vá de H_0 para H_1, isto significa que o nível não mais estará no *set-point*, quando o sistema de controle voltar a se equilibrar e a variável controlada assumir novamente o regime estacionário. Em outras palavras, em qualquer posição diferente daquela em que o controlador foi ajustado, ou seja, com o nível no *set-point* e sinal do controlador igual ao sinal de erro zero, Sco_P, a variável controlada se estabilizará fora do *set-point*, em outras palavras, com *off-set*.

Figura 1.4.19 – (a) esquema de funcionamento de um controlador proporcional mecânico; (b) perturbação no processo (aumento da vazão de entrada); (c) curvas de resposta da variável controlada; (d) sinal de saída do controlador proporcional; (e) comportamento da variável manipulada.

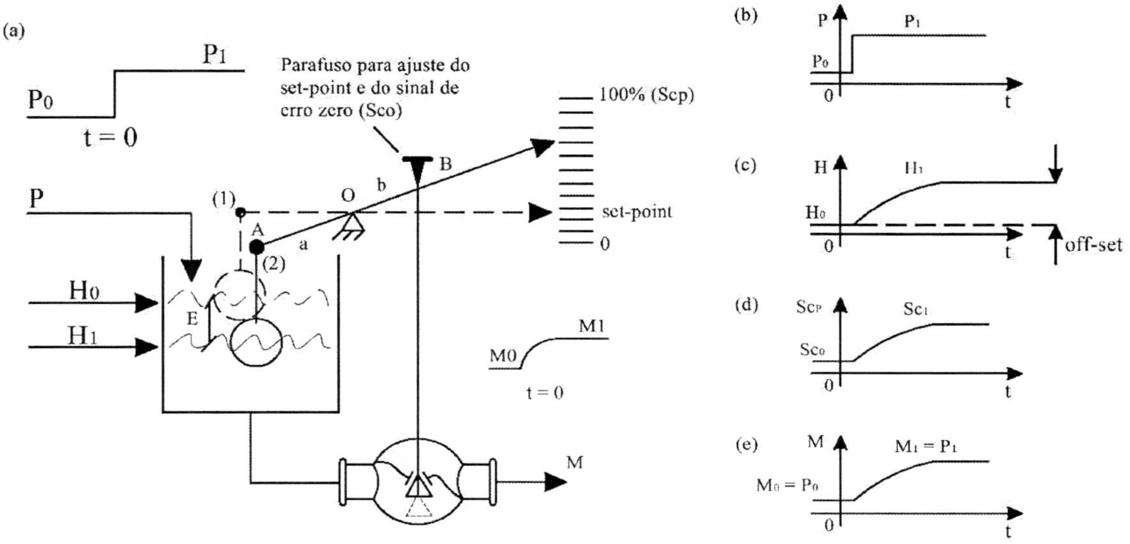

Fonte: autor

b) ajustando o controlador P

Da análise da figura 1.4.19(a) podemos observar que aumentando o valor de "b" da alavanca (reduzindo "a") menos desvio entre os níveis H_1 e o H_0 (*set-point*) será necessário para abrirmos a válvula de controle até que a vazão M_1 seja atingida. Desta forma, podemos concluir que aumentando o ganho do controlador (K=b/a), menor será o *off-set* que permanecerá na variável controlada.

Tal fato é evidente da análise da equação de variação do sinal de saída do controlador proporcional, ΔSc_P. Como $\Delta Sc_P = K.E(t)$, se aumentamos K, teremos as mesmas variações no sinal de saída do controlador, ΔSc_P, para menores erros, "E", ou seja, *quanto maior o ganho "K", menor o off-set da variável controlada.*

A figura 1.4.20 apresenta duas respostas qualitativas da variável controlada "H", para ganhos K1 e K2 diferentes, onde K1 é maior que K2. Nesta figura observamos que o *off-set* da variável controlada é menor para o controlador com maior ganho K.

Figura 1.4.20 – Resposta da variável controlada de um mesmo processo a diferentes ganhos ajustados no controlador.

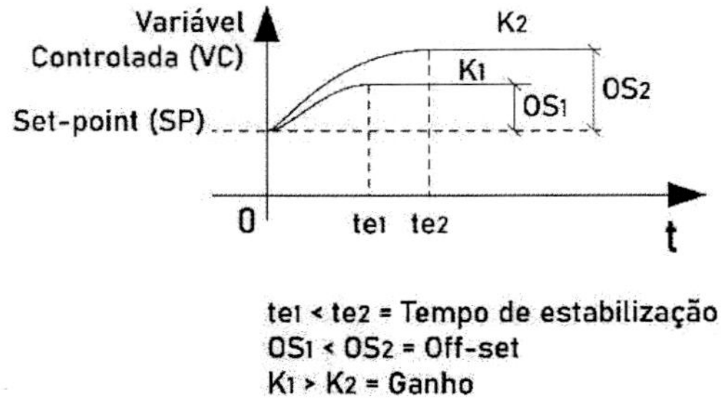

Fonte: autor

Como os processos têm atrasos na resposta, é possível que a vazão de saída chegue ao valor M_1 necessário para estabilização do sistema (ver figura 1.4.21(b)) e o controlador ainda não tenha recebido o *feedback* desta situação, o que o levará a continuar variando o valor da variável manipulada, podendo levar a variável controlada a flutuar em torno do *set-point*, como esquema das figuras 1.4.21(c), podendo chegar menos à instabilidade (ver figura 1.4.21(d)) em caso de processos modelados por equações diferenciais de ordem maior que a primeira[28].

Figura 1.4.21- Efeito do atraso do processo na resposta da variável controlada com controlador P.

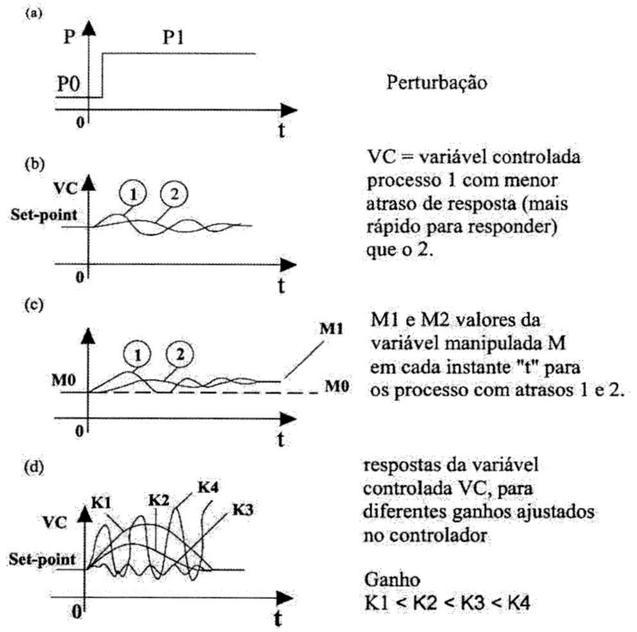

Fonte: autor

[28] Para discussão e estudo sobre modelagem matemática de sistemas de controle ver, por exemplo, DORF e BISHOP, 2018.

O aumento do ganho, como discutido no subitem 1.4.7.1 letra (f) será melhor tolerado em processos que tenham maiores atrasos na resposta (maiores capacitâncias e resistências), uma vez que o aumento do ganho tende a introduzir oscilação na resposta da variável controlada e, dependendo do tipo de processo (da ordem da equação diferencial que o modela) pode levar o sistema à instabilidade.

Em resumo:

1 - controladores proporcionais atuam nos elementos finais de controle, movimentando-os proporcionalmente ao erro detetado no processo, ou seja, respondem segundo a equação $Sc(t)=KE(t)+Sc_O$;

2 – controladores P deixam *off-set* no processo (variável controlada fora do *set-point*), caso o sistema opere em condições diferentes das inicialmente ajustadas no controlador;

3 – quanto maior o ganho do controlador, menor o *off-set* a que será submetida a variável controlada, por outro lado, a tendência à ocorrência de instabilidade nos processos aumentará com o aumento do ganho tanto quanto mais rápido a variável controlada responder aos efeitos da variável manipulada (processos de baixa capacitância e baixa resistência);

c) o controlador Liga-Desliga (On-Off)

Um modo de controle muito usado para controle em processos simples como pequenos refrigeradores e pequenos acumuladores de ar pressurizado, por exemplo, é o modo conhecido como controle *"on-off"* ou liga-desliga. Nos sistemas controlados por controladores com este modo de controle, a saída do controlador só assumirá os valores extremos 0 ou 100% de saída, ou seja, o controlador estará com o sinal de saída no máximo ou no mínimo. A resposta típica da variável controlada está representada na figura 1.4.22.

Figura 1.4.22 - Resposta típica do controlador Liga-Desliga (*On-Off*).

Fonte: autor

Controladores "P" com ganhos muito altos (ganhos "infinitos") tendem a operar como controladores *on-off* (liga-desliga), pois, uma vez que a variação do sinal de saída do controlador P no tempo será dada por $\Delta Sc_P(t) = K.E(t)$, saída esta que, com ganhos altos, levará o sinal de saída a valores extremos (máximos ou mínimos), os quais provocarão o comportamento oscilante de forma senoidal da variável controlada. No controlador mecânico, esta resposta corresponderia a levarmos o fulcro "O" da figura 1.4.19(a) para muito próximo da extremidade "B" da alavanca.

1.4.7.3 – Modo de controle proporcional mais integral (PI)

A adição do modo integral ao proporcional, criando o controlador PI é capaz de retirar o *off-set* deixado pelo modo proporcional. Como a saída do modo integral aumentará ou diminuirá (mas não se manterá constante) sempre que existir erro (desvio) na variável controlada, sua saída só cessará de variar quando o erro zerar, ou seja, quando a variável controlada estabilizar no *set-point*.

A figura 1.4.23(a) ilustra o comportamento da variação da saída integral de um controlador I, ΔSc_I, quando submetido a um erro variável. O que se observa é que o sinal varia com a presença do erro, aumentando sempre que o erro for positivo e diminuindo caso ele seja negativo.

Figura 1.4.23 – Resposta de diferentes modos de controle.

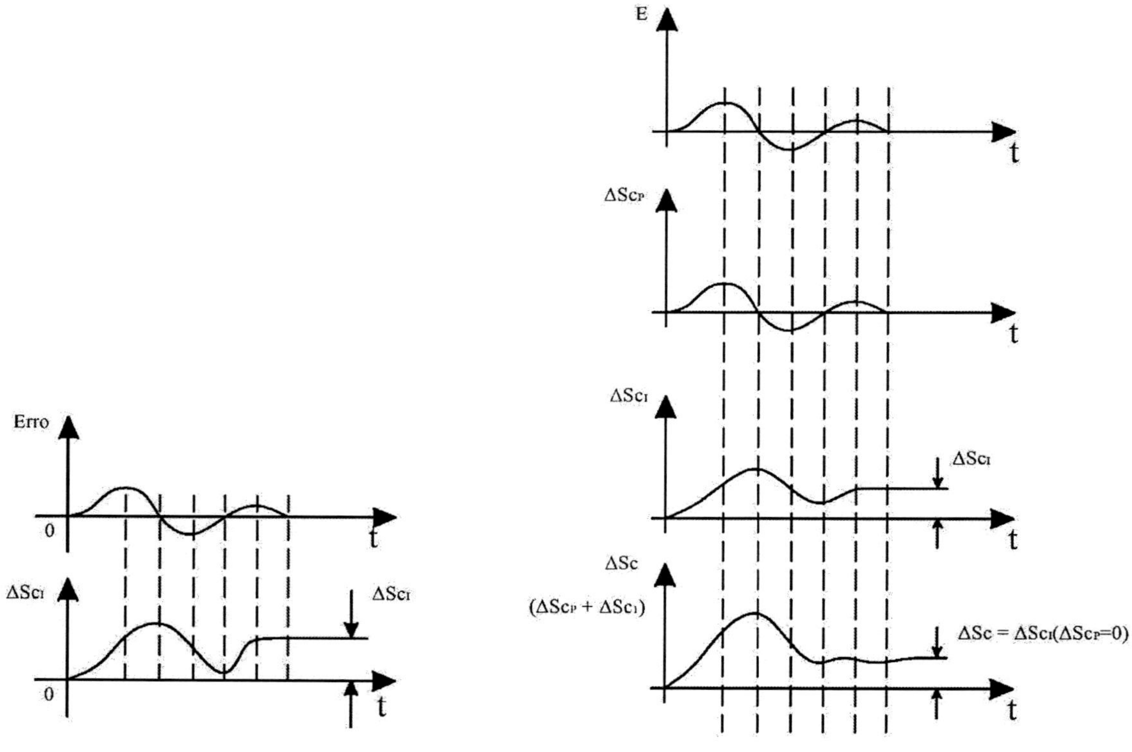

(a) saída do modo integral atuando sozinho

(b) variações na saída devidas ao modo P sozinho, I sozinho e PI atuando conjuntamente, em presença do erro (E).

Fonte: autor

A adição do modo integral ao proporcional impedirá que permaneça o erro ou desvio na variável controlada. Como o erro irá a zero, a saída do modo proporcional, Sc_P, também irá a zero, mas a variável manipulada poderá ser mantida em valor diferente do inicialmente ajustado com o sinal de erro zero, Sco, uma vez que mesmo o erro do processo retornando a zero, a variação da saída integral do controlador, ΔSc_I, não irá zerar, pois o valor que foi acumulado (integrado) no tempo, permanecerá constante quando o erro zerar. Tal comportamento está representado na figura 1.4.23(b). A saída do controlador variará assim de $\Delta Sc = \Delta Sc_P + \Delta Sc_I$, de tal forma que quando o erro for zero a variação do sinal de saída do controlador valerá $\Delta Sc = \Delta Sc_I$, alterando o valor inicial da variável manipulada para outro que equilibre a entrada e a saída de massa ou energia para o processo que está sendo controlado.

A visualização da atuação de um controlador com modo de controle proporcional mais integral pode ser feita com apoio do esquema de controlador eletromecânico da figura 1.4.24(a). Nesta figura, o controlador atua segundo o modo proporcional mais integral, controlando o nível do tanque de acumulação de líquido.

Figura 1.4.24 – Esquema de controlador proporcional mais integral (PI) eletromecânico controlando o nível de um tanque acumulador de líquido.

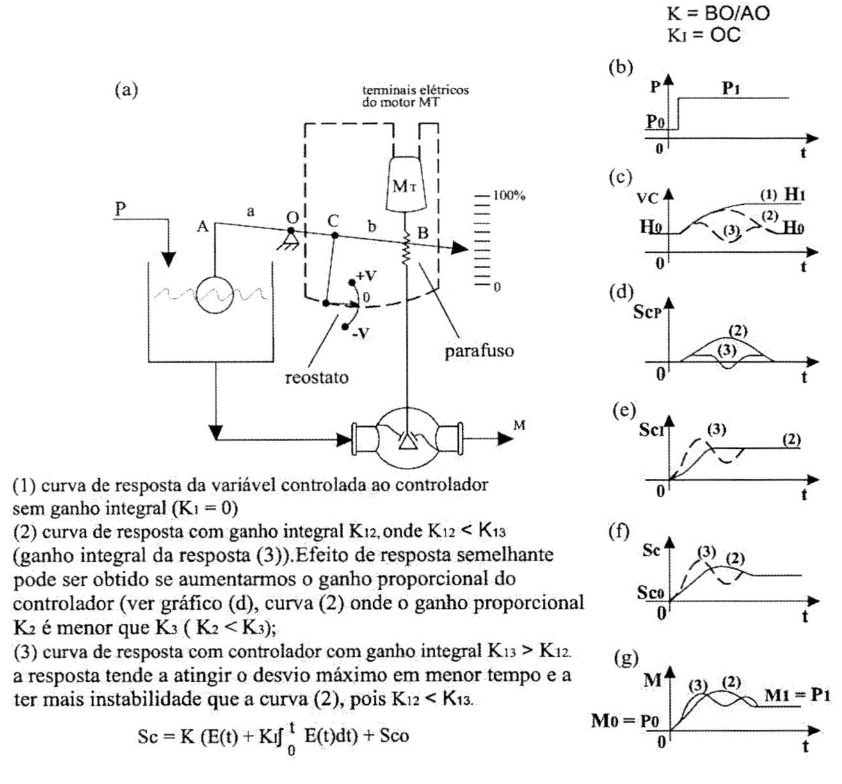

Fonte: autor

Este controlador proporcional mais integral (PI), como todos os demais de mesmo modo de controle gerará seu sinal de saída (Sc), variando no tempo de acordo com a equação:

$$Sc(t)=K[E(t) + K_I (\int_0^t E(t)dt)]+ Sc_0$$

onde:

- K é o ganho proporcional;

- K_I é chamado de ganho integral, sendo também comum utilizarmos o tempo integral (T_I) em lugar do ganho integral, onde $K_I=1/T_I$;

- Sc_0 é o sinal de erro zero;

- E é o erro ou desvio da variável controlada em relação ao *set-point*.

Para exemplificarmos o funcionamento do controlador governado pela equação dos controladores PI, consideremos que queremos controlar o nível do tanque acumulador de líquido, que está inicialmente em equilíbrio no *set-point*, correspondendo ao nível H_0, recebendo uma vazão de líquido igual a P_0, como representado na figura 1.4.24(b) e (c).

O controlador PI representado na figura 1.4.24(a) abrirá e fechará a válvula como resultado de duas ações. A primeira delas, a ação proporcional, ocorre quando por uma variação do nível, assumindo este um valor menor ou maior que o *set-point*, a alavanca que conecta o flutuador dentro do tanque com a haste da válvula, movimenta o plugue da válvula. O plugue da válvula levantando ou abaixando alterará o valor da variável manipulada, que é a vazão de saída do tanque, M.

A outra ação que movimenta o plugue da válvula e altera o valor da vazão "M" é a integral, realizada através do motor elétrico "M_T". Supõe-se um motor de corrente contínua, de tal forma que uma tensão de polaridade positiva atuando sobre ele o gira num sentido, e uma tensão de polaridade negativa no outro.

No esquema mostrado na figura 1.4.24(a), o motor está alimentado através de um reostato, recebendo uma tensão elétrica que variará de -V a +V (volts). Se este reostato estiver com o cursor na posição "0" da resistência, situação em que o nível estará no *set-point*, manterá a tensão em cima do motor igual a zero. À medida que o cursor do reostato se desloca para cima, aplica uma tensão positiva cada vez maior sobre o motor, fazendo-o girar cada vez com mais velocidade. Se o cursor se deslocar no sentido da tensão negativa, o motor girará em sentido contrário ao anterior com velocidade tanto maior quanto mais negativa for a tensão a que ele estiver submetido.

Esse motor simula o funcionamento do modo integral, girando o motor numa determinada direção se ocorrer erro positivo no tanque e na direção oposta se ocorrer erro negativo no tanque. Os giros dados pelo motor ficarão acumulados e só serão desfeitos se o erro mudar de polaridade, o que mudará o sinal da tensão elétrica sobre o motor.

Assim sendo, para o tanque representado na figura 1.4.24(a), na condição inicial onde H está no *set-point*, H_0, o ajuste de parafuso conectado à haste de comando do plugue da válvula em B determinará uma abertura da válvula tal que permitirá que a vazão que passa pela válvula, vazão M, assuma o valor $M_0 = P_0$, ou seja, a vazão que entra no tanque é a mesma que dele sai, mantendo o nível estável em H_0, *set-point* do sistema. Esta é a condição inicial de ajuste do sistema. O ajuste dado no parafuso da haste conectada ao plugue corresponde ao sinal de erro zero (Sc_0) do controlador.

O indicador de posição da alavanca do controlador, que explicita o que seria sua informação de saída (análogo ao sinal de saída do controlador) indicará nesta situação uma posição Sc_0. Este sinal, como vimos na análise do controlador Proporcional (P) (subitem 1.4.7.2), é o necessário para manter a válvula na abertura que equilibre o processo, nas condições iniciais de operação.

Pela adição do motor elétrico de corrente contínua acoplado ao parafuso conectado à haste da válvula, quando a variável controlada estiver fora do *set-point* será aplicada uma tensão elétrica no motor de tal forma que ele não só girará no sentido horário ou anti-horário, conforme a polaridade da tensão, como também girará mais rápido ou mais devagar, conforme o valor da resistência do reostato, relacionada com o erro ou desvio, diminua ou aumente, respectivamente.

Desta forma, o deslocamento da extremidade A da alavanca para cima fará a válvula abrir proporcionalmente à relação K=b/a, bem como imporá ao motor uma tensão (no caso da figura 1.4.24b, uma tensão negativa) fazendo o motor girar o parafuso da válvula de forma a abri-la.

A grande diferença entre esse controlador "PI" e o controlador "P" é que, enquanto o nível não voltar ao valor H_0, o motor estará submetido à tensão elétrica e, portanto, estará girando e abrindo a válvula (ou fechando em caso de nível menor que o *set-point*). Assim, a vazão M poderá ultrapassar a P_1 (figura 1.4.24(g)), fazendo o nível retornar ao *set-point*. Quando o nível voltar ao *set-point*, como o motor, instalado da forma proposta, terá dado voltas que não serão desfeitas, a menos que o erro mude sua polaridade (de positivo para negativo, por exemplo), as voltas ficarão acumuladas, mantendo a válvula de controle numa abertura maior que a anterior, a qual gerava o valor da variável manipulada M_0, simulando o resultado de uma função integral. A vazão atingindo o valor $M_1 = P_1$, tenderá a estabilizar o sistema no *set-point*.

Quando o nível retornar ao *set-point*, a saída do controlador devida ao modo de controle proporcional (S_{CP}) terá retornado a zero (ver figura 1.4.24(d)), mas a saída total do controlador (S_C), a qual comanda a abertura da válvula, estará em um valor Sc_1=S_{CI} (ver figura 1.4.24(e)(f)) necessário para manter a vazão M_1=P_1, sem necessidade da permanência do erro (como era necessário no caso do controlador de modo P), uma vez que as voltas acumuladas pelo modo integral se manterão, ainda que o erro volte a zero, ou seja, com a vazão de saída do tanque M_1=P_1, a variável controlada se estabilizará no *set-point*.

b) comportamento geral das respostas da variável controlada com o controlador PI - performance do controlador PI

Como podemos observar da figura 1.4.24(a), enquanto o nível não estiver no *set-point* o motor elétrico estará sob tensão e girando no sentido de eliminar o erro presente. Desta forma, o controlador PI só cessará de variar sua saída quando o erro for zero, ou seja, quando a variável controlada ficar sem o *off-set* que era deixado pelo controlador P.

Diferentemente do controle P, o controlador PI retorna a variável controlada ao *set-point*. Dizemos que os *controladores com modo de controle I retiram o off-set* do processo, mesmo que operando em condições diferentes das iniciais (onde ajustamos o Sc_0).

Observamos também que, tal como ocorre com o controlador proporcional, o retorno ao *set-point* tende a ocorrer mais rapidamente para as mesmas perturbações, quanto maior for o valor de K_I. No controlador da figura 1.4.24(a), corresponderia ao ponto "C" estar mais próximo do "B". A resposta típica para uma perturbação "P" em degrau no tanque, figura 1.4.24(b), pode ser observada na figura 1.4.24(c), onde um maior ganho integral, "K_{I3}" tende a diminuir a amplitude do desvio da variável controlada e a estabilizar em um tempo menor que o que estabilizaria o controlador com um tempo integral menor ("K_{I2}") ajustado. O mesmo efeito ocorre se o ganho proporcional K_2 for menor que o K_3, como representado na figura 1.4.24(d).

Finalmente, cabe observar que, como os processos não são ideais, nem as perturbações são em forma de degrau, poderemos ter comportamentos bastante instáveis da variável controlada. Desta forma, um aumento demasiado do ganho K_I, poderá provocar amplificação das oscilações das perturbações que venham a ocorrer no processo, levando-o à instabilidade.

Em resumo:

1 - controladores - proporcional mais integral (PI) atuam nos elementos finais de controle, movimentando-os proporcionalmente ao erro detetado no processo e proporcionalmente à integral do erro percebido no processo no tempo, ou seja, respondem segundo a equação $Sc(t)=K[E(t) + K_I (\int_0^t E(t)dt)] + Sc_0$;

2 – controladores PI, devido à adição do modo I ao P, retiram o *off-set* que seria deixado no processo, caso tivéssemos um controlador P e o sistema operasse em condições diferentes das inicialmente ajustadas no controlador;

3 – quanto maior o ganho integral, K_I (menor o tempo integral, T_I) ajustado no controlador, mais rápido o sistema *tenderá* a retornar ao *set-point* quando perturbado e tendendo também a ter menor amplitude do seu desvio em relação ao *set-point*. Por outro lado, a tendência à ocorrência de instabilidade nos processos aumentará, tanto mais quanto "mais rápido" responder a variável controlada (processos com pequenas capacitâncias e pequenas resistências).

1.4.7.4 – Modo de controle proporcional mais integral mais derivativo (PID)

a) funcionamento do controlador PID

O modo derivativo de controle, de forma diferente do P e do I, *não depende da magnitude do erro* para alterar de forma significativa sua saída. A variação do sinal do modo derivativo, ΔSc_D, depende da taxa de variação do erro no tempo, ou seja, será tanto maior quanto maior for a derivada do erro no tempo. Assim, mesmo em presença e um pequeno erro a saída do modo derivativo poderá ser grande se a tangente à curva do erro for grande, o que não acontece com os modos P e I, cuja magnitude da saída depende do valor do erro.

A variação da saída do modo derivativo em um instante qualquer dependerá, portanto, do valor da derivada do erro neste instante. A figura 1.4.25, representa um erro de um processo e a saída derivativa associada. Notamos da figura que se a curva do erro tem uma tangente muito positiva em um determinado instante de tempo, a saída derivativa tende a ser grande, tanto mais, quanto maior for o ganho derivativo K_D ajustado no controlador. Será positiva (trecho entre 0 e t_1 e entre t_4 e t_6 na figura 1.4.25) ou negativa (trecho entre t_1 e t_3 e a partir de t_6), dependendo da inclinação da curva, constante e diferente de zero nos trechos onde o erro varie em rampa (entre os pontos t_4 e t_6) e zero nos pontos onde a tangente à curva seja paralela ao eixo dos tempos (pontos t_1 e entre t_3 e t_4 e em t_6).

Figura 1.4.25 – Resposta do controlador com modo derivativo em função do erro.

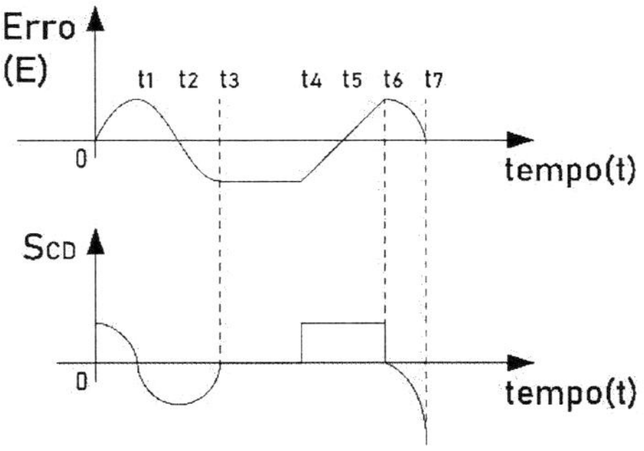

Fonte: autor

Com esta característica, o modo derivativo adicionado aos outros dois, proporcional e integral, permite variações rápidas na variável controlada, mesmo que a variação do valor absoluto do erro seja pequena. Esta característica é útil quando estamos controlando um processo que responde com muita lentidão às modificações no valor da variável manipulada, como a temperatura interna de um forno industrial ou um sistema mecânico de grande inércia.

Para exemplificar, tomemos como apoio a figura 1.4.26. Nesta figura, temos representado um navio que suporemos ser de grande porte (grande inércia).

Suponhamos que este navio tenha uma direção de rota desejada (seu *set-point*), como na figura 1.4.26(a) e que em um determinado instante de tempo o piloto que dirige o navio verifique que ele está tendo um desvio da direção da rota desejada, por efeito de um vento de proa, por exemplo, como na figura 1.4.26(a), desvio esse, de um ângulo que define o erro do sistema.

Supondo que o controle automático não esteja ligado, qual a ação a ser tomada pelo piloto? Com certeza virar o leme, como mostrado na figura 1.4.26(a). Ali temos representadas duas situações possíveis de ação do piloto: a situação 1 que corresponde a uma ação do controlador (no caso o piloto), onde o leme é virado, conforme o desvio do navio em relação ao *set-point* ocorra, virando-o tanto mais conforme o desvio do navio em relação à rota desejada aumente, de forma proporcional ao erro e proporcional à integral do erro no tempo (ação PI).

Na situação 2 da figura 1.4.26(a), o leme é virado bruscamente assim que o navio se desvia de sua rota. Esta ação (situação 2) é mais desejável para o caso, uma vez que o navio, por ser grande (ter muita inércia), tende a retornar lentamente para sua posição original. Um movimento mais acentuado do leme, virando-o em ângulos maiores permitirá que o sistema seja freado e retorne com mais rapidez ao *set-point*. À situação 2 corresponde à ação de um controlador (PID).

Figura 1.4.26 – Exemplo de ação PID tomando como referência um navio de grande porte.

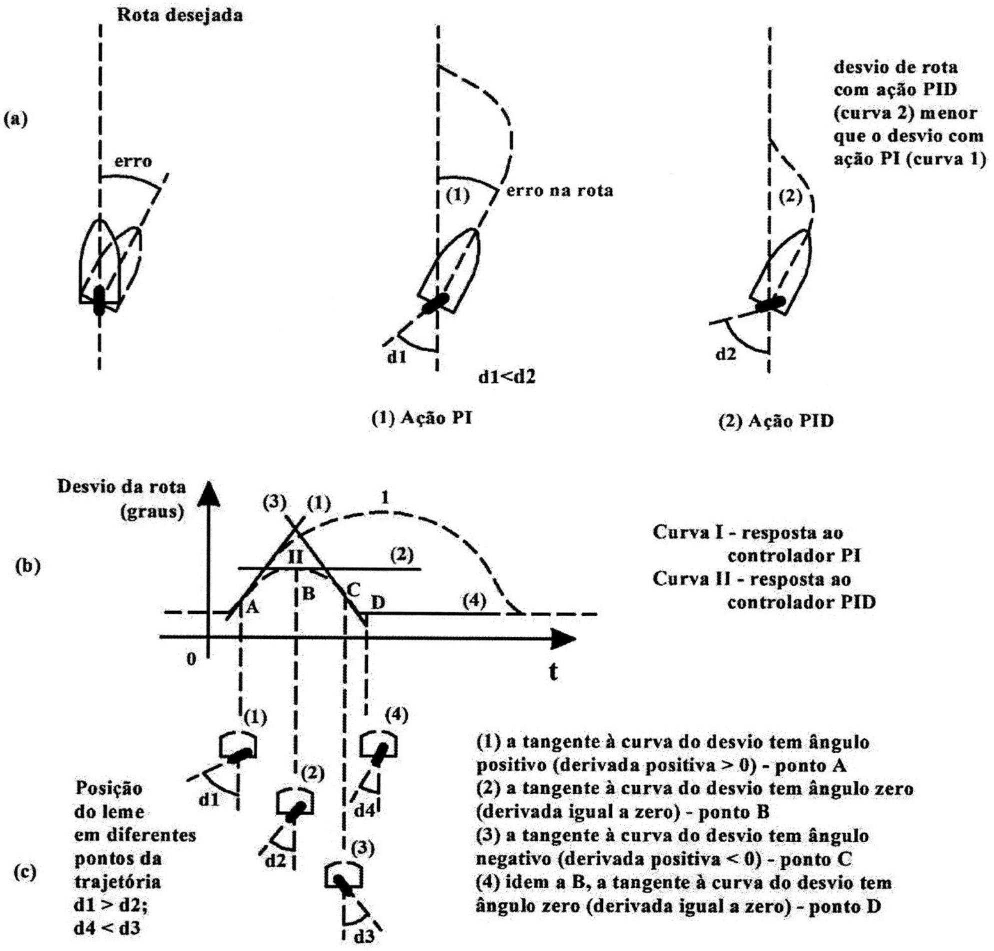

Fonte: autor

Se uma mudança intensa na direção do leme não for provida, o navio tende a se desviar muito da rota desejada (*set-point*). Neste caso o navio é pouco "freado" e não retorna rapidamente para a rota desejada, podendo oscilar em torno da rota desejada.

A ação desejada para minorar os efeitos da perturbação introduzida no navio pelo vento seria, de forma mais completa, a seguinte:

- quando percebido o desvio, o leme é virado o máximo possível. O resultado é a frenagem do desvio;

- quando o navio começar a retornar para sua rota, o leme deve ser gradativamente desvirado, a fim de desacelerar o navio no seu retorno, evitando assim que ultrapasse o *set-point*, o que geraria um erro de sinal contrário ao existente;

- antes de o navio retornar à sua posição de rota, o leme deve ser movimentado na direção contrária à inicialmente virada, de forma a frear o deslocamento angular do navio, diminuindo a velocidade de retorno deste à rota, evitando que ele ultrapasse a posição desejada;

O comportamento descrito pode ser bem aproximado pela introdução do modo derivativo no controlador PI, criando o modo de controle PID.

O gráfico da posição desejada para o leme nas diferentes situações de desvio está mostrado na figura 1.4.26(c). Ali pode ser observado que quando ocorre o desvio de rota e o controlador é informado deste, embora o desvio seja de pequeno módulo, o valor da sua derivada é de grande magnitude. Corresponde ao ponto A da figura 1.4.26(c). Neste caso, a derivada do erro pode ser medida pela tangente à curva do desvio (tangente em A da figura 1.4.26(c)). Nesta situação onde a variação no tempo é pequena, o controlador com modo derivativo é capaz de virar o leme (mostrado na parte inferior do gráfico) com a máxima intensidade na direção adequada de forma a promover a correção de rota. Este evento está representado na situação (1) da figura 1.4.26(c).

Quando o navio responde e zera a direção do desvio e, portanto, a tangente do desvio assume o valor zero, a ação do modo derivativo é retirada, permanecendo as ações dos modos proporcional e integral (considerando o controlador PID), as quais compensam o desvio provocado pelo vento de proa, mantendo o leme levemente virado. Esta situação é representada pela situação (2) da figura 1.4.26(c) e pela tangente em "B". Nela, o navio para de desviar em relação a sua posição original e a supressão do modo derivativo atua no sentido de facilitar o retorno do navio ao *set-point*.

No ponto C, onde a derivada do erro é negativa ocorre uma frenagem adicional do navio de forma a evitar que ele ultrapasse o *set-point*. Aqui a saída derivativa negativa se soma às positivas dadas pelo modo PI. Esta situação corresponde à (3) da figura 1.4.26(c).

Quando finalmente o navio atinge novamente a posição desejada da rota e a tangente da curva de desvio assume novamente o valor zero (ponto D da figura 1.4.14(c)) a ação devida ao modo derivativo é retirada, sendo mantido o leme levemente virado para compensar os efeitos do vento de proa, à custa da ação integral, conforme situação (4) na figura 1.4.26(c).

Destes gráficos podemos observar que:

- no ponto A da figura 1.4.26(c), onde se inicia o desvio de rota, a tangente à curva de desvio tem seu maior ângulo com o eixo dos tempos, ou seja, a derivada do desvio (erro) no tempo tem seu valor máximo, permitindo que o modo derivativo gere um alto valor na saída do controlador;

- no ponto onde o navio deixa de aumentar o desvio, que corresponde ao ponto B na figura 1.4.26(c), a tangente à curva do desvio tem ângulo zero com o eixo dos tempos, ou seja, a derivada da curva de desvio é zero;

- no ponto C da figura 1.4.26(c), que corresponde ao ponto onde o navio está retornando para sua rota, a tangente à curva tem ângulo negativo com o eixo dos tempos, ou seja, a derivada da curva de desvio é negativa;

- no ponto D da figura 1.4.26(c), quando o desvio volta a zero, a tangente à curva de desvio é zero, ou seja, a derivada do desvio em relação ao tempo é zero e o modo derivativo deixa de atuar.

b) performance dos controladores PID

O exemplo de comportamento do navio de grande inércia é típico para *processos que tenham lentidão de resposta* (grandes capacitâncias e grandes resistências). As análises qualitativas das respostas nos mostram que o modo derivativo adicionado aos modos P e I pode melhorar o desempenho do controle de processos que tenham muita lentidão de resposta em função das grandes inércias que possuam. Este é o caso de grandes fornos, onde as massas metálicas absorvem grande quantidade de energia e trazem atrasos nas respostas, como vimos no subitem 1.4.5 letra (c).

A adição do modo derivativo (D) nos controladores permite que o controlador tenha saída, Sc, de valor alto, nos momentos em que as magnitudes do erro ainda são pequenas. Isto ocorre, como já comentado, porque o modo de controle D, ao contrário dos modos de controle P e I, não necessita de erros grandes para ter saída de grande magnitude uma vez que o modo derivativo não olha para o erro, mas sim, para a taxa com que este se desvia do *set-point*. Se uma taxa de desvio (derivada) grande se faz presente, mesmo que o erro seja pequeno, a intensidade da saída do modo derivativo (D) será grande.

Cuidado deve ser tomado com o *uso do modo (D)* em processos que tenham resposta rápida (baixa capacitância e baixa resistência). As respostas a um mesmo ajuste de modo derivativo em controladores aplicados a processos rápidos (lancha de pequeno porte, por exemplo) e lentos (transatlântico, por exemplo), podem ser observadas nas figuras 1.4.27(a) e (b).

Figura 1.4.27 – Comportamento típico de um sistema de controle com controlador com modo de controle PID: (a) processo rápido; (b) processo lento.

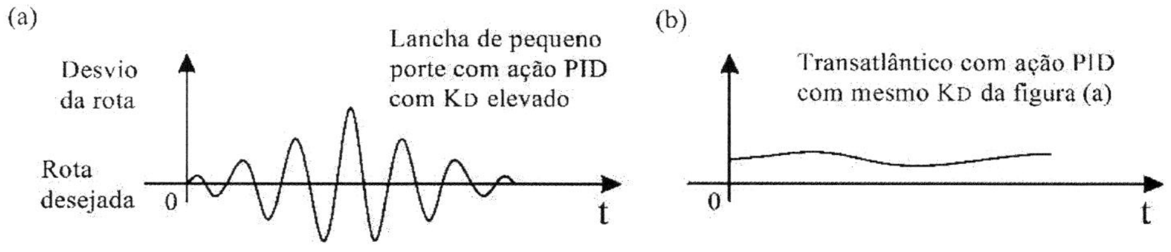

Fonte: autor

Um controlador com modo (D), e de uma forma geral, qualquer controlador rápido, ou seja, com ganhos elevados, em um processo rápido, tende a gerar amplificação dos desvios que o processo venha a apresentar, gerando tendência maior à instabilidade.

Em resumo:

1 – o acréscimo do modo derivativo (D) aos controladores PI permite que, mesmo em situações de erros pequenos em módulo e em curto período de tempo, a saída do controlador atinja valores altos. Tal situação num controlador PI só seria possível com elevados valores de ganho proporcional e ganho integral, o que poderia levar o sistema à instabilidade. O fato de o modo derivativo enxergar a taxa de variação do erro no tempo e não o valor do erro (como no controlador P ou o I) permite que este modo de controle gere um sinal de saída significativo em curto espaço de tempo;

2 – controladores com modo derivativo tendem a diminuir as oscilações do processo, os tempos de estabilização e as amplitudes dos desvios, em caso de processos que respondam com lentidão às perturbações e às ações da variável manipulada (sistemas lentos: altas capacitâncias e altas resistências);

3 – a tendência à oscilação poderá aumentar se o processo tiver resposta rápida (baixas capacitâncias e resistências). Esta tendência à ocorrência de instabilidade nos processos aumentará tanto mais quanto mais rápido responder o processo e quanto maior for o tempo derivativo ajustado no controlador.

Observação: 1 - *a adição do modo derivativo aos controladores não retira o off-set* deixado pelo modo proporcional. Somente o modo I pode fornecer esta performance aos sistemas de controle.

2 – as análises feitas para o exemplo do navio são válidas para qualquer sistema lento, ou seja, com maior capacidade de armazenar energia (ou massa). Estes responderão às perturbações mais lentamente. Na figura 1.4.28(a), temos representado um forno industrial. Em caso de variações bruscas (em degrau) na vazão de gás combustível para o forno como na figura 1.4.28(b), a temperatura de saída, T_S, levará um tempo para responder e novamente estabilizar em função dos atrasos de reposta do processo de aquecimento. Se tivermos um forno "C" com pouca massa metálica, um "B" com mais massa metálica e um "A" com massa metálica maior ainda, no caso da adição do modo derivativo num controlador instalado para controlar este

processo, é esperado que o forno "A" responda melhor que o "C" aos comandos do controlador, como representado na figura 1.4.28(d).

Figura 1.4.28 – (a) forno onde se deseja controlar a temperatura de saída do produto, Ts; (b) variação da vazão de gás combustível para o forno; (c) resposta típica da temperatura de saída do forno à variação de massa de gás combustível; (d) resposta para fornos com capacitâncias diferentes à mesma modificação no valor da vazão de gás combustível.

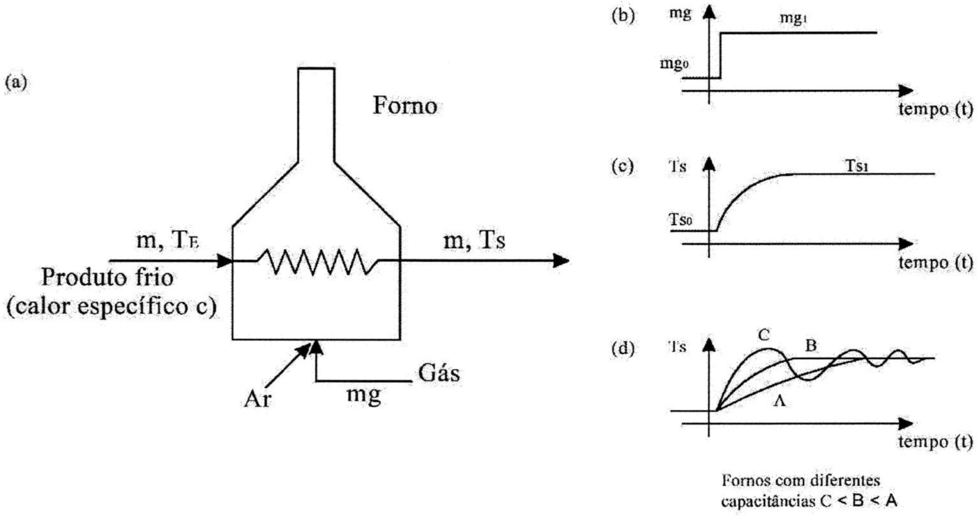

Fonte: autor

1.4.7.5 – Conclusões

Pelo exposto nos itens anteriores verificamos o valor da análise qualitativa para as definições das características dos controladores nos sistemas de controle. Assim, por exemplo, se quando perturbamos uma determinada variável controlada de um dado processo temos a sua resposta com um controlador P instalado como a da figura 1.4.29(a) e queremos diminuir o *off-set* devemos aumentar o ganho proporcional (K) do controlador, obtendo a resposta da figura 1.4.29(b). Se, no entanto, a resposta for a da figura 1.4.29(c) significará que aumentamos em demasia o ganho do controlador, levando-o a operar próximo a um controle *on-off*.

Figura 1.4.29 – Respostas de um sistema de controle com controlador proporcional (P) com diferentes ganhos proporcionais.

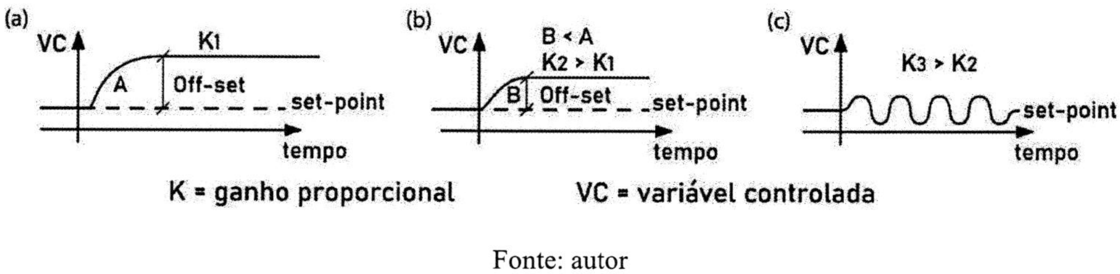

Fonte: autor

Da mesma forma, se tivermos um processo controlado por um controlador PI, que após perturbado e sendo mantida a perturbação, apresente uma resposta como a da figura 1.4.30(a), e quisermos diminuir a amplitude da resposta ou seu tempo de estabilização, podemos atuar aumentando o ganho integral K_I (ou diminuindo o tempo integral T_I, onde $T_I = 1/K_I$), obtendo a resposta da figura 1.4.30(b). Se obtivermos a resposta da figura 1.4.30(c) e quisermos diminuir as oscilações podemos tentar diminuir os ganhos integral e/ou proporcional.

Figura 1.4.30 - Respostas de um sistema de controle com controlador proporcional mais integral (PI) com diferentes ajustes.

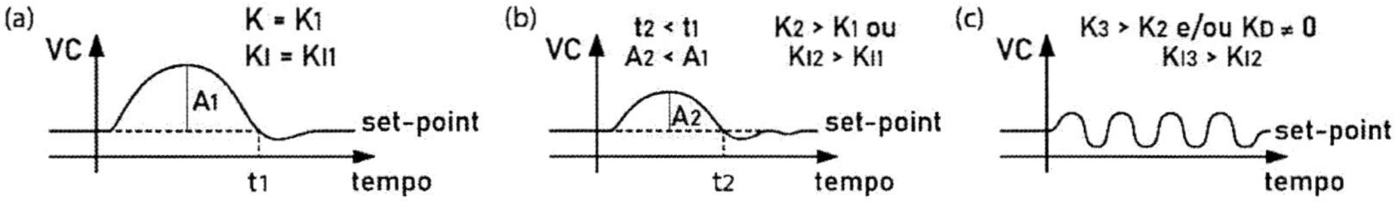

Fonte: autor

Em sistemas de controle com ação derivativa, se temos oscilações como a da figura 1.4.30(c) a medida a ser tomada é a redução dos ganhos, começando pelo ganho derivativo K_D (ou tempo derivativo $T_D = K_D$).

1.4.8 – Comentários sobre sistemas servocontrolados (servomecanismos)

De forma geral, nos sistemas de controle que foram apresentados nas discussões nos itens anteriores, consideramos que o *set-point* dos controladores tem um valor fixo (valor desejado) e que o controlador atua no sentido de manter a variável controlada no *set-point*. Em alguns sistemas de controle utilizados em boa parte das indústrias, o *set-point* varia segundo um comando prévio, um programa ou em presença de determinados eventos. Nestes casos estamos diante de um sistema conhecido como servocontrole ou servomecanismos. A função do controlador é fazer a variável medida seguir este *set-point variável*.

Tomemos como exemplo o posicionamento de um pistão, atuado hidraulicamente, que movimenta o *flap* da asa de um avião. De forma simplificada, o piloto do avião atua num manete de comando dos *flaps*. O comando do piloto não vai direto para a *flap*. Ele comandará um sistema hidráulico que liberará fluido para o pistão ou aliviará o fluido deste, movimentando-o para frente ou para trás e, desta forma, movimentando o *flap*. A posição do pistão é definida pela posição do manete que define de fato o *set-point* desejado para o pistão de forma direta e, de forma indireta, a posição do *flap*.

A análise dos servomecanismos é similar às análises dos sistemas de controle com *feedback* e não será discutidas neste trabalho. Para discussão do tema, a literatura mais específica de controle de processos pode ser acessada.[29]

1.4.9 – Comentários sobre modelagem matemática para definição dos controladores

As definições dos modos de controle e dos parâmetros a serem ajustados nos controladores clássicos, bem como a performance das várias estratégias de controle, podem ser obtidas por modelagem matemática. Nesta técnica cada elemento do sistema de controle tem seu comportamento dinâmico modelado por equações matemáticas. Assim, nos diagramas de blocos é comum encontrarmos dentro dos blocos as funções que representam modelos matemáticos relacionando a entrada de cada bloco com sua saída, expressas no domínio do tempo ou no domínio da transformada de Laplace.

Os modelos matemáticos permitem a simulação do comportamento dos sistemas de controle para os diferentes modos de controle, ajustes do ganho proporcional, integral e derivativo e das várias estratégias de controle, viabilizando escolhas dos controladores e estratégias mais adequadas para que se possa obter as performances esperadas dos sistemas de controle, de acordo com os parâmetros de projeto desses sistemas. Foge ao escopo deste livro a discussão da análise matemática dos sistemas de controle, as quais podem ser encontradas em outras fontes que tratem de modelagem de sistemas de controle.[30]

1.4.10 – Estratégias ou arquiteturas de controle

O que chamamos *estratégias ou arquiteturas de controle* são formas de "organizarmos ou arranjarmos" os instrumentos de modo a obtermos melhores resultados no controle do processo. Essas estratégias ou arquiteturas vão definir que variáveis serão informadas ao controlador e qual ou quais variáveis serão manipuladas.

Comentaremos aqui, com base em um exemplo de apoio, o funcionamento geral de cinco tipos de estratégias ou arquiteturas de malhas de controle mais comuns:

- malhas de controle com realimentação (*feedback control*);
- malhas de controle em cascata (*cascade control*);
- malhas de controle com antecipação (*feedfoward control*);
- malhas de controle com range dividido (*split-range control*);

---

[29] As técnicas de análise de servomecanismos são análogas às de controle clássico e podem ser encontradas, por exemplo, em DORF e BISHOP, 2018 e em OGATA, 2010.

[30] Algumas sugestões para estudos sobre modelagem e estratégias de controle avançadas são CAMPOS; SAITO, 2004, OGATA, 2010 e DORF; BISHOP, 2018.

- malhas de controle com sobrecomando (*over-ride control*).

1.4.10.1 – Exemplo de apoio: o processo de acumulação de gás

Tomemos a figura 1.4.31, onde temos representado um vaso que recebe uma vazão de gás, Q_E, de uma tubulação de entrada e libera uma vazão de gás, Q_S, por outra de saída.

Figura 1.4.31 – Vaso de pressão.

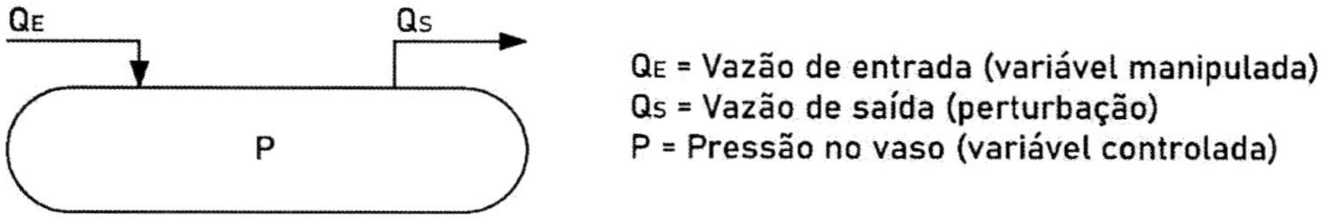

Fonte: autor

Suponhamos que queiramos manter a pressão (P) do gás no vaso, num dado valor constante. Para tanto, devemos garantir que a vazão de entrada (Q_E) seja igual à de saída (Q_S), caso contrário, a pressão aumentará, se a vazão de entrada for maior que a de saída, ou diminuirá, se a vazão de saída for maior que a de entrada.

No sistema descrito, a pressão é a *variável de processo controlada*. Se supusermos que a vazão de saída (Q_S) varia livremente em função de condições operacionais (será a perturbação ou distúrbio do sistema de controle), para controlarmos o valor da pressão no vaso, teremos que variar o valor da vazão de entrada (Q_E). A variável na qual atuamos para garantir o valor da variável controlada constante é, como já visto anteriormente, a *variável manipulada*, no caso a vazão de entrada Q_E.

Assim, resumindo, para o processo de pressurização de gás apresentado na figura 1.4.31 temos:

Pressão: variável controlada

Vazão de entrada (Q_E) – variável manipulada

Vazão de saída (Q_S) – variável perturbadora (distúrbio ou perturbação)

1.4.10.2 – Estratégia ou arquitetura de controle com realimentação (*feedback control*)

A forma mais comum de aplicação de controladores é através da "arquitetura" ou "estratégia" de controle denominada controle com realimentação (*feedback control*), como vimos no subitem 1.4.3. Na malha de controle da figura 1.4.32 aparece, representado com simbologia própria, um transmissor de pressão (PT-01), o qual gera um sinal proporcional ao valor da pressão no vaso, um controlador indicador de pressão (PIC-01), que compara o sinal recebido do transmissor com o sinal interno a ele e relacionado ao *set-point* ajustado no controlador e previamente definido pela necessidade operacional do sistema, um conversor de sinal elétrico em pneumático (PX-01), responsável por compatibilizar sinais de diferentes naturezas e uma válvula de controle com atuador pneumático (PV-01).

Figura 1.4.32 – Vaso com controle de pressão com realimentação: (a) sistema de controle de pressão; (b) resposta típica do sistema de controle para uma perturbação em degrau.

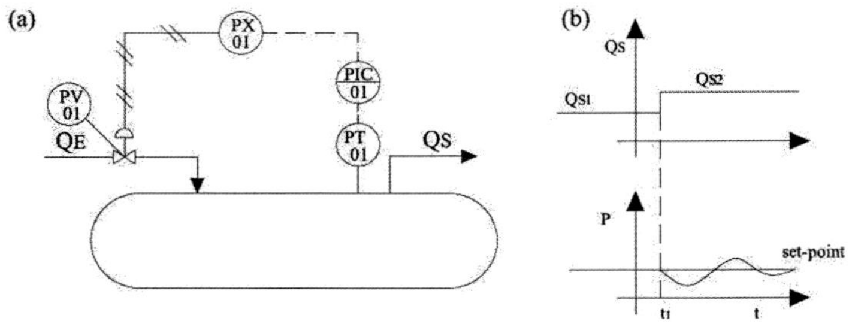

Fonte: autor

Suponhamos que a vazão de saída (Q_S) (perturbação) varie o seu valor inicial no tempo $t = t_1$, conforme mostrado na figura 1.4.32(b).

A variável controlada, pressão, de início sofrerá uma diminuição no seu valor, até que o controlador consiga atuar de forma efetiva para conter o desvio da variável controlada em relação ao *set-point*, comandando a adequada abertura da válvula PV-01. O comportamento típico da pressão (P) está mostrado na figura 1.4.32(b).

Como pode ser visto na figura, a malha de controle com realimentação necessita da ocorrência do desvio para agir, comandando o aumento ou redução da variável manipulada. O efeito deste comando é continuamente *alimentado de volta* ao controlador (realimentado), o qual avalia, através do comportamento do desvio que ainda resulta depois de sua ação, se seu comando deve ser intensificado ou reduzido. É esta contínua realimentação da informação do comportamento da variável controlada ao controlador que dá a esta estratégia a denominação de *controle com realimentação.*

Na figura 1.4.33 temos representado o *Diagrama de Blocos* do sistema de controle da figura 1.4.32. Nessa figura, o controlador recebe informação do valor da variável controlada (VC) através do transmissor. Com base nesta informação, o controlador, após comparar o valor da variável controlada com o *set-point* (SP), avaliando desta forma a presença do erro ou desvio (E) existente no processo, gera sua saída, a qual por sua vez depende também do modo de controle ajustado no controlador. O controlador com base neste erro e no modo de controle nele ajustado variará seu sinal de saída (Sc). Assim, o valor de Sc dependerá não só do valor do erro (E), mas também do *modo de controle* do controlador, ou seja, da função Fc ajustada no controlador, que nos casos clássicos são, como vimos, do tipo P, PI e PID.

Pela interligação dos blocos na figura 1.4.33, vemos que a ação do controlador provocará a modificação da variável manipulada (M), uma vez que o elemento final de controle (suponhamos uma válvula de controle, como no exemplo do vaso de pressão) será reposicionado gerando modificações no valor de M. O novo valor da variável manipulada, M, agirá de forma a compensar os efeitos introduzidos no processo pela perturbação, P. A forma do processo reagir à perturbação e às variações nos valores da variável manipulada serão descritas pelas funções FP1 e FP2, respectivamente, que superporão seus efeitos no processo. Se o controle estiver bem ajustado, esta superposição atuará num sentido tal, que as mudanças de valor da variável manipulada vão corrigir os desvios da variável controlada gerados pela perturbação.

O valor da variável controlada resultante da superposição dos efeitos da variável manipulada e da perturbação no processo será continuamente informado ao controlador, pela linha de realimentação (*feedback*). A partir desta informação o controlador será capaz de avaliar a qualidade do resultado das suas ações na variável controlada, através da sua atuação na variável manipulada.

Se interrompermos a linha de realimentação do sistema de controle, o controlador não saberá se sua ação foi adequada ou não, se ele deve reposicionar ou não o elemento final de controle. A malha de controle com linha de realimentação caracteriza, portanto, o que chamamos de *controle com realimentação ou controle em malha fechada*. O corte da linha de realimentação deixará o sistema de controle na modalidade chamada de *malha aberta*, onde a variável controlada responderá estritamente em função das características físicas do processo, apresentando sempre o mesmo tipo de resposta às perturbações.

Figura 1.4.33 – Diagrama de blocos do sistema de controle de pressão com realimentação, representado na figura 1.4.32.

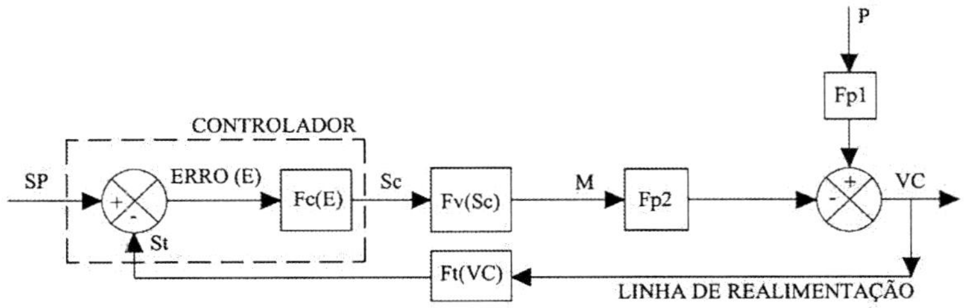

St = Sinal de saída do transmissor (codifica no sinal o valor da viriável controlada, VC);
Sc = Sinal de saída do controlador;
Sp = Sinal relacionado ao set-point ajustado no controlador;
M = Variável manipulada;
P = Pertubação;
E = Erro ou desvio da variável controlada em relação ao set-point;
Fv = Função matemática que define o comportamento da variável manipulada em função do sinal do controlador;
Ft = Função matemática que define o valor do sinal de saída do transmissor (St) para os diversos valores de variável controlada (VC);
Fc = Função matemática ajustada no controlador (modo de controle) que defne o valor do sinal de saída do controlador, Sc;
Fp1 = Função matemática que modela o comportamento da variável controlada para modificações no valor de pertubação (P);
Fp2 = Função matemática que modela o comportamento da variável controlada para modificações no valor de variável manipulada (M).

Fonte: autor

Observemos que, embora o diagrama de blocos do sistema de controle com realimentação tenha se referido ao sistema de controle representado na figura 1.4.32, ele é a representação geral dos sistemas de controle com realimentação envolvendo qualquer tipo de processo (acumulação de gás, de líquido, controle de temperatura e outro qualquer, com realimentação).

1.4.10.3 - Malha de controle em cascata (cascade control)

São comuns os casos de processos onde a própria *variável manipulada* está sujeita a flutuações de valor introduzindo, ela mesma, perturbações no processo, além das outras perturbações que possam ocorrer.

Desta forma, se a variável *manipulada* não for ela mesma controlada (estabilizada), o controle da variável *controlada* poderá ser muito instável. Tal é o caso esquematizado na figura 1.4.34, onde temos representado o vaso de pressão com a mesma malha de controle com realimentação apresentada na figura 1.4.32, com a diferença de que na figura 1.4.34 foi representada uma nova linha de alimentação de gás "para outro sistema" consumidor não representado, que pode ser pensado como um vaso de pressão semelhante ao representado, e que consome uma vazão Q_A de gás variável.

Figura 1.4.34 – Vaso com controle de pressão, onde a variável manipulada é afetada por outras variáveis.

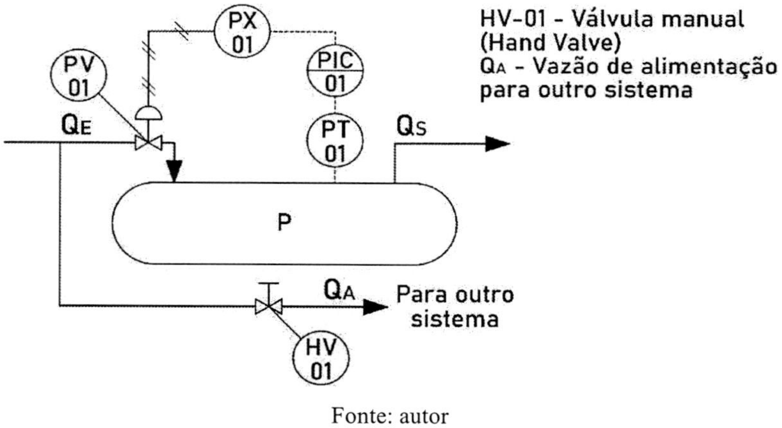

Fonte: autor

A suposição aqui é que o valor de Q_A é variado através da válvula manual HV-01, simulando o consumo do outro sistema. Cada vez que Q_A variar, é esperada uma variação em Q_E, devido à interação natural dos dois sistemas consumidores de gás. Assim, se Q_A aumenta, Q_E sofre uma redução de valor; se Q_A diminui, Q_E aumenta seu valor. Tal redução ou aumento no valor da variável manipulada Q_E, ocasionado pelas variações em Q_A, vai provocar variação no valor da variável controlada (a pressão P). Esta ocorrência gerará instabilidade no sistema de controle, o que não é desejável.

Para minimizar tal instabilidade, introduzimos uma malha adicional de controle da vazão de Q_E, com o objetivo de impedir a ocorrência de variações não desejadas nesta vazão. Com a introdução da malha de vazão, qualquer variação em Q_E, provocada pelo aumento ou diminuição do consumo de gás do segundo sistema consumidor (vazão Q_A), será imediatamente corrigida, evitando que os efeitos das variações de Q_E perturbem a variável controlada, P.

A configuração da malha de controle, com a introdução da malha de controle de vazão está representada na figura 1.4.35 e é denominada controle em cascata (*cascade control*).

Figura 1.4.35 – Malha de controle em cascata (PIC-01 em cascata com FIC-01).

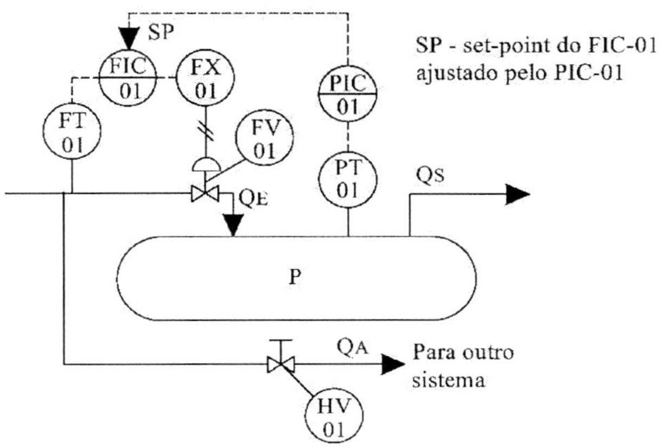

Fonte: autor

A malha de controle de vazão formada pelo transmissor FT-01, pelo indicador controlador FIC-01, pelo conversor de sinal FX-01 e pela válvula FV-01 tem por objetivo impedir a variação da vazão Q_E quando Q_A variar. Caso a vazão Q_A, por exemplo, aumente, provocando a redução em Q_E, o FIC-01 perceberá e comandará a abertura da FV-01 que, reduzindo a perda de carga na linha de alimentação do vaso, retornará a vazão Q_E ao valor anterior à variação em Q_A.

No caso de ocorrer variação da pressão no vaso, seja pelo aumento ou redução de Q_S ou por outra razão qualquer, o PIC-01 comandará (através da modificação do valor do seu sinal de saída) a mudança no *set-point* (SP) do FIC-01. Assim, por exemplo, se a pressão no vaso cair, o PIC-01 aumentará o *set-point* do FIC-01, o qual comandará, por sua vez, a abertura da válvula FV-01, aumentando o valor de Q_E, até que esta vazão se iguale ao valor ajustado no FIC-01 pelo PIC-01.

Como o sinal do PIC-01 é "injetado" no FIC-01 para ajuste do *set-point*, não atuando em um elemento final de controle, e sim sobrepondo o comando de um controlador ao outro, dizemos que o sinal do PIC-01 é cascateado no FIC-01 ou que o PIC-01 está em cascata com o FIC-01. Todas as malhas de controle em cascata têm configuração semelhante à apresentada, ou seja, a saída de um controlador ajustando o *set-point* de outro.

As malhas de controle em cascata podem ter mais de dois controladores (várias cascatas). Ao controlador gerador do *set-point* chamamos *mestre* (*master*) e ao que recebe este sinal, *escravo* (*slave*). O controle em cascata é assim, também conhecido como "*master and slave control*".

1.4.10.4 - Malha de controle com antecipação (*feedforward control*)

Como comentado no subitem 1.4.5(b), a malha de controle com realimentação só atua após a variável controlada sofrer desvio em relação ao valor desejado (*set-point*). Isto ocorre porque a malha de controle com realimentação não "vê" a perturbação vendo tão somente o efeito desta perturbação na variável controlada.

A filosofia operacional das malhas de *controle com antecipação (feedfoward control)* é perceber as possíveis perturbações que ocorreram no processo e atuar na variável manipulada, antes que o efeito da perturbação seja sentido na variável controlada.

A figura 1.4.36(a) representa a malha de controle com antecipação para o vaso de pressão já analisado para estratégias de controle com realimentação e em cascata.

Figura 1.4.36 – (a) malha de controle com antecipação; (b) resultado esperado para malha com realimentação; (c) resultado esperado para malha com antecipação.

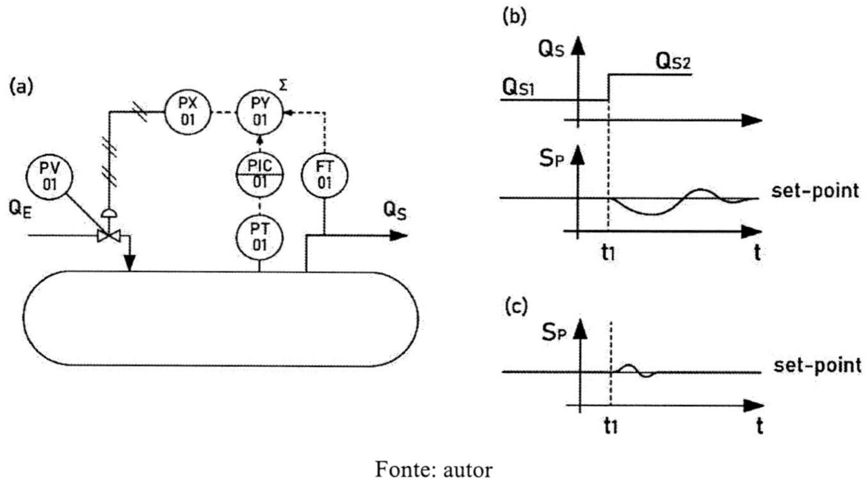

Fonte: autor

Nessa arquitetura de controle, quando houver variação na vazão Q_S, o que gerará perturbação na pressão P, essa variação será medida (no caso pelo FT-01). Esta medição provocará uma imediata variação na abertura da válvula PV-01, independentemente da pressão estar ou não variando.

A variação imediata na variável manipulada se dará porque o sinal que vai para a válvula de controle, PV-01, é o resultado da soma de dois sinais: o do FT-01, que informa variações na variável perturbadora Q_S, e o do PIC-01 que informa necessidades de ajustes na variável manipulada por efeito direto das variações de pressão no vaso.

O resultado das duas ações anteriores é que qualquer elevação ou redução no valor da vazão de saída Q_S gerará variação no valor da saída do somador PY-01. Esta variação alterará o valor da variável manipulada Q_E mesmo que a pressão no vaso não tenha variado. Se a correção não for suficiente para manter a pressão ou for demasiada, levando a variável controlada a ultrapassar o *set-point*, estas variações de pressão serão sentidas pelo PT-01, o qual através do controlador PIC-01 fará o ajuste fino da variável manipulada.

A necessidade deste ajuste fino se dará porque, embora teoricamente, seja possível variar a posição da válvula de um valor tal que leve o valor de Q_E para outro que seja igual à Q_S, assim que esta vazão sofra variação, (o que não deixaria a pressão variar), na prática é muito difícil igualar Q_E a Q_S ao mesmo tempo em que Q_S altera seu valor. Assim, tenderá a ocorrer variação na pressão P a qual será corrigida pelo PIC-01 (malha com realimentação).

Desta forma, para permitir o ajuste fino da variável controlada, à *ação antecipativa* é associado à *ação realimentada*. Na malha de controle representada na figura 1.4.36(a), além da ação da malha de controle se dar antes de haver variação na pressão P (por ação do FT-01), haverá também a ação da malha com realimentação através do PIC-01.

Em resumo, a conjugação da ação antecipada com a ação realimentada é feita fisicamente por meio do somador PY-01. Assim, por exemplo, quando a vazão Q_S aumentar, o FT-01 aumentará seu sinal de saída, o que gerará aumento do sinal de saída do somador e com isto aumento da vazão Q_E. Supondo que o aumento de Q_E tenha sido maior que o necessário, esta ocorrência será sentida pelo PIC-01 (através do aumento da pressão), o qual reduzirá o seu sinal de saída, o que gerará redução na saída do somador com um reposicionamento da PV-01 até que a pressão seja controlada no *set-point*.

De uma maneira geral, os resultados no comportamento da variável controlada com malha de controle com antecipação tendem a ser melhores que os obtidos com a aplicação somente de uma malha de controle realimentada. Os resultados qualitativos esperados para a malha realimentada e antecipada estão mostrados nas figuras 1.4.36(b) e (c), sendo esperada a ocorrência de um menor desvio da variável controlada, com menor oscilação, no caso da malha de controle com antecipação, desde que ela seja bem ajustada.

1.4.10.5 - Malha de controle com range dividido (*split-range)*

A figura 1.4.37(a) representa uma malha de controle com range dividido (*split-range*) para controle da pressão do vaso de acumulação de gás.

Figura 1.4.37 – Malha de controle com range dividido: a) configuração da malha; b) comportamento das válvulas de controle com *range dividido.*

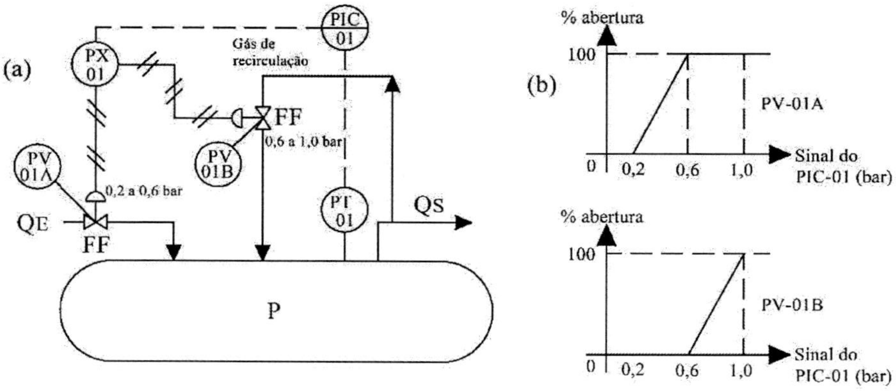

Fonte: autor

A diferença entre os esquemas do vaso representado nas figuras 1.4.37 e 1.4.31 é que na figura 1.4.37 foi adicionada uma tubulação que alimenta o vaso com gás de recirculação. É suposto que este gás liberado na saída do vaso recircule para ele, caso a pressão controlada comece a cair muito.

O que caracteriza uma malha de controle com range dividido é que o sinal de saída do controlador atua em mais de um elemento final de controle que no caso da figura 1.4.37, são duas válvulas de controle, PV-01A e PV-01B. Cada um dos elementos finais de controle só é *sensível a uma faixa do sinal de saída do controlador*.

Na malha de controle da figura 1.4.37 assumimos que temos duas válvulas de controle pneumáticas do tipo falha-fecha (FF). Uma é sensível à faixa de sinal de 0,2 a 0,6 bar (PV-01A) e outra à faixa de sinal de 0,6 a 1,0 bar (PV-01B), embora o sinal de saída do conversor PX-01 varie de 0,2 a 1,0 bar, o que significa uma variação do sinal do PIC-01 entre 4 a 20 mA, para instrumentos analógicos, ou 0 a 100% para instrumentos digitais.

Assim, se a pressão no vaso estiver baixa, por exemplo, o sinal de saída do controlador aumentará, indo de 0 para 100%. Com isto, a válvula de controle PV-01A iniciará sua abertura, atingindo a abertura total quando o sinal de saída do PIC-01 atingir 50% do seu range de saída, situação em que o sinal que chegará ao atuador da válvula PV-01A gerará abertura de 100%. A PV-01B, que só é sensível a sinais maiores que 0,6 bar, permanecerá fechada. Quando o sinal de saída do controlador ultrapassar 50% (sinal de saída do conversor maior que 0,6 bar), indicando que a pressão ideal do vaso ainda não foi atingida, a PV-01B iniciará sua abertura, abrindo totalmente quando o controlador gerar 100% de sinal de saída. A PV-01A que já estava toda aberta permanecerá 100% aberta.

Com a malha de controle descrita anteriormente, é esperado que o controle da pressão seja obtido sem necessidade de recircular gás. É esperado que a vazão Q_E pela PV-01A seja suficiente para contrabalançar as perturbações na vazão Q_S. Porém, caso isto não ocorra, porque a vazão Q_E não é suficiente para estabilizar a pressão (por falta de gás, por exemplo) a PV-01B iniciará sua abertura com o objetivo de manter a pressão constante.

O controle com range dividido pode ser feito utilizando mais de dois elementos finais de controle (válvulas de controle, no exemplo dado). O que caracteriza o controle com range dividido é a sensibilidade de cada elemento final a uma faixa do sinal de saída do controlador.

1.4.10.6 - Malha de controle com sobrecomando (*over-ride control*)

A figura 1.4.38 representa o mesmo sistema da figura 1.4.31, com a adição de um compressor, que é encarregado de comprimir o gás para o vaso. O esquema apresenta também representada uma malha de controle com sobrecomando, a qual incorpora dois controladores: um de pressão, PIC-01 e outro de velocidade, SIC-01.

O PIC-01 tem por objetivo a manutenção da pressão do vaso no *set-point*. Para tanto, ele manipula a vazão de vapor para a turbina através da PV-01. Se a pressão no vaso estiver baixa, por exemplo, o PIC-01 comanda a abertura da PV-01, aumentando a vazão de vapor para a turbina e com isto aumentando sua velocidade e, desta forma, a vazão de gás comprimido pelo compressor acionado pela turbina.

Figura 1.4.38 – Vaso de pressão com malha de controle de pressão com sobrecomando (*over-ride*).

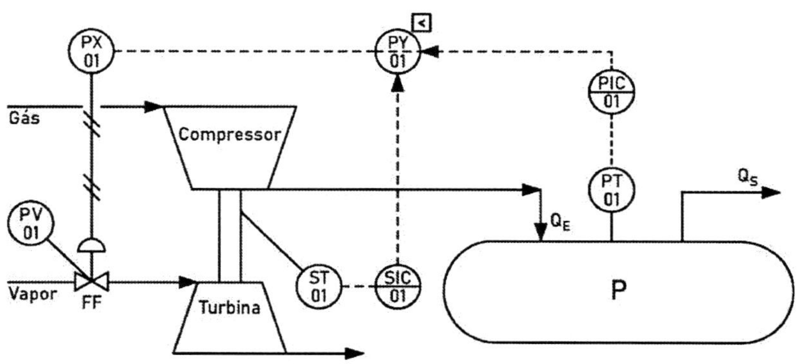

Fonte: autor

Como o funcionamento do sistema turbocompressor em altas velocidades não é desejável, o controlador de velocidade, SIC-01, inserido na malha, tem por missão controlar a velocidade da turbina pela manipulação da vazão de vapor (a mesma variável manipulada pelo PIC-01). Como ambos os controladores atuam na vazão de vapor, comandando (manipulando) a mesma válvula (PV-01), precisamos saber quando um ou outro comandará.

Pela filosofia de funcionamento do sistema, o PIC-01 poderá comandar a abertura da PV-01 até o ponto a partir do qual a velocidade do sistema turbocompressor se torne alta o bastante para que o SIC-01 entenda que deve comandar o fechamento da PV-01. Quando isto ocorrer, é o sinal do SIC-01 que deverá chegar à PV-01 e não o do PIC-01.

Tal escolha de qual controlador comandará a abertura ou o fechamento da válvula é feita por meio de um instrumento seletor de sinal baixo, PY-01. O PY-01, recebendo os sinais do PIC-01 e do SIC-01, só deixará chegar à válvula PV-01 o mais baixo dos dois, decidindo assim quem a comandará.

Com esta configuração da malha de controle, se a pressão P no interior do vaso estiver baixa, o PIC-01 aumentará seu sinal de saída. Se o SIC-01 estiver vendo a rotação da máquina abaixo do seu *set-point*, também aumentará o seu sinal de saída. Isto gerará aumento na abertura da PV-01. Se, no entanto, o PV-01 abrir em demasia, a ponto da velocidade da máquina ultrapassar o *set-point* do SIC-01, o SIC-01 começará, a partir daí, a diminuir o seu sinal de saída. Quando o sinal do SIC-01 for menor que o do PIC-01, o PY-01 enviará para o PV-01 o sinal do SIC-01, comandando o fechamento da válvula, mesmo que o PIC-01 esteja sentindo pressão baixa e esteja comandando a abertura da válvula, caso em que estará tentando enviar para a PV-01 um sinal maior que o enviado pelo SIC-01, o qual é impedido de chegar à PV-01 pelo seletor de sinal PY-01.

As características das malhas de controle com sobre-comando são as aqui apresentadas, ou seja, mais de um controlador pode comandar um mesmo elemento final de controle, sendo que um comanda em determinada situação e o outro tem comando sobreposto (sobre-comando) sempre que a condição de comando do primeiro controlador puder trazer prejuízos maiores ao sistema. A decisão de qual controlador assumirá o comando é feita por um (ou vários) seletor(es) de sinal baixo ou seletor(es) de sinal alto.

Como os controladores que não têm o comando da variável manipulada podem ficar vendo erro no processo sem poderem agir sobre ele, no caso de controladores com modo integral, (ver subitem 1.4.7.3) isto poderá gerar saturação do sinal de saída do controlador, ou seja, o controlador vai aos extremos de sinal. Isto ocorre porque a presença do erro não corrigido percebido pelo controlador com modo integral sem comando sobre a variável manipulada gerará continuamente a variação do sinal de saída do controlador, na tentativa de corrigi-lo, porém, estas ações não chegando ao elemento final de controle realimentarão o controlador com a informação de que a ação não está sendo efetiva para retornar a variável controlada para o *set-point*, levando-o a ir elevando (ou diminuindo, conforme o sinal do erro) o sinal até a saturação deste.

A fim de se evitar que o sinal de saída do controlador chegue aos seus limites extremos (dada a contínua integração do erro no tempo sem o erro chegar a zero), aos controladores com modo integral é normalmente acoplado uma função que impede a saturação do sinal, conhecida pelo termo inglês como "*continued wind-up*".

1.4.10.7 – Outras estratégias de controle

Além destas, estratégias mais sofisticadas, com modelos matemáticos diferentes do PID e obtidos com base em modelagem matemática ou análise de probabilidades podem ser inseridos nos controladores de processos. Estas técnicas de Controles Avançados são objetos de estudos específicos e são discutidas em literaturas especializadas[31] voltadas para controle de processos.

1.4.11 – Polaridade dos controladores

1.4.11.1 – Instrumentos diretos e inversos

Vamos definir aqui um instrumento direto como aquele que aumenta ou diminui o valor de sua saída, quando a informação de entrada que a ele chega aumenta ou diminui, respectivamente. Assim, por exemplo, um transmissor eletrônico de temperatura que mede temperatura, por exemplo, em uma tubulação, como representado na figura 1.4.39(a), e vê a temperatura aumentando, aumentará o valor do seu sinal de saída, aqui considerado como variando de 0 a 100%, proporcionalmente ao percentual da variação da temperatura no *range* de entrada do transmissor.

Figura 1.4.39 - Transmissor de temperatura instalado em tubulação: (a) instalação; (b) curva de resposta.

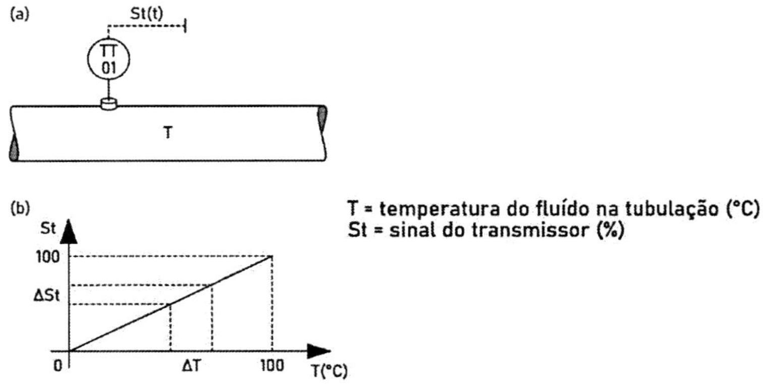

Fonte: autor

[31] Algumas sugestões para estudos sobre modelagem e estratégias de controle avançadas são CAMPOS; SAITO, 2004, OGATA, 2010 e DORF; BISHOP, 2018.

De forma mais prática: suponhamos que o range da temperatura que passa na tubulação mostrada na figura 1.4.39(a) é de 0 a 100 ^{0}C e que o transmissor seja eletrônico com sinal de saída variando de 0 a 100%. A curva de funcionamento do transmissor está representada na figura 1.4.39(b). Por ela podemos ver que um aumento de 10^{0}C na temperatura do fluido que passa na tubulação provocará um aumento respectivo do sinal de saída de 10%.

Este transmissor será dito ser um "instrumento direto" (como são todos os transmissores padrões), pois o aumento do valor da informação que entra no transmissor (temperatura do processo) provoca um aumento na informação em sua saída (sinal de transmissão).

Todos os instrumentos de uma malha de controle podem ser ditos diretos ou inversos. Uma válvula de controle do tipo *Falha-Abre (FA)*, por exemplo, como a representada na figura 1.4.40(a), é um instrumento inverso uma vez que um aumento do sinal que a ela chega (informação de entrada para a válvula - Se) provocará uma redução da vazão que por ela passa (informação de saída da válvula). A válvula *Falha-Fecha (FF)*, que tem sua curva de funcionamento também representada na figura 1.4.40(b) funciona de forma direta, ou seja, um aumento do sinal do controlador chegando a ela (informação de entrada - Se) provocará um aumento respectivo da vazão que por ela passa.

Figura 1.4.40 - (a) válvula falha-abre (FA): inversa; (b) válvula falha-fecha (FF): direta.

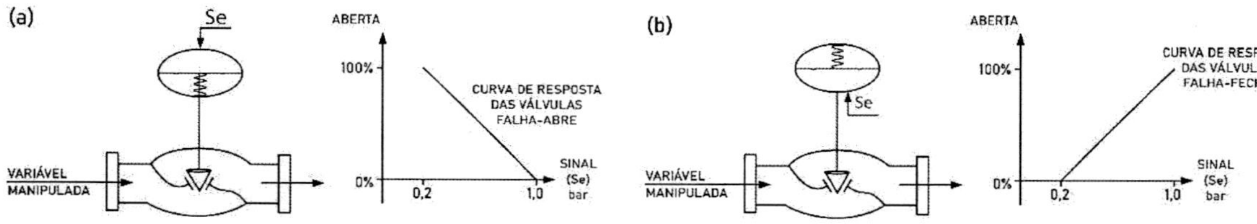

Fonte: autor

Um controlador de processo do tipo PID, funcionando em uma malha com realimentação, considerando que tem um *set-point* fixo ajustado nele (o que não é verdade nos sistemas ditos servo-controlados – ver subitem 1.4.8), tem como informação de entrada vinda do processo, o valor da variável controlada. Sua informação de saída será o sinal de saída, Sc.

De forma prática para definirmos um controlador direto ou inverso, basta que o configuremos assim. Um *controlador direto* aumentará seu sinal de saída, Sc, quando a variável controlada ultrapassar o *set-point* e reduzirá o seu sinal quando esta cair abaixo do *set-point.* O *controlador inverso* atuará de forma inversa, ou seja, aumentará o sinal de saída quando a variável controlada caminhar para valores menores que o *set-point* e diminuirá a saída quando a variável controlada caminhar para valores maiores que o *set-point.*

1.4.11.2 – Como funciona um controlador direto e inverso?

Durante a configuração do controlador de processo, faz-se necessário definir se ele trabalhará de forma direta ou inversa. Caso se configure o controlador como direto o sinal de saída do controlador, Sc, aumentará quando a variável controlada ultrapassar o valor do *set-point*. Em caso do controlador ser configurado como inverso, a sua saída, Sc, se reduzirá caso a variável controlada ultrapasse o *set-point*.

Que alteração interna ao controlador se processa quando mudamos sua configuração de direto para inverso?

Das equações dos modos de controle P, PI e PID discutidas nos itens anteriores, a variação do sinal de saída do controlador mais completo, o PID, será dada, como vimos, por:

$$\Delta Sc = Sc - Sc_o = K[E(t) + K_I \int_0^t E(t)dt + K_D \frac{de(t)}{dt}]$$

Se o erro "E" for calculado como variável controlada menos *set-point*, ou seja, E=VC-SP, um aumento no valor de VC aumentará o erro percebido pelo controlador, e desta forma, o controlador atuará de forma direta uma vez que o sinal de saída, "Sc", aumentará com o aumento do sinal de entrada em relação ao *set-point*. Caso o erro seja calculado como E=SP-VC, um aumento no valor da variável controlada em relação ao *set-point* provocará uma redução do sinal de saída do controlador, e desta forma, o controlador operará de forma inversa.

Outra forma de inverter o controlador é fazê-lo trabalhar com erro calculado como E=VC-SP, e modificar o sinal do ganho proporcional, K, o qual multiplica toda a equação que define a saída do controlador. Assim, um ganho negativo, "-K", levará o controlador a funcionar como inverso e um ganho positivo, "+K" o levará a funcionar como direto.

Como afirmativa final, podemos dizer que *qualquer elemento da malha de controle pode ser direto ou inverso*, sendo que as inversões comuns são nos elementos finais, como as válvulas de controle (FA - inversa e FF - direta) e nos controladores. A escolha do controlador direto ou inverso deve ser adequada ao processo controlado e ao elemento final escolhido, como discutiremos a seguir.

1.4.11.3 – Da necessidade de malhas de controle diretas e inversas

Pela observação dos *processos a serem controlados*, verificamos que alguns necessitam que, em caso de aumento do valor da variável controlada em relação ao *set-point*, a manipulada seja também aumentada e em outros, no caso de aumento do valor da variável controlada em relação ao *set-point*, que o valor da variável manipulada seja reduzido.

Por exemplo, tomemos o sistema de controle de nível (acumulação de líquido) em um tanque, representado na figura 1.4.41. Pode-se observar que, neste processo, se o nível no tanque aumentar, a vazão de saída (que é a variável manipulada) deve aumentar também para evitar que o desvio do nível continue aumentando em relação ao *set-point*.

Para realizarmos este controle, portanto, nossa *malha de controle* deve, em caso de perceber um aumento da variável controlada, aumentar o valor da variável manipulada. Diremos neste caso, que o processo requer uma *malha de controle direta*, ou seja, uma malha que, no caso do aumento do valor da variável controlada, aumente o valor da variável manipulada.

Figura 1.4.41 – Vaso de acumulação com malha de controle direta.

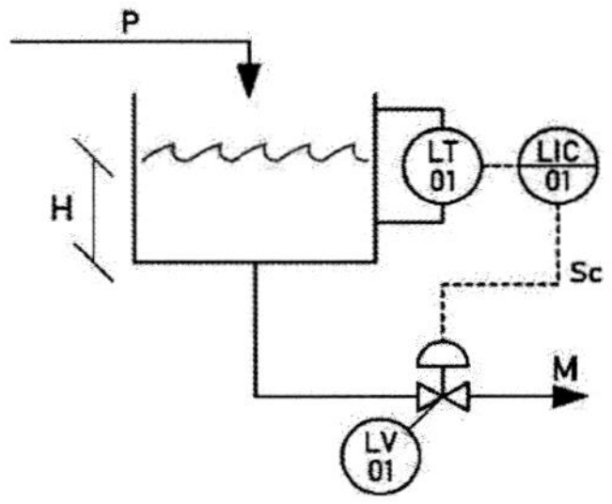

Fonte: autor

Observemos que nem todos os processos exigem malha direta para serem controlados. Para o trocador de calor da figura 1.4.42, por exemplo, no caso do aumento do valor da variável controlada (temperatura de saída do óleo) se exige, para manter o sistema sob controle, uma redução do valor da variável manipulada (vazão do vapor) de forma a tentar retornar o valor da variável controlada para o *set-point*. Neste caso, a *malha exigida para controle do processo é inversa.*

Figura 1.4.42 – Trocador de calor com malha de controle inversa.

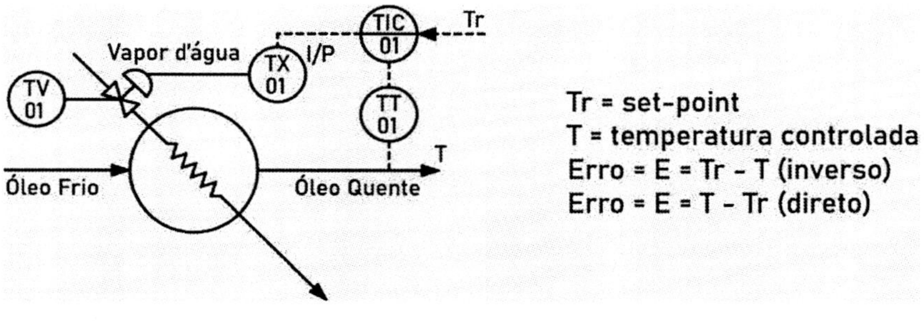

Fonte: autor

Podemos dizer em resumo que processos para serem controlados podem exigir *malhas de controle diretas ou inversas*, decorrendo daí a necessidade de sabermos como montar uma malha direta ou inversa.

1.4.11.4 – Como montar a malha direta e inversa

Tomemos mais uma vez, como exemplo, a malha de controle do nível do tanque esquematizada nas figuras 1.4.41 e repetido na figura 1.4.43. Como já vimos, se controlamos o nível, manipulando a vazão de saída do tanque, necessitamos, para controlá-lo, de uma malha direta.

Suponhamos que todos os instrumentos da malha sejam diretos, como representado na figura 1.4.43. Neste caso, um aumento do nível (variável controlada) em relação ao *set-point* provocará um aumento do sinal de saída do transmissor, S_t. Um aumento do sinal de S_t, interpretado pelo controlador como um aumento do valor da variável controlada, gerará um sinal de saída aumentando se o controlador for direto e um sinal de saída diminuindo, se for inverso. Sendo a válvula de controle, representada na figura 1.4.43, direta (falha-fecha), com o sinal do controlador (Sc) tendendo a aumentar, a vazão de saída (variável manipulada) tenderá também a aumentar, conduzindo o sistema para o retorno ao *set-point*.

Figura 1.4.43 – Processo que exige malha de controle direta com controlador direto se a válvula for falha-fecha (direta) e controlador inverso se a válvula for falha-abre (inversa).

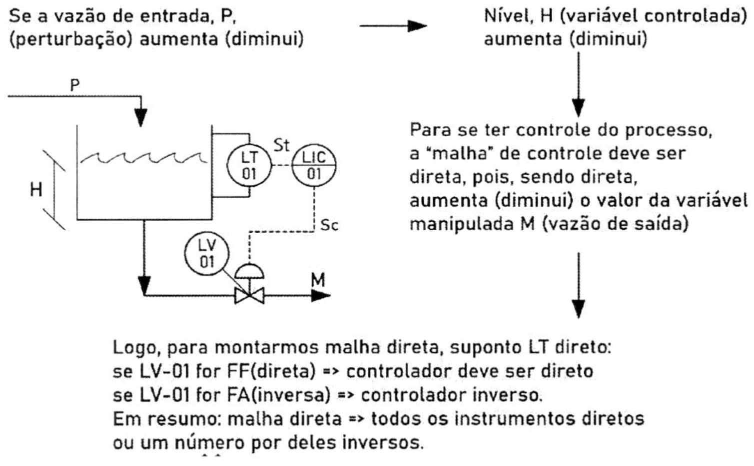

Fonte: autor

Desta forma, observamos que a malha montada com todos os instrumentos diretos funcionará de forma direta, ou seja, um aumento (ou diminuição) no valor da variável controlada em relação *ao set-point* gerará, através da malha de controle, um aumento (ou diminuição) do valor da variável manipulada (respectivamente).

Podemos observar com este exemplo, que podemos montar uma *malha direta* escolhendo *todos os instrumentos da malha de controle direto*. Podemos ainda ter a malha funcionando de forma direta se invertermos dois elementos da malha, como por exemplo, o controlador e a válvula de controle. Assim, no caso de invertermos o controlador e a válvula de controle, um aumento do sinal do transmissor (aumento do valor da variável controlada) provocará uma redução no sinal de saída do controlador. Sendo a válvula inversa também, esta redução no sinal de saída do controlador fará a válvula abrir, fazendo a variável manipulada aumentar (aumento da vazão que passa pela válvula) e a malha funcionará de forma direta (aumento da variável controlada provocará aumento da manipulada).

Como *regra geral* para a montagem de malhas diretas ou inversas temos que:

Uma *malha de controle será direta* se todos os elementos que a constituírem forem diretos ou se ela for composta por um número par de elementos inversos;

Uma *malha de controle será inversa* se contiver um número ímpar de elementos inversos.

De forma sumária, para escolhermos a polaridade do controlador devemos seguir as seguintes etapas:

1 - Verificar qual a *polaridade da malha de controle* que o processo exige para poder ser controlado. Para sabermos a malha que o processo pede, suporemos um aumento (ou redução) do valor da variável controlada (VC) em relação ao *set-point* e verificaremos se para controlar o processo, a variável manipulada (VM) deve ser aumentada (ou reduzida) por ação da malha de controle. Se no caso de um aumento (ou redução) da variável controlada (VC) for necessário um aumento (ou redução) da variável manipulada (VM), a *malha de controle* deverá ser direta. Caso um aumento (ou diminuição) da variável controlada (VC) peça uma redução (ou aumento) da variável manipulada, necessitaremos de uma malha inversa.

2 – Definida a polaridade da malha de controle, para montarmos a malha direta ou inversa, verificamos primeiramente quais os elementos da malha são inversos e, em particular, se a válvula é inversa (falha-abre) ou direta (falha-fecha). Se necessitamos de uma malha direta e temos todos os elementos diretos, o controlador deve ser direto para mantermos a malha funcionamento de forma direta. Se tivermos um número ímpar de elementos inversos na malha de controle (uma válvula falha-abre, por exemplo), devemos escolher o controlador inverso para que a malha funcione de forma direta, pois neste caso, ficaremos com um número par de elementos inversos. Caso queiramos a malha inversa temos que montar a malha com um número ímpar de elementos inversos e, neste caso, pelo menos o controlador será inverso, caso o elemento final de controle (no exemplo a válvula de controle) seja direto.

Observemos finalmente que, de forma geral, o elemento final de controle, no exemplo, a válvula de controle, é escolhido com a falha que garanta maior segurança operacional ao processo. A escolha da polaridade do controlador é assim, feita de forma a adequar a polaridade da malha (direta ou inversa), no exemplo, à válvula escolhida.

De forma ilustrativa, a figura 1.4.44 apresenta um processo que exige uma malha inversa para seu controle. Neste caso, temos um vaso onde a pressão do produto nele armazenado aumenta com o aumento da vazão de entrada Q_E. Desta forma, para controlarmos a pressão do vaso no caso do aumento da pressão (variável controlada) a vazão de entrada (variável manipulada) deve ser reduzida. Sendo assim, a malha de controle a ser escolhida para controlar este processo deve ser inversa, ou seja, se a válvula de controle for falha-fecha (direta) o controlador deverá ser inverso; se a válvula for falha-abre (inversa), o controlador deverá ser direto. Em resumo:

Se VC aumentando => manipulada deve ser reduzida => o processo exige malha inversa

Para termos uma *malha inversa*, no exemplo da figura 1.4.44:

Se PV-01 for FF, controlador inverso; se PV-01 for FA, controlador direto.

Figura 1.4.44 - Sistema de controle de pressão que exige malha inversa.

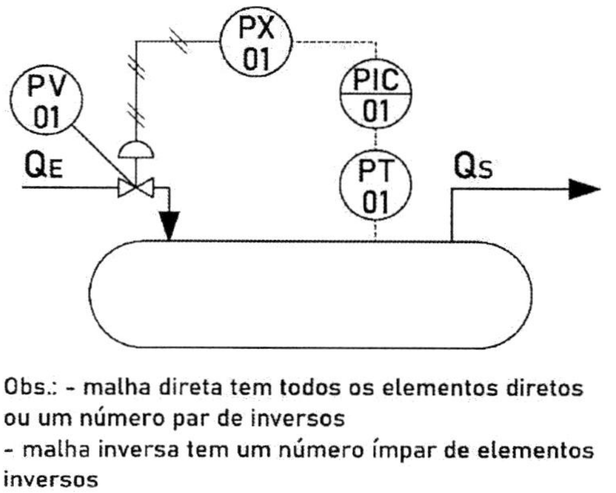

Fonte: autor

1.4.12 – Implementando os controladores: os sistemas digitais de controle distribuído (SDCD)

A sigla SDCD (Sistema Digital de Controle Distribuído) ou em inglês DCS (*Distributed Control System*) designa o instrumento formado por um conjunto de dispositivos voltados para o controle e a supervisão de processos industriais.

Os SDCDs foram desenvolvidos com orientação para operarem em processos contínuos, onde a quantidade de *malhas fechadas* de *controle de variáveis de processo* é expressiva. Embora possam ser facilmente utilizados em indústria de processamento discreto (manufatura), as tarefas de supervisão e controle destas plantas podem mais facilmente ser realizadas por instrumentos digitais chamados CLP (Controladores Lógicos Programáveis) ou em inglês PLC (*Programmable Logic Controllers*), os quais serão discutidos no item 1.5.

Pela sua orientação o SDCD realiza a tarefa de vários controladores dedicados, permite aos operadores receberem notificações sobre o funcionamento da planta, terem informações sobre o valor das variáveis de processo através de indicações, ou registros gráficos (curvas de tendência) e atuarem no processo, ligando e desligando motores, abrindo e fechando válvulas e, de forma geral, realizando todas as tarefas que realizariam através de um painel de controle tradicional de uma unidade industrial. A interação do operador com o processo se dá através de sistemas gráficos apresentados nas telas das chamadas estações de operação do SDCD ou através de Interfaces Homem-Máquina (IHM).

A aplicação destes poderosos instrumentos se dá em plantas de processos como em refinarias, indústrias petroquímicas, indústrias farmacêuticas, indústria papeleira, cimenteiras, usinas de geração de energia elétrica hidráulicas e nucleares, navios de grande porte e outras plantas onde os processos de natureza contínua predominem.

Os SDCDs vêm com uma grande quantidade de funções predefinidas, prontas para a aplicação pelos usuários. Assim, o usuário não precisa desenvolver programas para emular os controladores de processo, bastando escolher seus modos de controle e configurá-los com os parâmetros desejados. Pode definir pontos de atuação de alarmes numericamente e desenhar os equipamentos e instrumentos de uma forma que torne simples a operação e a obtenção de informações do processo. Desta forma, o usuário não programa o SDCD mas, simplesmente o *configura* ou *customiza*, ou seja, adequa o sistema para as necessidades da sua planta industrial.

Tendo sido orientado no seu desenvolvimento para processos contínuos, os SDCDs se adequam bem a processos lentos, onde as variáveis podem estar sujeitas a retardos nas suas respostas dinâmicas quando das modificações nas variáveis de processo. Por seu nível de redundância em redes e processadores, os SDCDs apresentam também grande confiabilidade operacional.

De forma geral, podemos identificar nos SDCDs dos vários fabricantes[32] quatro níveis de funções: o nível de operação, o de serviços, o dos controladores mestres que fazem o controle e gerenciamento das informações de entrada e saída e o nível que faz a interação do sistema com o campo ou chão de fábrica. Estes níveis estão representados na figura 1.4.45.

Figura 1.4.45 – Configuração típica dos SDCDs.

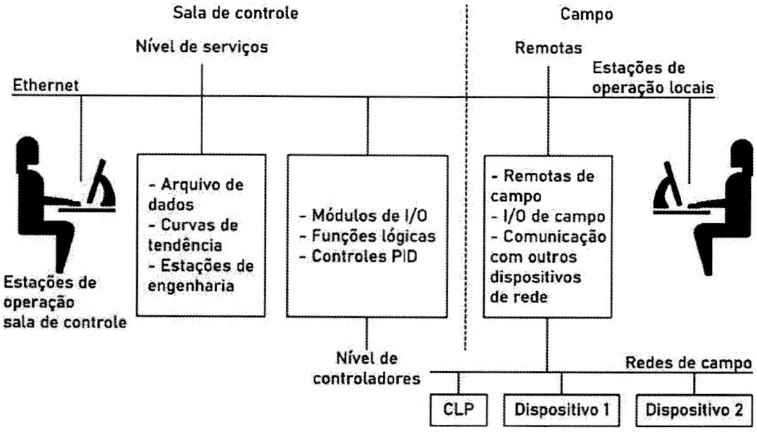

Fonte: autor

[32] Exemplos de fabricantes de SDCD são ABB, HONEYWELL, VALMET E YOKOGAWA.

No *nível operacional* se situam as estações de operação através das quais o operador se comunica com o processo. São basicamente compostas por teclados especiais, mouse e telas, que comumente são sensíveis ao toque (*touch-screen*). Os *displays* gráficos permitem aos operadores não só terem uma visão do processo visualizando as caraterísticas físicas dos equipamentos, como também acionar controles, ver e reconhecer alarmes e interagir com o processo abrindo e fechando válvulas, ligando e desligando motores e tomando as ações para a boa operação da planta. Os *displays* permitem ainda a apresentação de telas de relatórios gerenciais, curvas de tendência para o acompanhamento e o registro da evolução das variáveis do processo ao longo do tempo.

No *nível de serviços* se encontram, basicamente, três categorias de computadores: a) os computadores que arquivam os dados de operação da planta e os mantêm disponíveis para uso do sistema; b) os servidores do sistema que são usados para arquivamento de dados históricos e que permitem a apresentação das curvas de tendências das variáveis e a verificação da conformidade operacional da planta; c) as estações de engenharia que são usadas para a criação de projetos de telas e configurações das funções operacionais da planta, descarregando-as no sistema. Estas estações são utilizadas também para instalar as configurações das lógicas de operação da planta e nela estão instalados aplicativos que permitem a administração do SDCD como um todo.

No *nível dos controladores mestres* estão os processadores que fazem a supervisão dos outros processadores ligados diretamente ao processo, como aqueles que realizam os controles PIDs, e que gerenciam os módulos de entrada e saída de informações que vêm do campo e são enviadas ao SDCD (módulos de I/O - *input-output*). Neste nível se realizam também pequenos processamentos ligados à operação, descentralizando algumas das funções de processamento, e são gerados dados para os servidores, que por sua vez suprem as informações necessárias para as interfaces gráficas. No nível dos controladores mestres são também executadas as lógicas de operação dos processos e algumas ações inerentes ao controle de processos.

O último *nível* é o que faz a *interação do sistema com o campo* ou chão de fábrica. Neste nível estão as chamadas remotas, onde estão os módulos de entrada e saída e alguns controladores de processo. A comunicação entre o processo e este nível deve ser compatível com os componentes de campo incluindo padrões de comunicação como a Ethernet, o Profibus DP, o Fieldbus Foundation, EtherCAT, a fibra óptica e protocolos de comunicação proprietários.

Os SDCDs podem também incorporar estações de operação local, localizadas no campo e que, além de permitirem a operação por operadores mais próximos dos equipamentos, também podem assumir as funções das estações de operação centralizadas disponibilizando as funcionalidades destas. No caso de uma dessas estações de operação local falhar, suas funções podem ser assumidas por outras estações de campo provendo um grau maior de redundância e confiabilidade.

A comunicação entre os vários níveis do SDCD, servidores e estações de trabalho e entre controladores mestres e servidores e estações de serviço em geral, é feita através de padrão Ethernet. No caso do cabeamento da Ethernet ser muito longo são utilizadas fibras óticas.

Os desenvolvimentos implementados nos SDCDs e nos CLPs têm levado os dois sistemas a convergirem, tornando a linha divisória entre estes sistemas cada vez mais invisível. Muito por razões históricas das orientações originais dos sistemas, onde os SDCDs foram direcionados para processos contínuos e os CLPs para processos discretos, os SDCDs continuam sendo os preferidos para os processos com grande número de controle de variáveis contínuas ou onde se deseja a integração do nível de controle e supervisão do processo. Os sistemas com CLP são em geral supervisionados por um sistema de supervisão independente denominado pela sigla SCADA (*Supervisory Control and Data Acquisition*).

Os SDCDs, sendo sistemas digitais voltados para automação industrial são de fácil concectividade com a Internet e outros sistemas digitais como computadores de processo e CLPs. Além das funções básicas de supervisão e controle podem ser integrados a sistemas de controles avançados e otimização dos processos[33].

Questões de síntese do conteúdo

1.4.1 – Como você definiria "controlar um processo"? O que é variável controlada e manipulada, erro ou desvio e perturbação?

1.4.2 – Nos processos representados a seguir, identifique a variável controlada, uma perturbação possível de ocorrer no processo e uma variável que poderia ser manipulada, considerando a perturbação escolhida: (a) processo de acumulação de líquido, onde entra uma vazão Q_E e sai uma vazão Q_S de líquido; (b) processo de estabilização da vazão de um gás, onde FE é o sensor de vazão e a válvula FV, aumenta ou diminui a perda de carga na tubulação, conforme abra ou feche; (c) controle de temperatura na saída de produto de um trocador de calor que aquece o produto com vapor. As figuras 1.4.46 (a), (b), (c) representam estes processos.

[33] Possibilidades de aplicação e interconexão dos SDCDs podem ser encontradas em ROCKWELL, 2015

Figura 1.4.46 – Questão 1.4.2.

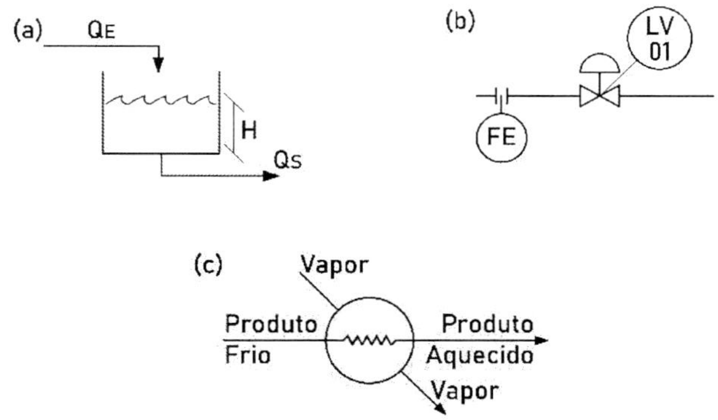

Fonte: autor

1.4.3 – Como você definiria sistema? O que é um sistema de controle e que elementos, de forma geral, o compõe (transmissor, controlador, etc.)?

1.4.4 – Considerando que a figura 1.4.47 é o Diagrama de Blocos de um sistema de controle da variável de um processo contínuo, qual a entrada e a saída dos seguintes blocos: transmissor, controlador, elemento final de controle e processo? Identifique a linha de realimentação (feedback).

Figura 1.4.47 – Diagrama de Blocos de um sistema de controle de processo.

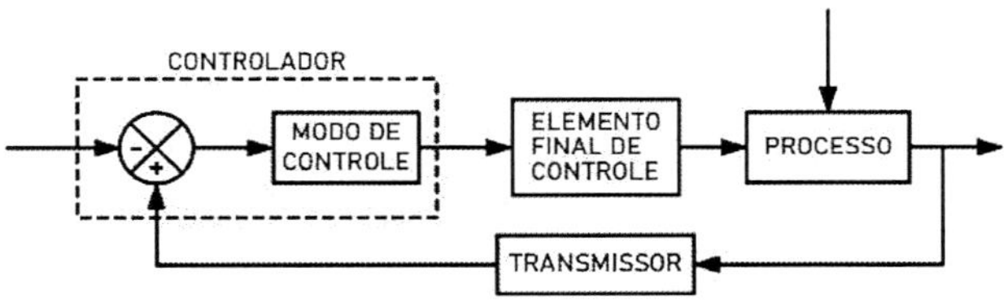

Fonte: autor

1.4.5 – Qual a diferença entre um sistema de controle com realimentação e um com malha aberta? De um exemplo de processos que tenham instalados cada um destes tipos de controle.

1.4.6 – Quais os "regimes" (considerando as variações da variável controlada no tempo) dentro dos quais as variáveis envolvidas no controle de processos se comportam? Qual regime nos interessa nas análises dos sistemas de controle?

1.4.7 – O que é análise qualitativa de um sistema de controle e como pode ser feita a análise quantitativa?

1.4.8 – Dada uma variável de processo a ser controlada, o que precisamos definir (estratégias de controle, etc.) para termos um sistema de controle adequado?

1.4.9 – Que modos de controle são utilizados nos controladores clássicos? Qual a equação que define o sinal de saída dos controladores com modo de controle PID?

1.4.10 – O que são "Parâmetros de Projeto" de um sistema de controle? Explicite três destes parâmetros que são definidos em um projeto de um sistema de controle.

1.4.11 – Qual seria o efeito *ideal* esperado da ação do controlador sobre a variável controlada, quando esta sofresse os efeitos das perturbações nos processos?

1 4.12 – Cite dois tipos de dificuldades que são encontradas pelos sistemas de controle e que impedem a atuação ideal do controlador sobre a variável controlada. Qual o "elemento" do sistema de controle que introduz atrasos mais significativos nos sistemas de controle dos processos industriais? (lembrar que o transmissor, o controlador, o elemento final de controle e o processo são elementos do sistema de controle).

1.4.13 – Cite três tipos de dificuldades que são *inerentes aos processos* e que dificultam a realização de um controle ideal.

1.4.14 – Se um fluido está sendo acumulado em um vaso sob pressão, sendo injetado a uma vazão de Q (m^3/h) nesse, em que condições a pressão demorará mais a atingir seu valor final desejado, se fluido for um gás ou um líquido? Explique o que ocorre e relacione com os conceitos de capacitância discutidos neste item.

1.4.15 – Um tanque de armazenamento de líquido tem uma tubulação de saída com uma válvula, por onde escoa o líquido. Se esta válvula estiver numa situação 1, com 30% de abertura e numa situação 2, com 60% de abertura, em qual das situações o nível do tanque variará mais rapidamente? Faça um gráfico da variação do nível no tempo, onde se possa comparar as duas situações. Qual o impacto da resistência ao escoamento de massa nos controles de processos?

1.4.16 – Qual o conceito associado ao tempo morto? Tomando um exemplo do dia a dia, imagine que um corredor só possa iniciar a corrida após o disparo de um tiro. Você identifica algum tempo morto que possa prejudicar a performance do corredor?

1.4.17 - Dado o erro da figura 1.4.48 abaixo desenhe, qualitativamente, as respostas que serão dadas por cada tipo de controlador (P, PI ou PID):

Figura 1.4.48 – Questão 1.4.17.

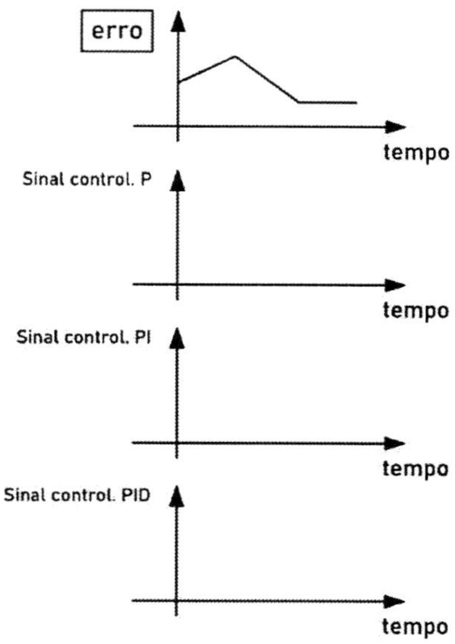

Fonte: autor

1.4.18 - Desenhe as respostas dos controladores P, PI e PID para o erro mostrado na figura 1.4.49, se K=1, T_I=1 e T_D=0,5, onde "K" é o ganho proporcional, "T_I" o tempo integral, "T_D" o tempo derivativo, "E" o erro ou desvio da variável controlada e "Sc_O" é o sinal de erro zero ajustado no controlador. Desenhe em separado os gráficos da saída do modo proporcional (P), integral (I) e derivativo (D), do controlador PI, e do controlador PID.

Figura 1.4.49 – Gráficos de erro e respostas do controlador do exercício 1.4.18.

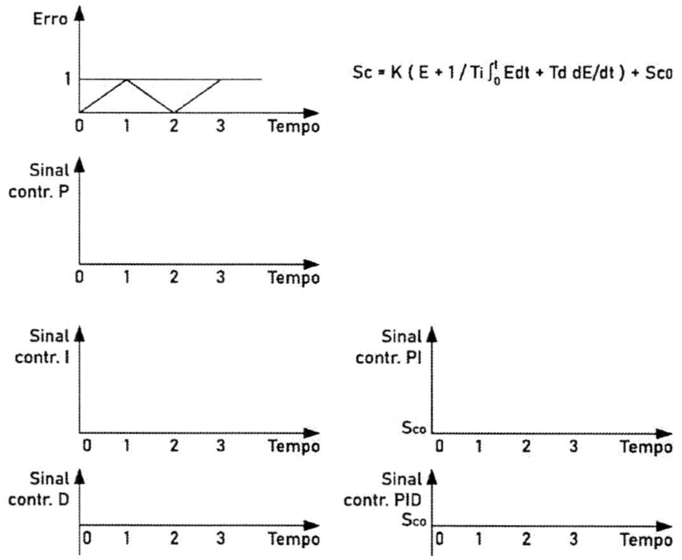

Fonte: autor

1.4.19 – Na figura 1.4.50, procure relacionar as respostas (curvas) prováveis de um sistema de controle de um *processo lento* (grande capacitância e grande resistência), representadas na coluna da esquerda, com os ajustes apresentados na coluna da direita, considerando os comportamentos típicos dos processos. Nos gráficos, "P" é a perturbação ou distúrbio em forma de degrau, "VC" é a variável controlada (resposta do sistema de controle), "t" é o tempo transcorrido desde a ocorrência da perturbação, K, K_I e K_D são os ganhos proporcional, integral e derivativo, respectivamente e PB, T_I e T_D a banda proporcional, o tempo integral e o tempo derivativo, respectivamente.

Figura 1.4.50 – Figura do exercício 1.4.19.

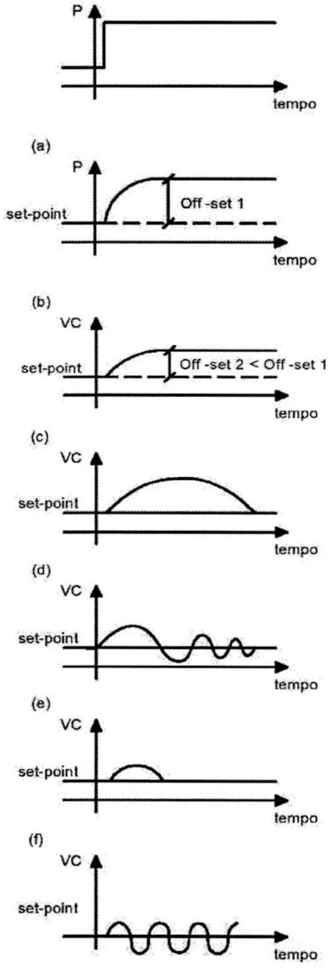

( ) K = 1
T_I = 1
TD = 0

( ) BP = 100%
K_I = 0
KD = 0

( ) K = 2
K_I = 3
KD = 0

( ) K = 1
T_I = 1
TD = 1

( ) BP = 50%
K_I = 0
KD = 0

( ) BP = 100%
K_I = 0
KD = 0

Fonte: autor

1.4.20 – Qual a estratégia de controle mais utilizada em sistemas de controle industrial? Cite mais três estratégias que são utilizadas em sistemas de controle de processos.

1.4.21 – Qual a vantagem da estratégia de controle com antecipação em relação à estratégia com realimentação?

1.4.22 – Pense numa aplicação onde seja interessante a utilização de um controle em cascata.

1.4.22 – Escolha a polaridade do controlador para as malhas representadas na figura 1.4.51:

a) controle de velocidade da turbina a vapor, onde um aumento da vazão de vapor (variável manipulada) provocará aumento da velocidade, ou de outra forma, se a velocidade (variável controlada) ultrapassar o *set-point*, a malha deve diminuir a vazão de vapor para a turbina;

b) trocador de calor onde um aumento da temperatura de saída do óleo quente (variável controlada) exige redução da vazão de vapor para o trocador (variável manipulada);

c) tanque de neutralização, onde um aumento do pH do produto a ser neutralizado exige uma adição maior de neutralizante (variável manipulada). (O AT-02 gera sinal proporcional ao pH do produto).

Figura 1.4.51 – Questão 1.4.22.

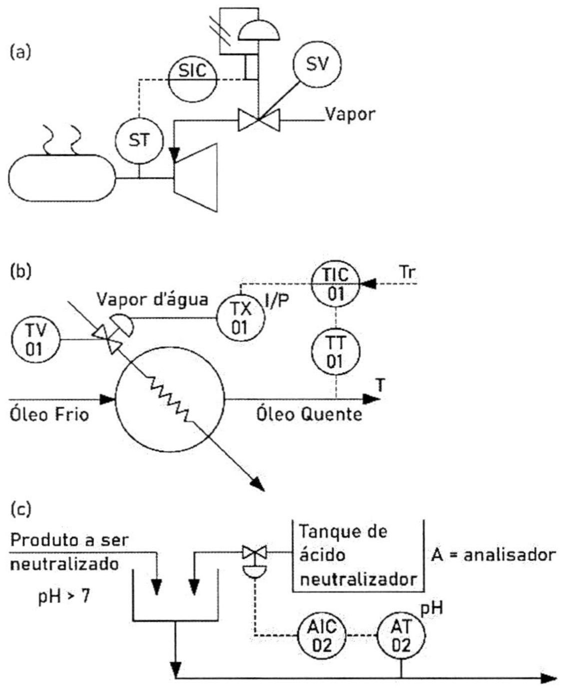

Fonte: autor

1.4.23 – O que é um SDCD e qual sua aplicação em automação industrial?

1.4.24 – Quais os níveis de funções identificadas de forma típica nos SDCDs e quais as funcionalidades encontradas em cada nível?

1.4.25 – Quais os protocolos de comunicação mais comumente encontrados no nível de campo e qual o protocolo mais utilizado nas comunicações entre os vários níveis dos SDCDs?

1.5 - Controles lógicos

1.5.1 – Conceito de controle lógico

Vimos que o termo controle pode se aplicar ao controle de variáveis de processo, discutido no item 1.4, e ao controle lógico também chamado de controle sequencial ou de operações. Este tipo de controle, o lógico, e de forma mais geral, qualquer ação automática que siga sequências operacionais lógicas, são executadas pelos chamados sistemas de *controles lógicos* ou sequências ou de operações, que têm por coração os *controladores lógicos*. Estes funcionam com base na lógica condicional *se-então*.

É comum encontrarmos nas indústrias vários processos que funcionam com a lógica condicional *se-então*, que é o que caracteriza os sistemas de controles lógicos. Assim, num exemplo simples, podemos querer que uma bomba seja ligada sempre que o nível de água num reservatório esteja baixo, ou seja, que se realize a seguinte assertiva lógica:

SE nível no reservatório baixo *ENTÃO* ligue bomba.

O controle lógico relaciona logicamente *eventos de entrada*, que no caso do exemplo dado é o nível do reservatório baixo, a *eventos de saída,* que no exemplo é ligar bomba. Em processos industriais é comum que tenhamos vários eventos de entrada relacionados logicamente a vários eventos de saída, sendo comum que os eventos de mesma natureza (entrada ou saída) apareçam *interligados por conectivos lógicos do tipo "E" ou "OU".*

O conectivo lógico "E" vinculando vários eventos de entrada significa que os vários eventos interligados por este conectivo têm que ocorrer concomitantemente para que o "ENTÃO" da lógica se realize. Da mesma forma, eventos de saída interligados pelo conectivo "E" devem ocorrer ao mesmo tempo. Assim, tomemos um trem metro de uma cidade como exemplo de atuação de um sistema lógico no dia a dia. Para o trem sair de uma estação se deslocando para outra ele terá que atender a uma lógica que de forma simplificada, pode ser escrita como:

SE todas as portas do trem estiverem fechadas E SE o maquinista tiver liberado a partida E SE não houver outro trem parado à frente ENTÃO ligue o motor de partida.

Nesta expressão lógica o motor de partida só será ligado se todos os *eventos* interligados pelo conectivo lógico E estiverem atendidos, ou dito de outra forma, forem *verdadeiros*.

O conectivo lógico "OU" interligando os eventos de entrada significa que a ocorrência de qualquer um dos eventos pode gerar o acionamento dos eventos de saída. Assim, podemos ter, num outro exemplo simples do dia a dia, o de um elevador de um edifício, com a seguinte relação lógica:

SE o botão de pedido de parada no andar for acionado pelo usuário OU SE o ascensorista do elevador acionar o botão de parada no andar OU SE a parada de emergência for acionada ENTÃO desligar o acionamento do elevador. Assim, a ocorrência de qualquer um dos eventos interligados pelo conectivo lógico OU levará ao desacoplamento do motor de acionamento, do elevador.

Nos sistemas lógicos industriais é comum que os conectivos E, OU apareçam interligando os *eventos* condicionais *de entrada* (SE) e de *saída* (ENTÃO).

Tomemos um exemplo de um sistema industrial. Temos representado um tanque onde misturamos dois líquidos, um inserido pela bomba A e outro pela B, representado na figura 1.5.1. Os líquidos são misturados no tanque com o auxílio de um misturador que funcionará por um tempo "t" necessário para a mistura dos dois fluidos ou por um tempo a ser estabelecido pelo operador do misturador. Depois deste tempo "t", a válvula de fundo do tanque é aberta e a mistura líquida é drenada. O sistema iniciará seu ciclo de operação assim que o operador, através de uma chave de liga-desliga, ligar o acionamento do sistema. A lógica a ser desenvolvida neste sistema pode ser descrita da forma a seguir, onde os conectivos lógicos estão destacados em letras maiúsculas.

SE o operador autorizou o funcionamento do sistema E SE o tanque estiver vazio, ENTÃO mantenha a bomba "1" ligada até que o nível atinja a chave de nível 2. SE o nível atingir a chave 2 ENTÃO ligue e mantenha a bomba "2" ligada até que o nível atinja a chave 1. SE o nível atingir a chave de nível 1 OU SE o operador acionar o desliga da chave liga-desliga, desligue a bomba "2" E ligue o misturador. SE tiver transcorrido o tempo "t" após o misturador ter sido ligado OU SE o operador tiver acionado o desliga, então abra a válvula de descarga do líquido até que o tanque esteja vazio. A indicação de tanque vazio será dada por dispositivo não representado na figura 1.5.1.

Figura 1.5.1 – Tanque de mistura com controle lógico.

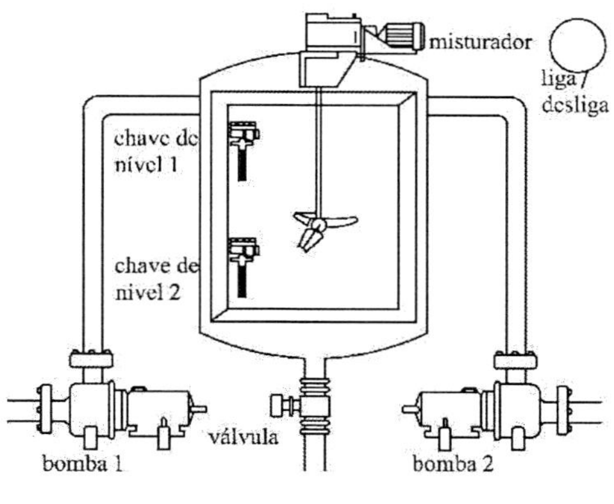

Fonte: autor

Lógicas de maior complexidade são muito comuns em processos industriais. Os *Controladores Lógicos* são assim, sistemas físicos através dos quais implementamos as lógicas desejadas do tipo se-então.

1.5.2 – Utilização dos controladores lógicos

Os sistemas industriais se utilizam dos *controladores lógicos* para dois *fins,* o de *proteção*, onde o controlador lógico funciona como o coração dos sistemas chamados de intertravamento (*interlock systems*) ou para o fim de executar o *controle lógico de operações*, como o exemplificado na figura 1.5.1. Vejamos brevemente a distinção entre estas utilizações.

1.5.2.1 - O controlador lógico na proteção: sistema de intertravamento

Os *Sistemas de Intertravamento* são sistemas lógicos que atuam em *proteção* e têm como foco as situações de emergência, atuando segundo uma rotina lógica predefinida. Tomemos, por exemplo, o sistema da figura 1.5.2, onde temos representado um sistema de compressão de gás com um vaso separador de líquido, exemplo já apresentado no subitem 1.3.9.3.

Figura 1.5.2 – Sistema de compressão de gás com sistema de intertravamento para proteção.

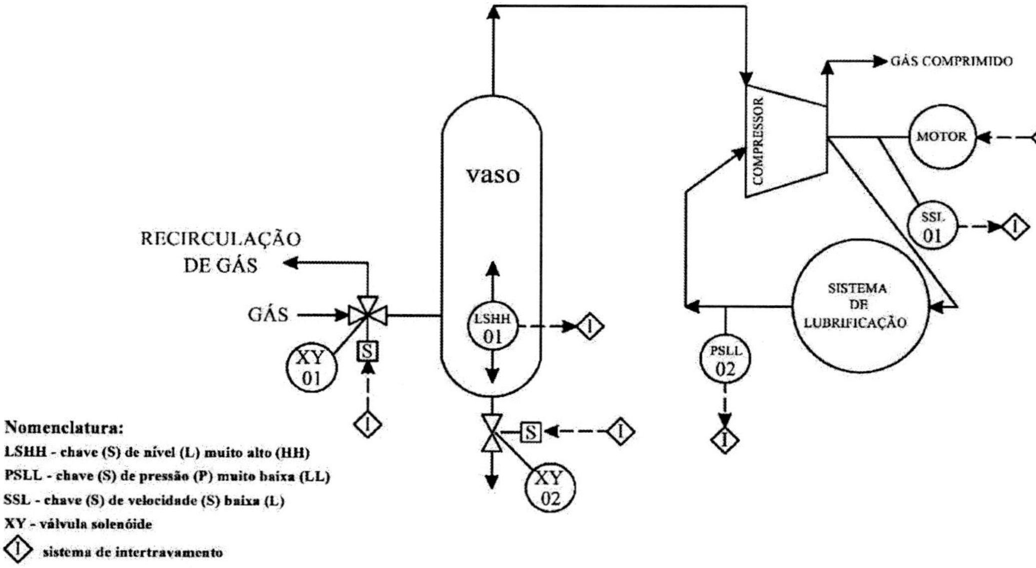

Fonte: autor

O gás seco passa pelo vaso separador de líquido que antecede o compressor. Se por uma anormalidade operacional, houver arraste de líquido com o gás, a chave de nível muito alto (LSHH-01) comandará, através do *sistema de intertravamento*, que é um sistema lógico, a abertura da válvula solenoide XY-02 para drenagem do líquido arrastado com o gás, a recirculação do gás que antes ia para o compressor, através da XV-01, e a parada do motor do compressor. O sistema de intertravamento atuará também, caso haja pressão baixa do óleo lubrificante, acusada pela chave PSLL-02, ou velocidade baixa do compressor, acusada pela chave SSL-01. Nesses casos, o compressor será desligado e a válvula de recirculação de gás aberta.

Assim, as ações anteriores serão realizadas por um sistema lógico que trava (bloqueia) alguns equipamentos e libera outros, sendo pela sua forma de ação, chamado de sistema de intertravamento, sendo que o sistema lógico só atuará em emergências, ao contrário da sua utilização em controle, onde ele operará todo o tempo, ordenando as operações do processo em execução.

Nos documentos de engenharia é comum que os sistemas de intertravamento sejam representados por um losango com uma letra "I" no seu interior, como na figura 1.5.2.

1.5.2.2 - O controlador lógico na operação: controle sequencial ou de operações

Os sistemas lógicos usados para os chamados *controles lógicos ou sequenciais ou de operações* são implementados para atuarem nos processos industriais, durante suas *operações normais*. O objetivo destes sistemas é garantir que a sequência lógica em que várias operações de processamento devem ser realizadas para obtenção do produto final, (fabricação de um produto, por exemplo) sejam de fato realizadas, automaticamente, como se deseja.

A diferença entre os Sistemas Lógicos para Controle Sequencial ou de Operações e os Sistemas de Intertravamento é que os primeiros têm como função principal a *automação da operação normal*, enquanto os segundos privilegiam a *proteção* do sistema industrial, gerando sua parada ("*trip*" ou "*shut-down*"), ou ações voltadas para a *segurança* do sistema, da operação ou segurança humana, em casos de *emergência operacional.*

Tomemos, como exemplo de sistema de *controle* lógico, o de um *sistema de enchimento de latas*, representado na figura 1.5.3 e já apresentado no subitem 1.3.5.5. O objetivo deste sistema é encher latas com um produto líquido armazenado no vaso "V". O produto deve escoar do vaso para a lata, até que a lata atinja um peso predefinido (1 kg, por exemplo).

Figura 1.5.3 – Sistema de enchimento de latas com o controle automático das operações.

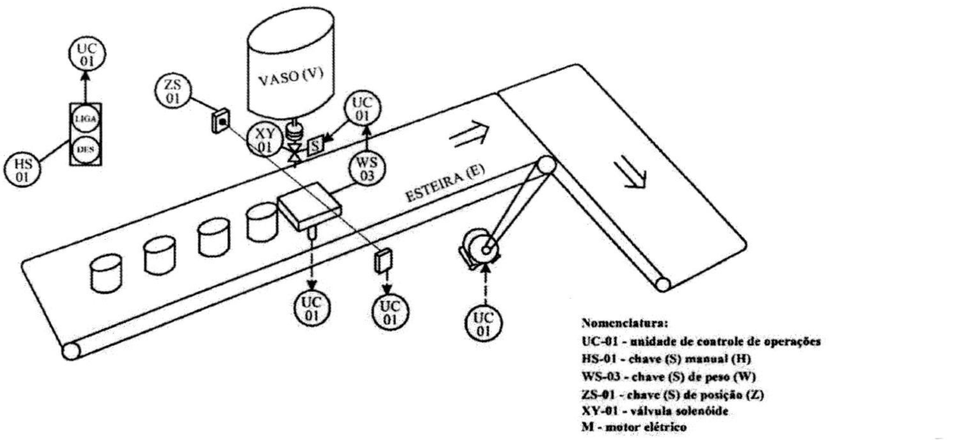

Fonte: autor

As operações a serem executadas pelo sistema lógico para cumprir seus objetivos de controle são:

a) posicionar a lata que está sob a esteira (E), sob a válvula de fundo (XY-01) do vaso (V);

b) abrir a válvula XY-01 e deixá-la aberta até que o sensor de peso (WS-03) acuse que a lata está devidamente cheia;

c) retirar a lata cheia e reposicionar nova lata, recomeçando a operação na etapa (a) anterior.

As operações anteriores podem ser controladas automaticamente por um controlador lógico que garantirá a sequência correta das operações. É pela sua natureza operacional que controles deste tipo são chamados de Controle de Operações ou Sequencial. A lógica realizada pelo sistema de controle lógico de operações é semelhante àquela executada pelo sistema de intertravamento descrito no subitem 1.5.2.1. A lógica é do tipo SE-ENTÃO. SE a lata está posicionada, ENTÃO abra a válvula XY-01, etc.

Para cumprir seu objetivo de controle das operações, o controlador lógico é informado sobre SE os eventos ocorreram ou não, através de chaves (chave de posição ZS-01 e de peso WS-03). No sistema da figura 1.5.3, foi também representada uma chave manual (HS-01). Sua função é permitir que o operador atue no processo de forma a autorizar, ou não, o funcionamento do sistema de processamento ligando-o ou desligando-o. O sistema lógico, dependendo da situação dos eventos de entrada (SE), comandará a abertura ou fechamento da válvula (XY-01) e a partida ou parada do motor M que aciona a esteira (E).

1.5.3 – Explicitando as lógicas a serem realizadas pelo controlador lógico

Devemos explicitar através de documentos as lógicas que queremos realizar com os sistemas lógicos. As formas de explicitação da lógica são várias e destacaremos aqui a) o memorial descritivo do funcionamento do sistema; b) a tabela de causa e efeito; c) a tabela verdade; d) o diagrama funcional; e) o diagrama lógico.

a) memorial descritivo

O *memorial descritivo* é um documento no qual são descritas em palavras as lógicas a serem executadas pelo sistema lógico, seja ele usado para intertravamento ou para controle de operações.

b) tabela de causa e efeito

A *tabela de causa e efeito* é de uso comum para explicitar o funcionamento lógico de sistemas de intertravamento, onde desejamos estabelecer relações simples de abertura ou fechamento de válvulas, *dampers* e venezianas, ligamento ou desligamento de alguns elementos de campo, em acordo com as ocorrências perigosas dos eventos do processo como temperaturas ou pressões muito altas ou muito baixas. Os eventos de entrada são, em geral, informados por instrumentos de campo como as chaves, os contadores de eventos e temporizadores, e os eventos de saída são acionamentos de válvulas e motores, principalmente.

A *tabela de causa e efeito* é uma tabela na forma de matriz que possui descrita nas suas colunas (ou linhas) os *eventos de entrada* e os instrumentos que os detetam e nas suas linhas (ou colunas) os *eventos de saída* e os elementos que os realizam. Esta tabela, assim representada, estabelecerá a lógica *SE (causa) - ENTÃO (efeito)*, conforme apresentado no quadro 1.5.1 o qual foi desenhado para explicitar a lógica do sistema de compressão de gás com sistema de intertravamento para proteção, esquematizado na figura 1.5.2.

Quadro 1.5.1 – Tabela causa x efeito do sistema de compressão representado na figura 1.5.2.

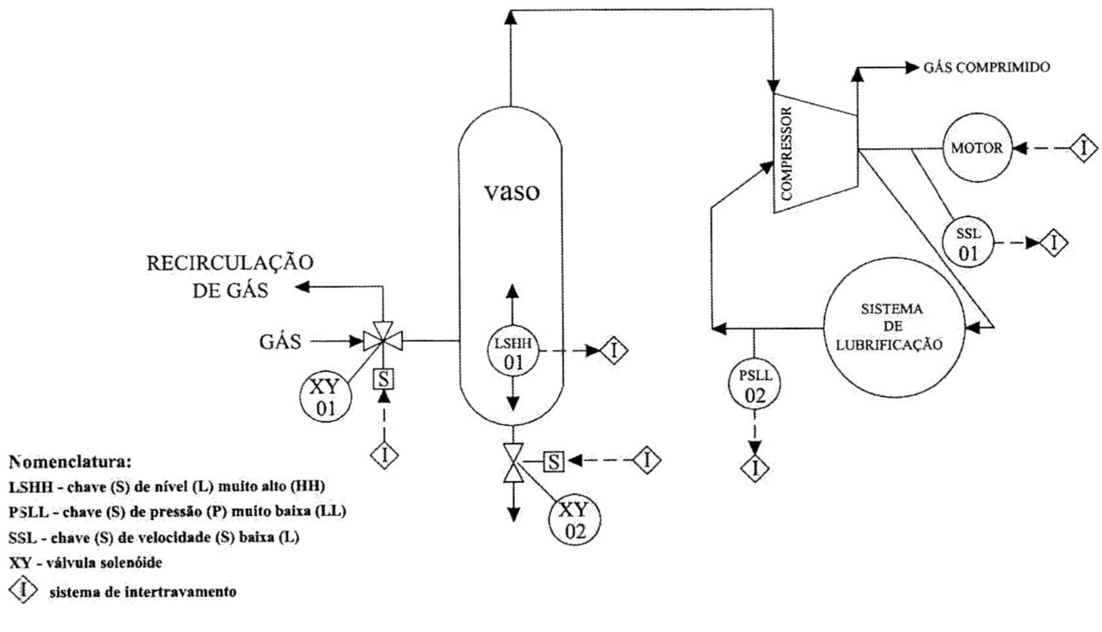

CAUSA / EFEITO	Instrumento que delecta o evento	1- Abre o dreno do vaso XY-02	2- Abre a recirculação de gás XY-01	3- Corta moto-compressor M
1- Nível de líquido muito alto no vaso	LSHH-01	X	X	X
2- Pressão baixa de óleo lubrificante	PSLL-02		X	X
3- Velocidade baixa do moto-compressor M	SSL-01		X	X

Fonte: autor

Por meio da tabela de causa e efeito podemos ter uma boa visão das ações (efeitos) a serem tomadas pelo sistema de intertravamento, no caso da ocorrência dos eventos de entrada (causas) anormais. Como vemos pelo exemplo, a deteção das causas é comumente feita por meio de chaves (de nível, pressão, velocidade, etc.) e a ação do *Sistema de Intertravamento* no exemplo dado está voltada para a proteção do sistema industrial.

c) tabela verdade

A *tabela verdade* é outra forma comum de representar as ações lógicas a serem tomadas pelo controlador lógico e são de grande utilização. Esta tabela, assim como a de causa e efeito, apresenta de um lado os eventos de entrada para o sistema lógico (SE) e de outro os de saídas (ENTÃO), onde age o sistema lógico.

Qualquer evento de entrada só pode ter duas condições: ser verdadeiro (se ocorreu) ou falso (se não ocorreu). A ocorrência do evento será representada na Tabela Verdade pelo número 1 ou pela letra "V", de verdade. V ou 1 na tabela significa, portanto, evento ocorrido, entrada existente, entrada energizada, etc. A não ocorrência do evento, será indicada pela letra "F" de falso (evento não ocorrido, etc.) ou pelo número 0 (zero). Da mesma forma, as ações de saída serão representadas por 1 ou V quando forem verdadeiras (existirem) e por 0 (zero) ou F quando forem falsas.

A tabela verdade terá 2^n possibilidades de combinações das entradas, onde "n" é o número de entradas. Assim, se temos 3 entradas, por exemplo, a tabela verdade terá 8 linhas, cada uma com uma combinação diferente das entradas, como por exemplo a tabela verdade do quadro 1.5.2, que representa a Tabela Verdade para o sistema de enchimento de latas representado na figura 1.5.3.

Quadro 1.5.2 – Tabela Verdade do sistema de enchimento de latas representado na figura 1.5.3.

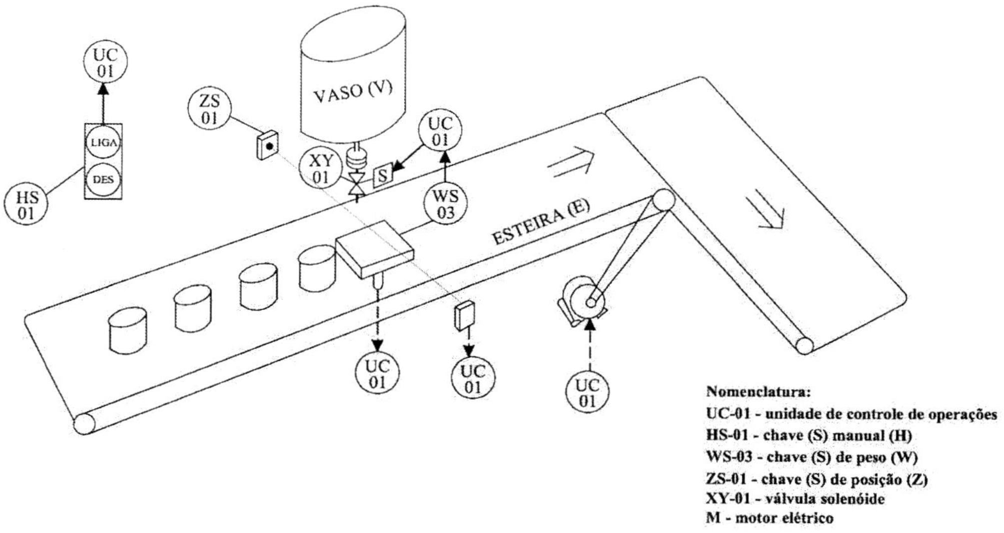

	Eventos de entradas			Eventos de Saída	
Instrumento/ dispositivo	Sistema ligado?	Lata fora do peso?	Lata fora da posição?	Liga motor	Abre válvula de produto
	HS-01	WS-03	ZS-01	M	XY-01
	1	1	1	1	0
	1	1	0	0	1
	1	0	1	1	0
	1	0	0	1	0
	0	1	1	0	0
	0	1	0	0	0
	0	0	1	0	0
	0	0	0	0	0

Fonte: autor

Na Tabela Verdade (quadro 1.5.2), a presença do estado 1 na coluna do WS-03, por exemplo, significa que o evento indicado por esta chave de peso é verdadeiro, ou seja, que a lata está fora do peso correto. Analogamente, o estado 0 na coluna da HS-01 significa que o sistema de enchimento está desligado, já que a pergunta é "sistema ligado?", e assim por diante.

A ocorrência ou não dos eventos de entrada nos sistemas de controle de operações (ou sequenciais) é detetada (tal como no sistema de intertravamento) de forma mais comum, por chaves (peso, posição, etc.), contadores e temporizadores.

As formas de representação denominadas *Diagrama Funcional* e *Diagrama Lógico* serão discutidas no subitem seguinte, 1.5.4, quando apresentarmos os relés e as portas lógicas.

1.5.4 - Implementação física dos sistemas lógicos

Para implementarmos os sistemas lógicos necessitamos definir os elementos que detetam os eventos de entrada, como os contadores, temporizadores, os vários tipos de chaves (vazão, nível, temperatura, posição, etc.) ou outros instrumentos e funções lógicas necessárias, como o "*flip-flops*", que serão apresentados no subitem 1.5.4.2. Igualmente devemos definir os dispositivos de atuação no campo, como as válvulas solenoides, as válvulas de comando elétrico em geral, os relés de amplificação de potência, comutadores, etc. Feitas as escolhas dos elementos de entrada e de saída temos que definir o controlador que executará a função lógica a partir dos eventos detetados pelos elementos de entrada e que atuará nos elementos de saída.

Os controladores lógicos para realizar as funções de intertravamento ou de controle sequencial são implementados fisicamente de três formas: a) com *relés*; b) com *circuitos lógicos*; c) com a utilização de sistemas com lógica programável, através dos equipamentos chamados *Controladores Lógicos Programáveis* – CLP (*Programmable Logic Controlles – PLC*). Vejamos em linhas gerais cada uma das três formas de implementação.

1.5.4.1 - Sistemas com relés

Os relés são dispositivos eletromecânicos constituídos por uma bobina e vários contatos. A figura 1.5.4(a) ilustra o esquema construtivo-funcional de um relé com dois contatos, C1 e C2.

Figura 1.5.4 – Esquema construtivo-funcional e símbolos para relés.

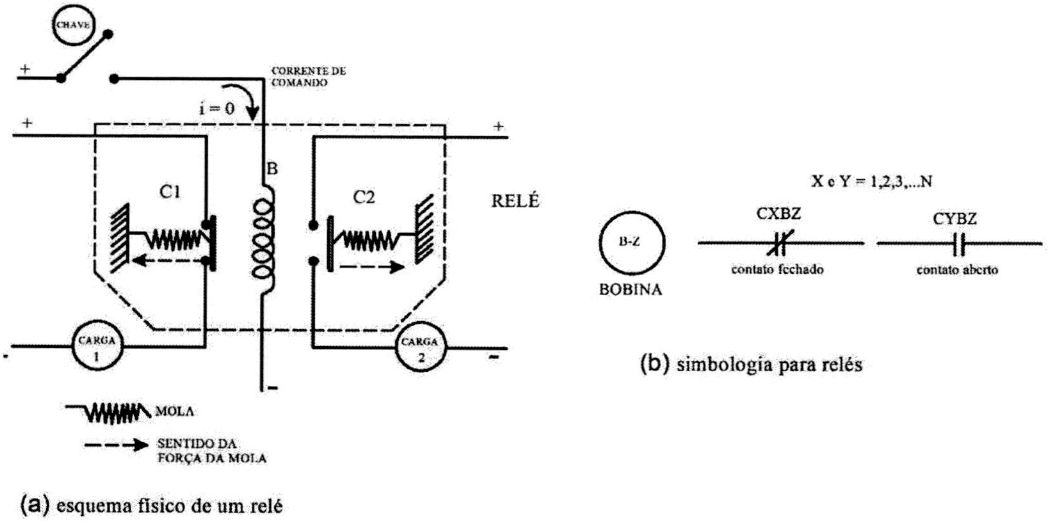

Fonte: autor

Na figura 1.5.4(a), a bobina "B" recebe, ou não, corrente elétrica através de uma chave (de temperatura, posição, pressão, etc.) localizada no campo e que deteta um evento de entrada. Na forma representada na figura 1.5.4(a), a chave está aberta e, portanto, a corrente "i" para a bobina (corrente de comando) é igual a zero. Nesta situação, o campo magnético produzido pela bobina é inexistente.

Os dois contatos, C1 e C2, são fechados ou abertos por ímãs que são atraídos pelo campo magnético gerado pela bobina quando esta está energizada. Quando o campo magnético é inexistente (zero), os contatos se abrem ou se fecham por ação de uma mola. Na figura 1.5.4(a) o contato C1 está representado fechado e o C2 aberto, ambos por ação de molas, uma vez que a corrente "i" é igual a zero. Dizemos que contatos que ficam abertos quando a bobina está desenergizada (sem corrente) são "normalmente abertos" (NA). Os que ficam fechados naquela situação são chamados "normalmente fechados" (NF).

Se ligarmos os contatos do relé a cargas elétricas (motores, bobinas de válvulas solenoides, etc.) como na figura 1.5.4(a), teremos energização ou desenergização destas cargas elétricas conforme a bobina do relé seja ou não energizada. No caso da figura 1.5.4(a), quando energizamos a bobina B, o contato C1 é forçado pelo campo magnético da bobina a abrir, desenergizando a carga 1. Nessa situação, o contato C2 se fecha, energizando a carga 2.

Pela interligação adequada dos relés, conseguimos montar *circuitos lógicos* capazes de executar controles de natureza lógica. Antes de ilustrarmos a construção de um *sistema lógico com relés* apresentaremos uma simbologia utilizada para representá-los em documentos de engenharia. Os relés são simbolizados pela sua bobina e pelos seus contatos. Símbolos comumente usados estão na figura 1.5.4(b). A bobina está representada por um círculo e os contatos por duas barras paralelas. Se o contato do relé estiver fechado numa determinada situação representada graficamente, ele terá as duas barras que representam o contato transpassadas por uma barra inclinada. Caso esteja aberto, impedindo a circulação de corrente por ele, sua representação será feita somente pelas duas barras paralelas.

Como o relé pode ter vários contatos, estes são identificados como, por exemplo, C1, C2, ... CX, CY. Para sabermos a que relé pertence um dado contato, complementaremos a sua nomenclatura, juntando a identificação da bobina do relé. Assim, por exemplo, o C3B4 é o contato 3 da bobina (ou relé) 4.

Usando a notação da figura 1.5.5 para indicar em desenhos esquemáticos, a chave (de pressão, temperatura, vazão, etc.), com contato aberto e com contato fechado, e representando por (+) e (-) a existência de diferentes potenciais elétricos, podemos construir diagramas representativos do funcionamento do sistema lógico com relés, chamado "Diagrama Funcional" ou "Diagrama Unifilar". O diagrama funcional representa os condutores e os componentes que serão ligados no circuito elétrico, permitindo interpretar o funcionamento do sistema representado.

Figura 1.5.5 – simbologia de chaves: (a) abertas; (b) fechadas.

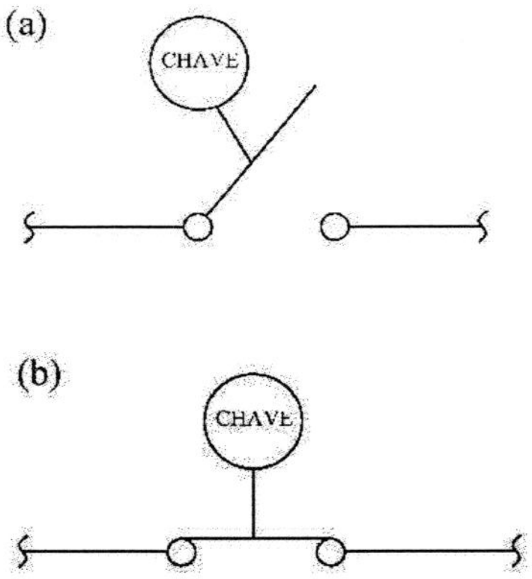

Fonte: autor

A figura 1.5.6 ilustra um "Diagrama Funcional" ou "Diagrama Unifilar", que apresenta um relé (representado pela bobina B1), com três contatos que energizam ou desenergizam três cargas.

Figura 1.5.6 – Exemplo de Diagrama Funcional ou Unifilar.

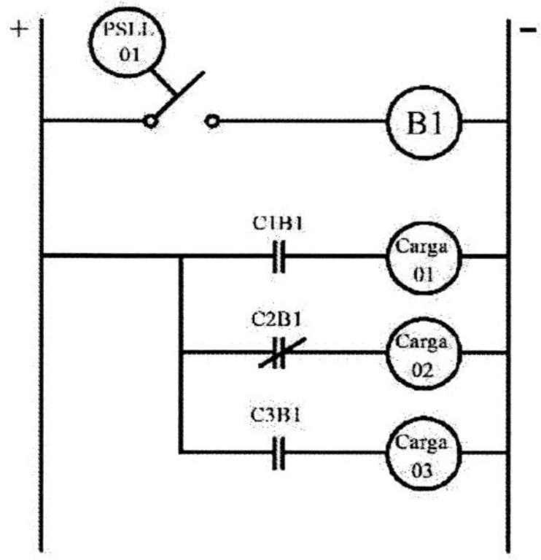

Nomenclatura

- chave de pressão muito baixa (PSLL), com contato aberto
- bobina do relé 1 (B1)
- C1B1 - contato 1 do relé 1 (NA) (aberto com a bobina desenergizada)
- C2B1 - contato 2 do relé 1 (NF) (fechado com a bobina desenergizada)
- C3B1 - contato 3 do relé 1 (NA) (aberto com a bobina desenergizada)

Fonte: autor

Pelo diagrama funcional da figura 1.5.6, vemos que o sistema lógico foi construído de forma tal que as cargas 01 e 03 ficam desenergizadas quando a bobina B1 está desenergizada (contato da PSLL-01 aberto) e nessa situação, a carga 02 fica energizada. O diagrama funcional da figura 1.5.6 podia ter sido representado com o contato da chave de pressão (PSLL-01) fechado. O resultado seria o diagrama da figura 1.5.7, que é o mesmo sistema lógico da figura 1.5.6, representado com o contato do PSLL-01 fechado. Podemos observar da figura 1.5.7 que os contatos são representados em situação lógica diferente da figura 1.5.6. O contato que era representado aberto na figura 1.5.6 é representado fechado na 1.5.7.

Figura 1.5.7 – Diagrama Funcional ou Unifilar da figura 1.5.6 com a PSLL fechada.

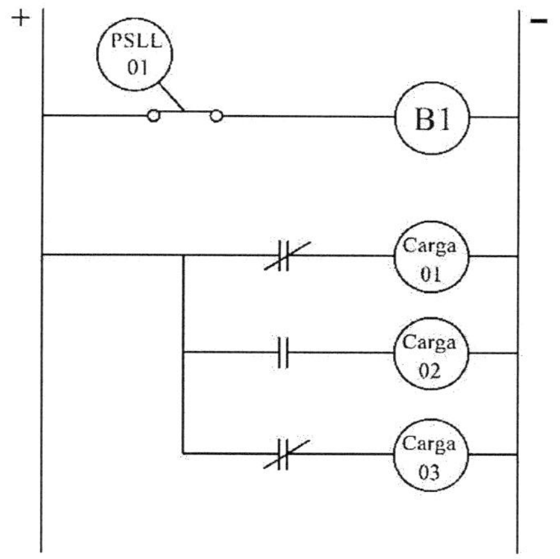

Fonte: autor

Tomemos mais uma vez o exemplo do sistema de compressão de gás, representado na figura 1.5.2 e a tabela de causa e efeito que descreve a lógica desejada para o sistema de compressão (quadro 1.5.1).

Com o uso do *Diagrama Funcional ou Unifilar*, também podemos, como alternativa, representar a lógica desejada. A figura 1.5.8 apresenta o diagrama funcional, onde supusemos dois barramentos (linhas verticais) um com tensão V_1 (onde se conectam as chaves e as bobinas) e outro com tensão V_2, onde se conectam os contatos dos relés e as cargas a serem acionadas.

Figura 1.5.8 – Diagrama Funcional que realiza a lógica descrita na Tabela de Causa e Efeito (Quadro 1.5.1).

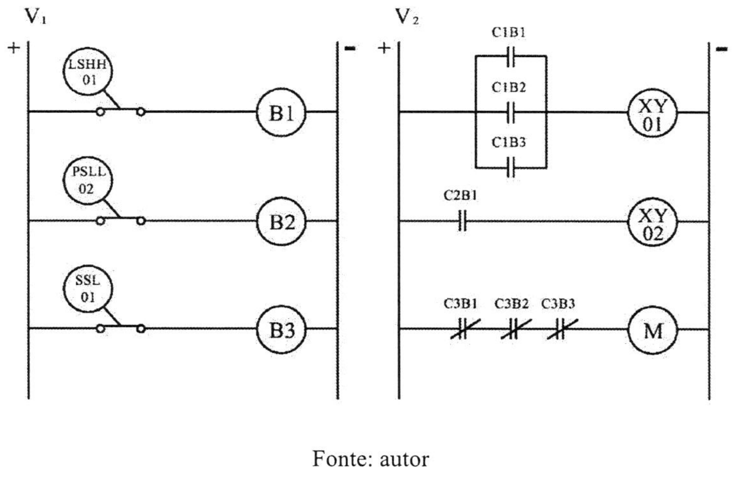

Fonte: autor

Considerando que quando a chave de nível alto (LSHH-01), a de pressão baixa (PSLL-02) e a de velocidade baixa (SSL-01), estiverem com contatos fechados estaremos em situação normal de operação, ou seja, nível não alto, pressão não baixa e velocidade não baixa (situação representada na figura 1.5.8) passemos a análise do diagrama. Na situação representada, as solenoides XY-01 e a XY-02 estarão desenergizadas: não recirculará o gás nem drenará o vaso. Da mesma forma, o motor do compressor estará ligado. Assim, o diagrama funcional da figura 1.5.8 realizará a lógica descrita na tabela de causa e efeito, tabela 1.5.1, como pode ser verificado pela sua análise.

Com as considerações anteriores, se o nível ficar alto, o contato associado à LSHH-01 abrirá e com isto os contatos associados à bobina 1, C1B1 e C2B1 se fecharão, e o contato C3B1 se abrirá, energizando a XY-01 e a XY-02 e desenergizando o motor do compressor, ocorrendo a recirculação do gás, o dreno do vaso e o desligamento do motor elétrico do compressor, tal como previsto na tabela de causa e efeito, quadro 1.5.1.

Se o diagrama funcional tivesse sido representado nas condições em que as emergências tenham ocorrido (contatos das chaves abertos), teríamos o esquema da figura 1.5.9, que contém a mesma descrição lógica da figura 1.5.8. Na figura 1.5.9 os contatos mudam de estado (de aberto para fechado e de fechado para aberto), em relação à figura 1.5.8.

Figura 1.5.9 – Diagrama funcional idêntico ao da figura 1.5.8, representado com os contatos das chaves abertos.

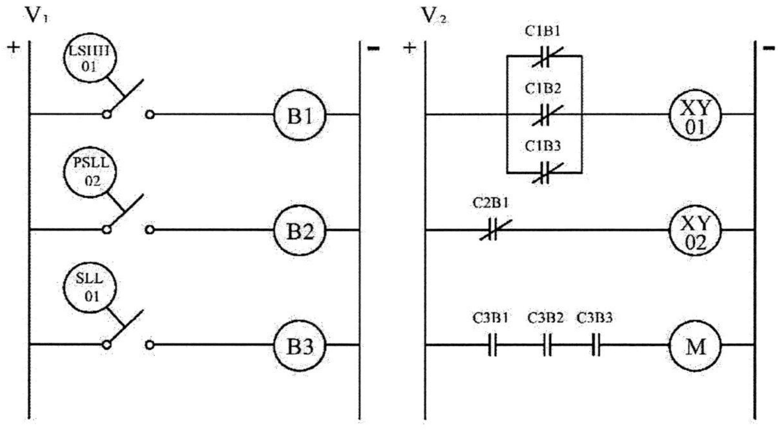

Fonte: autor

Entendida a representação do funcionamento lógico de sistemas lógicos com relés, podemos entender como se dá a sua implementação.

Como já visto, os *sistemas lógicos com relés* são sistemas que processam as informações recebidas das chaves, contadores, temporizadores e outros dispositivos de entrada, por meio de relés. Estes elementos (chaves, contadores, temporizadores, etc.) estarão energizados ou desenergizados, indicando em cada situação, se o evento a eles associado ocorreu ou não. A informação destes elementos é então processada logicamente pelo *controlador lógico* construído *com relés*.

O controlador lógico deve executar a lógica definida ou pelos memoriais descritivos, ou pelas tabelas de causa e efeito, ou pelas tabelas verdades, ou pelos diagramas funcionais, ou por diagramas lógicos (para diagramas lógicos ver subitem 1.5.4.2). Após o processamento das informações de entradas, o controlador lógico energiza ou desenergiza as cargas a ele ligadas, conforme o resultado do processamento lógico executado.

Um esquema físico do sistema lógico construído com relés e que realiza o diagrama funcional da figura 1.5.8 está representado na figura 1.5.10.

Figura 1.5.10 – Esquema de construção física do sistema lógico para intertravamento do sistema de compressão de gás (figura 1.5.2), realizando o diagrama funcional da figura 1.5.8.

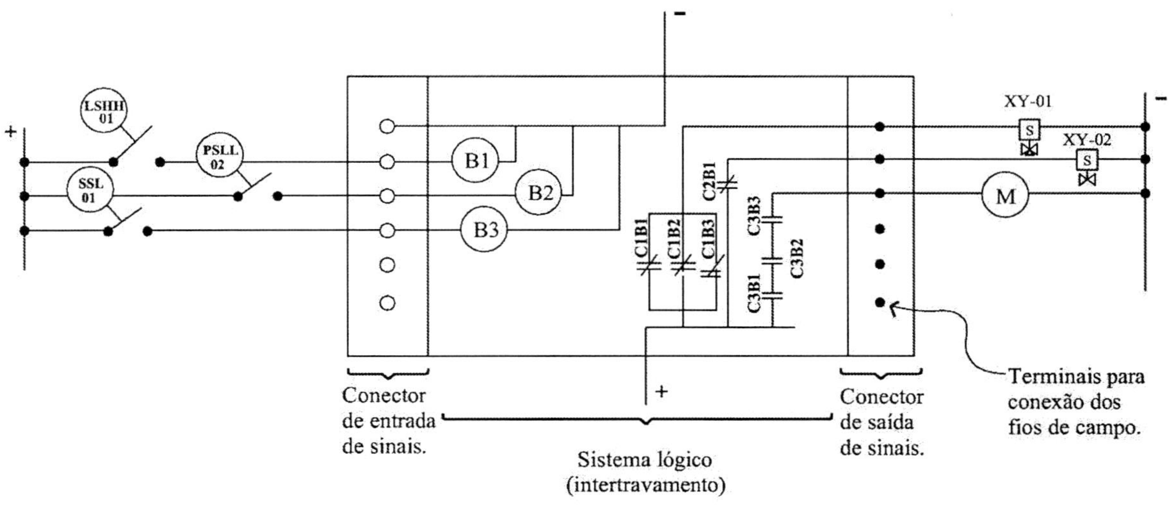

Fonte: autor

Os conectores de entrada de sinais, representados na figura 1.5.10, são terminais elétricos aos quais se ligam os fios que vêm do campo e que permitem ao controlador lógico saber se os eventos de campo ocorreram ou não. Aos conectores de saída de sinais se ligam os fios que vão energizar as cargas do campo.

Controladores lógicos construídos com relés foram, em grande parte, substituídos por outras tecnologias e têm seu uso limitado a pequenos sistemas com poucas entradas e poucas saídas e sem grande complexidade lógica.

1.5.4.2 - Sistemas com circuitos lógicos em estado sólido

Desde o início de sua aplicação, os relés, apesar de elementos simples e de fácil manuseio para construção de circuitos lógicos, estão sujeitos a falhas mecânicas por apresentarem partes móveis. Além disso, apresentam um tamanho que exige muito espaço para a construção de grandes sistemas lógicos. Com as tecnologias de fabricação de circuitos eletrônicos, foram criados componentes eletrônicos sem partes móveis (estado sólido), que são capazes de processar logicamente informações elétricas que chegam aos seus terminais.

As lógicas mais comumente realizadas por estes componentes eletrônicos, aos quais chamamos *portas lógicas*, são a do tipo E e a do tipo OU. A estas portas lógicas são conectados os fios que trazem, na maior parte das vezes, sinais das chaves e que informam se os eventos da entrada ocorreram ou não (por exemplo: se a pressão está alta ou não, se o nível está baixo ou não, etc.).

A interpretação que a porta lógica faz do sinal que a ela chega é a seguinte: se a entrada estiver energizada, é porque o evento a ela associada é verdadeiro (ocorreu). Caso contrário, o evento será falso (não ocorreu). Quando analisamos circuitos lógicos, associamos eventos verdadeiros (existência de tensão) na entrada da porta lógica ao número "1" e eventos falsos (ausência de tensão) ao número "0" (zero).

Tomemos o esquema da figura 1.5.11, para entendermos melhor a convenção utilizada na análise de sistemas lógicos com portas lógicas. O esquema apresenta uma forma muito comum de representação de Sistemas Lógicos, chamado *Diagrama Lógico*.

Figura 1.5.11 – Exemplo de Diagrama Lógico simplificado.

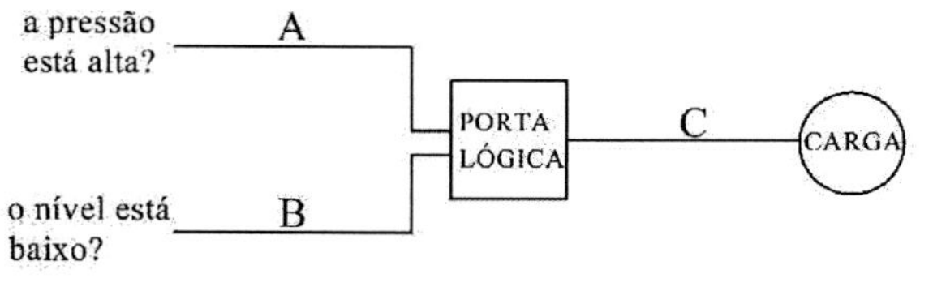

Fonte: autor

Na figura 1.5.11 está representada uma porta lógica que recebe informações de dois eventos de entrada e envia sinal para uma carga em sua saída. Se a entrada A valer "1" é porque a pressão está alta (evento de entrada é verdadeiro). Se a entrada A valer zero, é porque a pressão não está alta (evento de entrada é falso). Analogamente, B=1 significa nível baixo e B=0, nível não baixo.

A saída de uma porta lógica (como no esquema da figura 1.5.11) também poderá assumir valores (níveis lógicos) "0" ou "1". Se for "0", a carga da saída estará desenergizada; se for "1", energizada. Com estes conceitos, podemos entender o funcionamento das portas lógicas "E" e "OU".

A porta lógica "E" fornecerá saída "1" (verdade) somente se todas as suas entradas forem verdadeiras (nível lógico 1). Se *qualquer entrada* for zero (falsa) a porta lógica dará saída zero (falsa), ou seja, não energizará a sua saída.

A porta lógica "OU" fornece saída "1" (verdadeira) se qualquer uma de suas entradas for verdadeira (nível lógico "1" ou energizada). A saída só será zero (falsa) se *todas as suas entradas* estiverem zeradas.

Tomemos então, por exemplo, o diagrama lógico da figura 1.5.11, o qual está reproduzido na figura 1.5.12 com a colocação da função lógica "E" na figura 1.5.12(a) e da função lógica "OU" na figura 1.5.12(b).

Figura 1.5.12 – (a) Diagrama Lógico com uma porta "E"; (b) Diagrama Lógico com uma porta "OU".

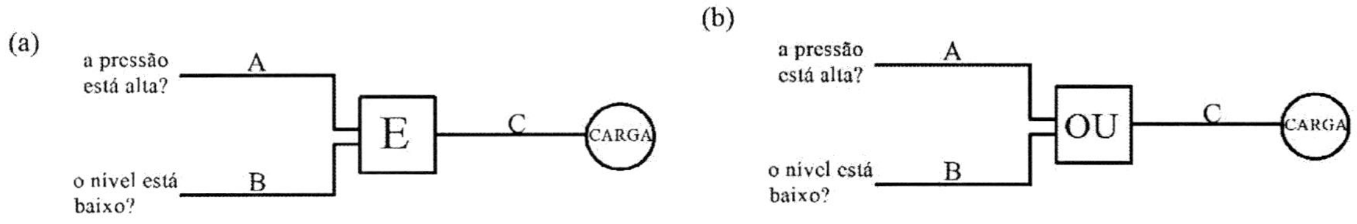

Fonte: autor

O resultado para a saída C em cada uma das portas representadas na figura 1.5.12 está explicitado na tabela verdade, tabela 1.5.1, onde como vimos, os números "1" e "0", representam eventos verdadeiros ou falsos, respectivamente.

Tabela 1.5.1 – Tabela Verdade para os casos (a) e (b) da figura 1.5.12.

Entradas		Saída "C"	
Pressão está alta?	Nível está baixo?	Porta "E"	Porta "OU"
1	1	1	1
1	0	0	1
0	1	0	1
0	0	0	0

Fonte: autor

As *entradas ou saídas* das portas lógicas poderão ainda ser "*negadas*". Negar uma entrada significa que a porta lógica lerá a entrada com nível lógico contrário ao que realmente existe, ou seja, se ele for "zero", a porta lerá "1"; se "1", lerá "zero". Negar a saída significa que a porta lógica dará saída de nível lógico contrário ao que daria sem negação.

O símbolo para negação é um círculo como os que aparecem em uma das entradas da porta "E" e na saída da porta "OU" representadas na figura 1.5.13 (a) e (b). A Tabela Verdade para as portas das figuras 1.5.13 (a) e (b) está representada na tabela 1.5.2.

Figura 1.5.13 – Portas lógicas com negação de sinal.

(a) porta "E" com uma entrada negada

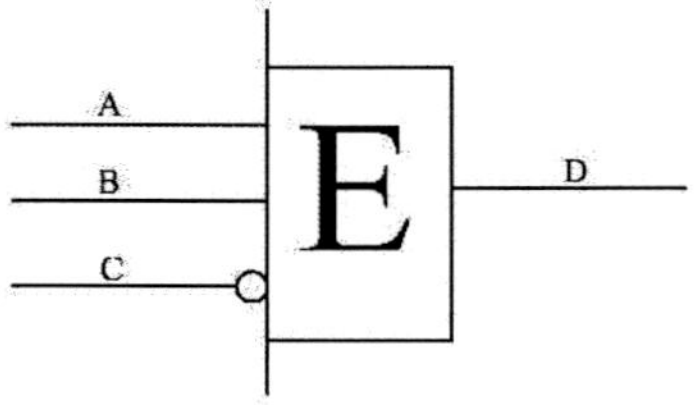

(b) porta "OU" com a saída negada ou NÃO OU (NOU)

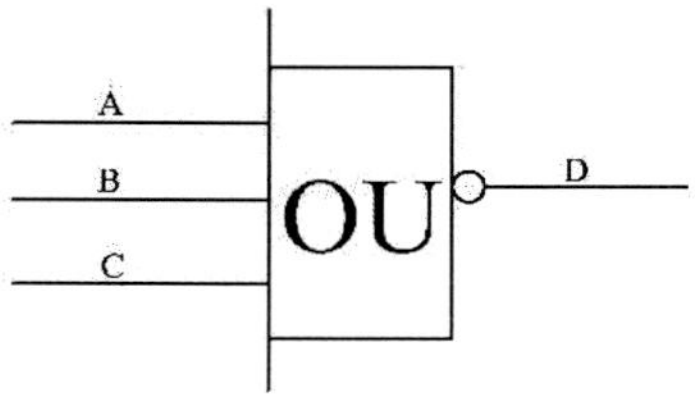

Fonte: autor

Tabela 1.5.2 – Tabela verdade para as portas "E" com uma entrada negada e "OU" com saída negada.

Entradas			Saída "D"	
A	B	C (C negado)	Porta "E" c/ entrada C negada	Porta "OU" com saída negada
1	1	1 (0)	0	0
1	1	0 (1)	1	0
1	0	1 (0)	0	0
1	0	0 (1)	0	0
0	1	1 (0)	0	0
0	1	0 (1)	0	0
0	0	1 (0)	0	0
0	0	0 (1)	0	1

Fonte: autor

Para entendermos a aplicação das portas lógicas no controle lógico, voltemos ao exemplo do sistema de enchimento de latas representado na figura 1.5.3. A tabela verdade que descreve a lógica desejada para o sistema foi explicitada no quadro 1.5.2 e está reproduzida na figura 1.5.14(a). Podemos verificar que o Diagrama Lógico representado na figura 1.5.14(b) realiza a tabela verdade da figura 1.5.14(a).

Figura 1.5.14 – Sistema de enchimento de latas representado na figura 1.5.3.

Entradas			Saída "D"	
Sistema ligado?	Lata fora do peso?	Lata fora da posição?	Liga motor	Abre válvula de produto
HS-01	WS-03	ZS-01	M	XY-01
1	1	1	1	0
1	1	0	0	1
1	0	1	1	0
1	0	0	1	0
0	1	1	0	0
0	1	0	0	0
0	0	1	0	0
0	0	0	0	0

(a)Tabela verdade do sistema

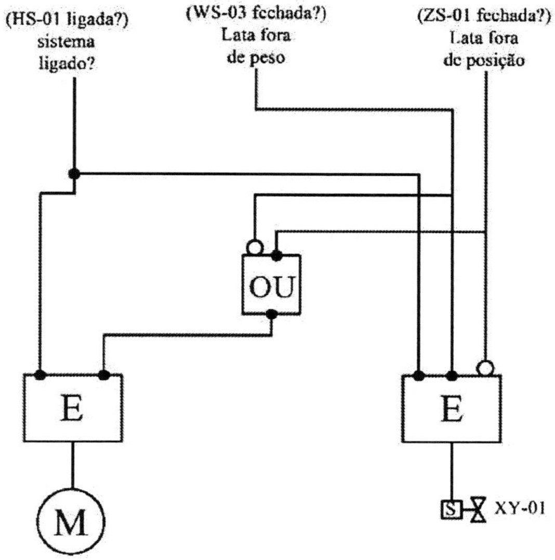

(b) Diagrama Lógico do sistema

Fonte: autor

Os controladores lógicos de estado sólido processam as informações de entrada em circuitos construídos à base de portas lógicas. As portas lógicas devem estar interligadas de forma adequada, a fim de cumprir a lógica desejada. As informações de entrada que vêm das chaves e de outros elementos de campo são processadas pelo controlador lógico que, dependendo do processamento realizado, vai energizar ou desenergizar suas saídas. Os controladores lógicos com portas lógicas são, portanto, baseados em circuitos construídos com componentes de estado sólido e têm interligações físicas entre os dispositivos de campo e o sistema lógico. Um esquema físico do controlador lógico que executa o diagrama lógico da figura 1.5.14(b) está representado na figura 1.5.15.

Figura 1.5.15 – Esquema de montagem física do Sistema Lógico para controle da sequência de operações do sistema de enchimento de latas, representado na figura 1.5.14(b).

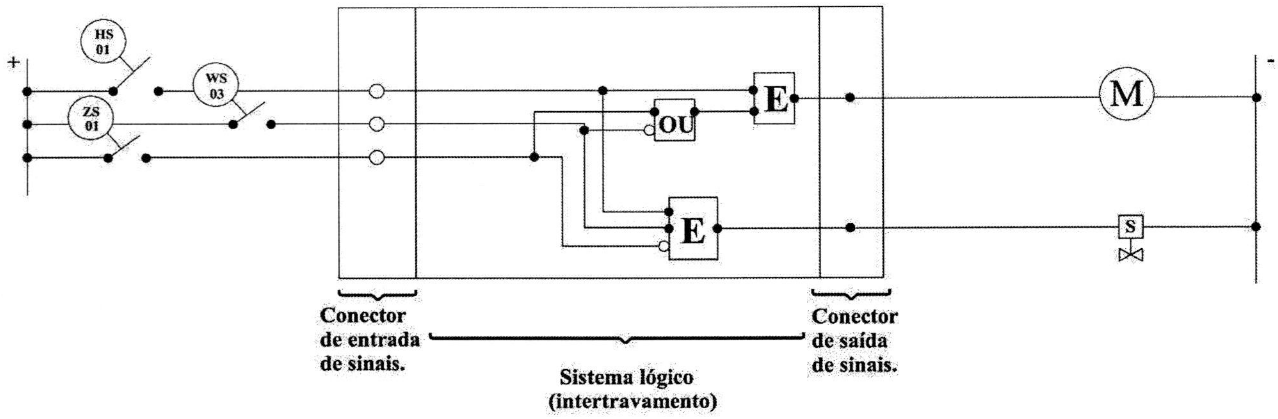

Fonte: autor

Na figura 1.5.15, os conectores de entrada são capazes de receber os sinais de entrada e colocá-los nos níveis de potência adequada ao processamento pelos circuitos de portas lógicas. Os conectores de saída recebendo os sinais eletrônicos de baixa potência gerados pelo controlador lógico a base de circuitos em estado sólido, os adequam às potências das cargas exigidas pelos dispositivos de saída localizados no campo.

Além das funções lógicas "E" e "OU", é comum aparecerem nos circuitos lógicos outras funções, como a de temporização (temporizadores) e a de memorização de sinais (memorizadores ou "*flip-flops*").

O quadro 1.5.5 apresenta algumas destas outras funções lógicas. Uma discussão mais completa de funções lógicas será apresentada no item 1.6, simbologia.

Quadro 1.5.3 – Outras funções lógicas comuns em Sistemas Lógicos.

FUNÇÃO	SÍMBOLO	DEFINIÇÃO FUNCIONAL
1 -OU Qualificado	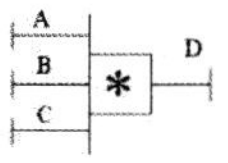 * pode ser qualquer das funções listadas ao lado. Exemplo: 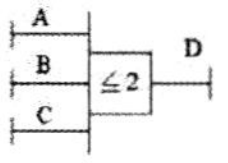 Significa que D assumirá o nível lógico "1" (existirá) se no máximo duas das entradas A, B, C existirem (tiverem nível lógico "1").	A saída lógica D existirá se e somente se um número N de entradas A, B, C existir. O número N de entradas é especificado como abaixo: Funções *: a) = N (igual a N) b) ≠ N (diferente de N) c) < N (menor que N) d) > N (maior que N) e) ≮ N (não menor que N) f) ≯ N (não maior que N) g) ≤ (menor ou igual a N) h) ≥ (maior ou igual a N)
2 - Memorizador (*flip-flop*)	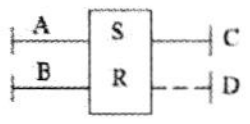 S = memorize (*set memory*) R = limpe memória (*reset memory*) * a saída D não deve ser representado se não utilizada	A saída lógica C existirá tão logo a entrada lógica A exista. C continuará a existir, independentemente do estado de A, até que B exista (assuma nível lógico "1"). C ficará ausente (zerado) independentemente do estado de B, até que A assuma nível lógico "1" (exista). C, portanto, valerá "0" enquanto B valer "1". A saída D, se existente, existirá sempre que C deixar de existir (for 0).
3- Temporizadores a) saída com retardo para acabar (*Delay Termination of output*) b) saída pulsada (*Pulse Output*)	a) 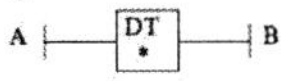 b) 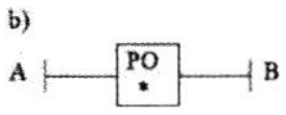	a) A existência da entrada lógica A provoca o imediato aparecimento de B. B terminará um tempo t após o desaparecimento de A, desde que A não tenha voltado a existir. b) A existência de A, independentemente do seu estado subsequente, provoca a existência imediata da saída B. B existirá por um tempo t e terminará

Fonte: autor com base na ISA, 1976 (R 1992).

Observamos ainda que as funções lógicas podem ser implementadas por relés ou circuitos de estado sólido. A figura 1.5.16 apresenta um "E" e um "OU" construído com relés, onde estamos supondo que cada bobina de relé, B1 e B2, esteja associada a uma entrada.

Figura 1.5.16 – Diagrama funcional com a carga 1 ligada à lógica "E" e a carga 2 ligada à lógica "OU" onde as lógicas estão construídas com relés.

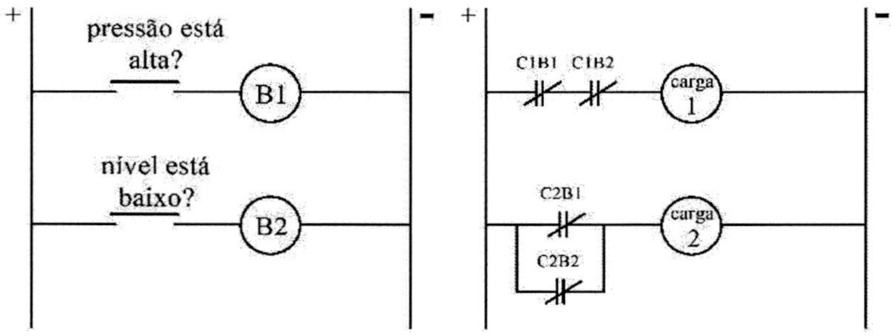

Fonte: autor

O diagrama funcional está representado para a condição de entradas verdadeiras, ou seja, quando a pressão está alta e o nível está baixo, o que ocasionará a energização das bobinas B1 e B2. O circuito que alimenta a carga 1 funcionará como uma lógica "E", uma vez que a carga 1 será energizada se as duas entradas forem verdadeiras. O circuito que alimenta a carga 2 funcionará com uma lógica "OU", uma vez que a carga 2 estará energizada se qualquer uma das entradas for verdadeira.

A tabela 1.5.3 apresenta a resposta das cargas 1 e 2 da figura 1.5.16 às várias possibilidades de entrada. Verifica-se por este quadro que as lógicas executadas pelos circuitos da figura 1.5.16 são a "E" para a carga 1 e a "OU" para a carga 2.

Tabela 1.5.3 – Tabela verdade do diagrama funcional da figura 1.5.16.

Entradas		Saídas	
Pressão está alta?	Nível está baixo?	Carga 1	Carga 2
1	1	1	1
1	0	0	1
0	1	0	1
0	0	0	0

Fonte: autor

1.5.4.3 - Controladores Lógicos Programáveis - CLP - *(Programmable Logic Controller - PLC)*

Tanto os controladores lógicos construídos com relés como os construídos à base de circuitos de estado sólido, quando utilizados para um número maior de entradas e saídas têm ligações complexas e exigem, em caso de erro de instalação ou de necessidade de mudança da lógica configurada, que se reloque fisicamente fios, refaça-se soldas e se troque relés ou circuitos. Os controladores lógicos programáveis (CLP), por terem as lógicas definidas por *softwares*, permitem mudanças de lógicas e reconfigurações sem necessidade de modificações físicas, permitindo agilidade e mais precisão nestas ações. Com o uso da tecnologia digital, torna-se possível programar as funções lógicas sem necessidade de construí-las fisicamente.

Os CLPs foram desenvolvidos para atuarem em controles de operações lógicas sendo orientados para processos de manufatura, onde estes controles predominam em relação aos controles de variáveis de processo. Eles são em síntese um computador quanto à parte física (*hardware*) sendo, no entanto, construído com robustez para atender às demandas industriais. Neste equipamento são inseridos programas, na sua maior parte, numa linguagem própria desenvolvida para estes instrumentos, programas esses voltados para o controle e monitoramento de dispositivos de saída como válvulas solenoides, relés de carga, comutadores e motores elétricos, conforme o estado dos eventos de entrada informados pelos dispositivos de entrada (chaves, contadores, temporizadores, etc.), onde os dispositivos de entrada e saída se relacionam através de lógica própria programada no CLP.

Os CLPs são compostos basicamente pela CPU, onde se situam o processador e as memórias, pela fonte de alimentação, pelos módulos de entrada, pelos módulos de saída e pelo dispositivo de interfaceamento com o programador ou operador (interface homem máquina). O esquema de um CLP típico está na figura 1.5.17.

Figura 1.5.17 – Esquema construtivo de um CLP típico.

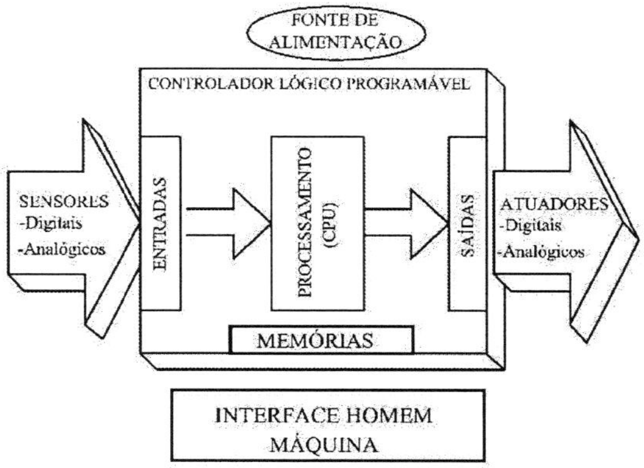

Fonte: autor

A *CPU (Central Processing Unit)*, ou unidade central de processamento é o elemento onde são lidos os dados de entrada, executadas as lógicas programadas e armazenadas na memória do CLP, e gerados os comandos de saída para acionamento dos dispositivos de saída.

O *processador* é o coração da CPU. Ele lê o programa gravado na memória do CLP e cuida da sua execução. Seu funcionamento é baseado em um sistema operacional que suporta a operação do sistema. No processador também são analisadas falhas do CLP e do programa em execução, e gerenciada a comunicação com os módulos de entrada e saída. A CPU do CLP pode ter mais de um processador.

As *memórias* vinculadas à CPU são do tipo volátil e não volátil. O sistema operacional, por exemplo, fica residente na memória não volátil, fora do acesso do usuário comum. Os dados de entrada e saída, por exemplo, ficam na memória volátil.

A *fonte de alimentação* provê a energia necessária para operação do CLP de forma compatível com o seu projeto. Para tal regula os níveis de tensão dos vários consumidores, como aquela própria para funcionamento dos processadores.

Os *módulos de entradas* são os dispositivos responsáveis por receber e condicionar os sinais de entrada vindos do campo e gerados pelas chaves e sensores diversos como: botoeiras, pressostatos, termostatos, chaves de fim de curso, dentre outros. As entradas do CLP podem ser tanto digitais como analógicas de acordo com as características do processo sob seu controle.

Os *módulos de saídas* são os dispositivos responsáveis por condicionar os sinais de saída e enviá-los aos dispositivos de saída. As saídas podem também ser analógicas ou digitais como atuadores eletropneumáticos, contatores, relés de potência, solenoides, dentre outros elementos de saída.

Finalmente, a *interface homem-máquina* ou *dispositivos de interfaceamento* permitem a comunicação entre o CLP e o ambiente externo. É através desses dispositivos que os CLPs são programados, que são informadas as não conformidades ocorridas durante a operação do sistema e onde são obtidas informações geradas pelo sistema.

Os CLPs trabalham com uma sequência operacional definida, com varredura contínua das entradas e saídas. Assim, uma vez inicializado o sistema, ele realiza a leitura das entradas, executa os programas e atualiza a saída, como esquema da figura 1.5.18. Os programas são elaborados com linguagens de alto nível, desenvolvidas para os CLPs.

Figura 1.5.18 – Sequência operacional dos CLPs.

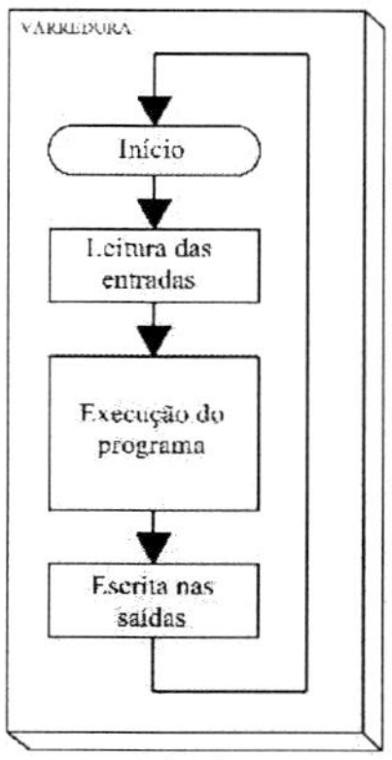

Fonte: autor

A *linguagem* mais comum para programação dos CLPs é a chamada "*Ladder*", do inglês, escada. O nome vem da aparência gráfica gerada pela apresentação do programa, que é similar a de uma escada (ver figura 1.5.19).

Figura 1.5.19 – Aspecto típico da tela de programação do CLP com linguagem ladder.

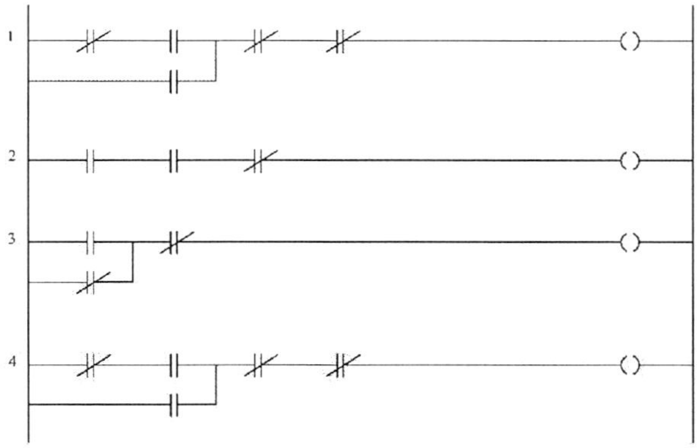

Fonte: autor

A *linguagem Ladder* segue a lógica do diagrama funcional baseado em lógicas de relés, onde aparecem contatos de chaves, bobinas e outros elementos comuns aos diagramas funcionais de relés. Dentre um arsenal de símbolos e funções se incluem temporizadores, contadores e memorizadores (*flip-flop*).

O programa em linguagem *Ladder* é representado por uma sequência de linhas horizontais, como as da figura 1.5.19, que se alongam entre duas linhas verticais. O CLP processa as linhas sequencialmente degrau a degrau. Estes diagramas facilitam ao usuário entender a sequência de operações lógicas e organizam a programação naturalmente. Com a fácil e rápida visualização da lógica programada os controladores lógicos programáveis permitem ajustes *on line* do programa.

Outras linguagens de programação para os CLPs são disponíveis, mas a *Ladder* é a mais comum, embora apresente algumas pequenas limitações práticas. Algumas linguagens utilizadas são definidas na IEC-61131-3[34], norma que especifica a sintaxe e a semântica de cinco linguagens utilizadas em CLPs.

Além da linguagem gráfica do Diagrama *Ladder* (*Ladder Diagram* – LD), a IEC-61131-3 trata de outras duas linguagens gráficas que são o Diagrama de Blocos de Funções (*Function Block Diagram* – FBD) e a Carta de Funções Sequenciais (*Sequential Function Charts* – SFC) e referencia também duas linguagens textuais que são a Lista de Instruções (*Instructiona List* - IL) e a de Texto Estruturado (*Structured Text* – ST).

Muito embora o CLP tenha como referência o controle de processos de manufatura, os quais são ricos em eventos liga-desliga que são tratados de forma lógica, ele possui capacidade para controle de variáveis de processo (controles PID). Dependendo de seu porte e dos fabricantes[35].

É comum que os CLPs tenham comunicação com sistemas de controle e aquisição de dados, SCADA (*Supervisory Control and Data Acquisition*) de forma a gerar relatórios e informações mais organizadas do processo. A interface com os CLPs pode também ser feita por computadores com *softwares* adequados.

Dentre as vantagens dos CLPs em relação aos relés e sistemas lógicos de estado sólido, está o pequeno espaço ocupado, ainda que para lógicas de grande porte, a capacidade de reprogramação, alteração de sequências operacionais com simples modificação de programas, simulação dos processos a serem controlados antes de colocação do controlador em linha, aquisição de dados do processo para outras finalidades como supervisão e operação, além da facilidade de comunicação com redes e outros sistemas digitais.

Questões de síntese do conteúdo

1.5.1 – Como você diferenciaria um controle de natureza lógica do controle de variáveis de processo?

1.5.2 – Pensando nas suas experiências, dê exemplos de processos com controles de natureza lógica. Exemplifique, descrevendo na forma de Memorial Descritivo, uma lógica executada por ele.

---

[34] ver IEC, 2013.

[35] Exemplos de fabricantes tradicionais de CLPs de sistemas de grande e pequeno porte são ABB, SIEMENS, ALLEN BRADLEY, HITACHI E MITSUBISHI.

1.5.3 – Um controle lógico pode ser aplicado em sistemas de intertravamento ou em sistemas de controle de sequência de operações. Como você caracterizaria cada uma destas aplicações, ou seja, qual a diferença entre elas?

1.5.4 – Tente descrever a sequência lógica executada por uma máquina de lavar roupa automática dessas utilizadas nas residências. (Se não tiver conhecimento do funcionamento destes equipamentos, tente imaginar a sequência necessária para lavar a roupa numa máquina que você criaria).

1.5.5 – Um sistema de bombeamento de líquido de uma cisterna subterrânea para caixas elevadas de acumulação do líquido para consumo (como a cisterna e a caixa d'água de um edifício) funciona da seguinte forma: quando a caixa elevada estiver com nível baixo e a cisterna estiver com líquido suficiente, é ligada a bomba para bombear líquido da caixa subterrânea para a caixa elevada. Se a cisterna subterrânea estiver vazia, a bomba não ligará, mesmo que a caixa elevada esteja vazia. O sistema poderá ter seu funcionamento interrompido em qualquer situação, se um operador pressionar a botoeira de parada da bomba.

Para o sistema descrito: a) Quais são os eventos de entrada deste sistema e que sensores ou chaves são necessários para detetá-los? b) Quais os eventos (ou evento) de saída do sistema e quais os equipamentos necessários para implementá-los? c) Usando lógicas E e OU construa um diagrama lógico que execute a lógica desejada. d) Construa o mesmo sistema lógico utilizando montagens de relés onde os circuitos de contatos destes são organizados em série e/ou em paralelo.

1.5.6 – Quais as formas usuais de explicitarmos as lógicas a serem executadas pelos controladores lógicos? Construa a Tabela de Causa e Efeito para o exemplo do exercício 1.5.5. Construa a Tabela Verdade para o sistema do exercício 1.5.5.

1.5.7 – Quais as tecnologias utilizadas para implementação de controladores lógicos? Explicite uma vantagem e uma desvantagem de cada uma delas.

1.5.8 - Complete a Tabela Verdade para o diagrama representado na figura 1.5.20, sabendo que a condição representada no diagrama lógico é a do PS-01 (pressostato), FSL-05, (chave de vazão baixa) e TSH-03 (chave de temperatura alta), com níveis lógicos 0, 0 e 0, respectivamente.

Figura 1.5.20 – Questão 1.5.8.

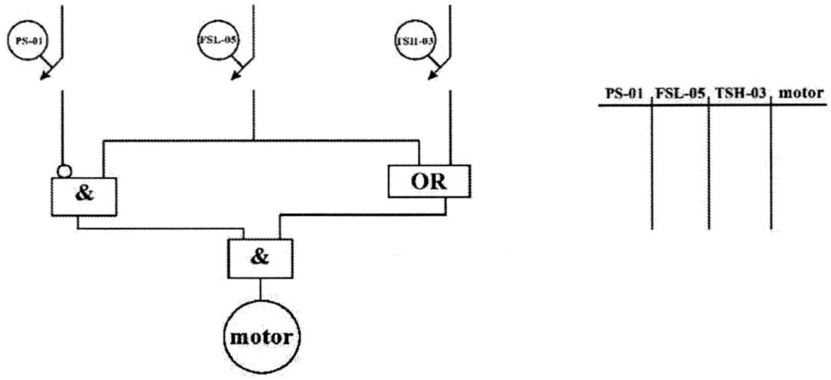

Fonte: autor

1.5.9 - Complete a Tabela Verdade a seguir, a qual deverá descrever a lógica de funcionamento do circuito lógico apresentado no diagrama lógico da figura 1.5.21(a), onde as entradas são as chaves TSH-01, FSL-02 e SSL- 03 e as saídas são as duas bobinas dos relés 01 e 02, B-01 e B-02;

A partir da tabela verdade elaborada para a figura 1.5.21(a), considerando que as bobinas B1 e B2 comandadas pelo sistema lógico da figura 1.5.21(a) comandam os contatos C11, C12, C21 e C22 do Diagrama Unifilar representado na figura 1.5.21 (b), complete a tabela verdade nas colunas 6 e 7 colocando "E" se a carga estiver energizada e "D" se estiver desenergizada. A sigla CNM se refere ao contato N da bobina (ou relé) M.

Tabela 1.5.4 – Tabela verdade dos diagramas lógico e funcional da figura 1.5.21.

1	2	3	4	5	6	7
TSH 01	FSL 02	SSL 03	B1	B2	CARGA 1	CARGA 2
0	0	0	1	0	D	D

Nota: a condição escrita na última linha da tabela verdade acima é a da situação das figuras 1.5.21(a) e da situação da figura 1.5.21(b)

Fonte: autor

Figura 1.5.21 – (a) diagrama lógico tendo as chaves TSH-01, FSL-02 e SSL-03 como dispositivos de entrada e as bobinas B1 e B2 dos relés 1 e 2 como dispositivos de saída; (b) diagrama funcional tendo os contatos dos relés 1 e 2 como entradas e as cargas 1 e 2 como saídas.

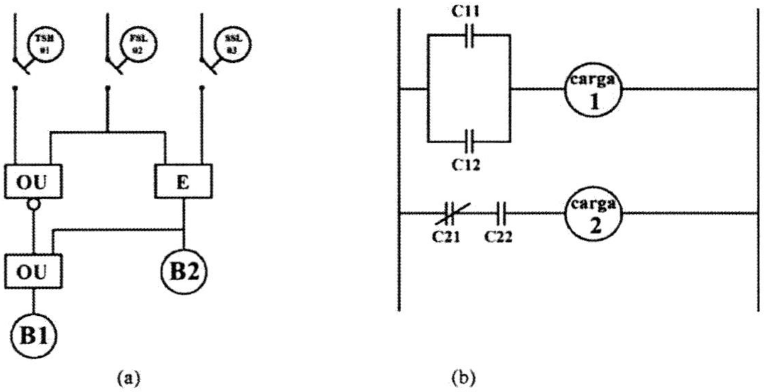

Fonte: autor

1.5.10 – O que é um CLP? Quais as partes que compõem o seu *hardware*? Qual a linguagem mais comumente utilizada para programação dos CLPs? Quais as linguagens tratadas pela IEC-61131-3?

1.5.11 – A figura 1.5.22 apresenta um programa de CLP escrito em linguagem *Ladder*. Analisando o diagrama *ladder* descreva a lógica executada pelo programa.

Figura 1.5.22 – Questão 1.5.11

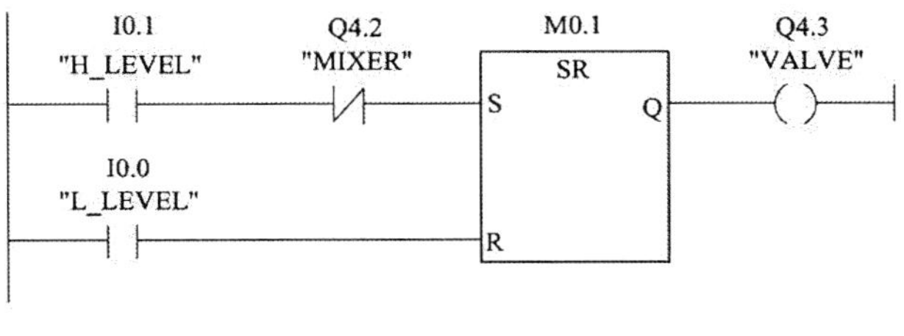

1- H_LEVEL = CONTATO DA CHAVE DE NÍVEL ALTO;
2- MIXER - CONTATO, QUE QUANDO FECHADO, INDICA QUE UM MISTURADOR ESTÁ FUNCIONANDO;
3- L LEVEL = CONTATO DA CHAVE DE NÍVEL BAIXO;
4- VALVE - BOBINA DE UM RELÉ QUE ACIONA A ABERTURA DE UMA VÁLVULA;
5- M0.1/SR - MEMORIZADOR (FLIP-FLOP);

Fonte: autor

1.6 – O fundamental sobre simbologia

1.6.1 - Introdução

Nos *desenhos e documentos de engenharia* que trazem a representação da instrumentação necessária para monitorar, controlar, proteger e gerar informações para os níveis de gestão da fábrica, devemos utilizar uma *simbologia e nomenclatura* que permita a qualquer técnico familiarizado com a documentação de engenharia, compreender o que queremos implementar.

Para permitir esta compreensão da instrumentação é comum utilizarmos uma representação nos documentos, bastante difundida internacionalmente, a qual teve seus fundamentos desenvolvidos pela instituição americana responsável pela padronização de práticas de engenharia em instrumentação e automação, conhecida como ISA (*International Society of Automation* antiga *Instrument Society of America*). Neste item resumiremos o fundamental desta representação, tomando como referência a norma (*Standard*) ISA S-5.1 (2009), "*Instrumentation Symbols and Identification*".

1.6.2 – Simbologia para instrumentos

Os instrumentos são representados na maioria das vazes, em desenhos e em documentos gráficos, por círculos. A figura 1.6.1 apresenta além do círculo outros três símbolos que comumente são utilizados nos documentos de engenharia e que são definidos pela ISA S-5.1 (2009) para funções e instrumentos implementados em diferentes dispositivos (*hardwares*) (ver funções no item 1.3).

Figura 1.6.1 – Simbologia básica para instrumentos em documentos gráficos.

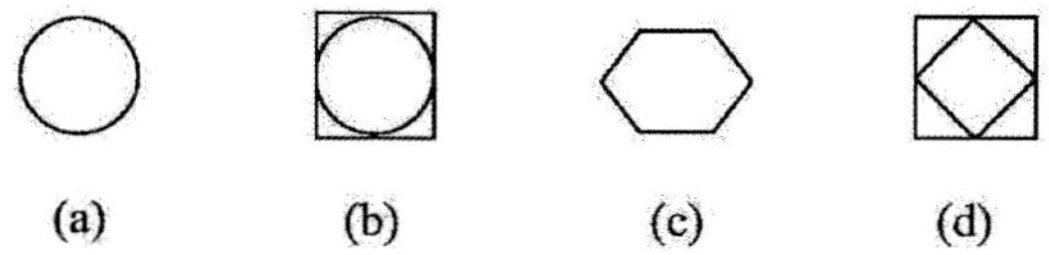

Fonte: autor

O primeiro símbolo, figura 1.6.1(a), círculo isolado, é usado quando temos *instrumentos ou funções realizadas por instrumentos discretos dedicados*[36], ou seja, que recebem informação de uma só variável de processo. O segundo símbolo, círculo emoldurado por um quadrado, e o quarto símbolo, losango emoldurado por um quadrado, são usados tanto para representar *sistemas distribuídos (SDCD) como para representar*

[36] O termo "instrumentos discretos", como visto no item 1.3, se aplica àqueles instrumentos dedicados ao controle de uma só variável e a uma só função (como os controladores e indicadores analógicos).

controladores programáveis (CLP), onde as interfaces homem-máquina e o *hardware* são compartilhados[37], ou seja, atendem a diversas variáveis de processo, sendo que o da figura 1.6.1(b) é mais usado para SDCD e o da figura 1.6.1(d), *losango envolto por um quadrado,* para CLP. O hexágono, figura 1.6.1(c), se refere a um dispositivo ou função configurada, ou seja, implementada através de funções pré-programadas, num computador qualquer dedicado ao controle do processo[38].

A figura 1.6.2 apresenta símbolos semelhantes, com a diferença de que eles têm uma barra no meio das figuras. Esta modificação indica que o *instrumento* está na sala de controle, *num painel*, ou visualizado numa interface homem-máquina localizada em sala de controle. Instrumentos e funções representados sem barra estão localizados no campo, ou seja, junto ao ponto de medição e aos equipamentos de processo. Assim, os símbolos da figura 1.6.1 representam *instrumentos e funções* implementadas *no campo* e os da figura 1.6.2, aqueles acessíveis pela sala de controle.

Figura 1.6.2 – Simbologia de instrumento visualizado da sala de controle.

(a) (b) (c) (d)

Fonte: autor

A figura 1.6.2(a) se refere a um instrumento dedicado, instalado em sala de controle; as figuras 1.6.2(b) e (d) a instrumentos visíveis de uma interface homem-máquina compartilhada, sendo o símbolo (b) mais comumente associado a SDCD e o (d) a PLC. O símbolo da figura 1.6.2(c) se refere a funções implementadas em computadores localizados em sala de controle.

Como é comum a existência de painéis que não estão na sala de controle principal da planta industrial e sim numa sala de controle auxiliar, que estejam dedicada à monitoração, controle e proteção de um sistema como o de geração elétrica, um compressor de ar, ou outro de maior complexidade operacional, a ISA S-5.1(2009) prevê o uso de duas barras no centro do símbolo para identificar um segundo painel localizado nesta casa de controle auxiliar, como na figura 1.6.3.

[37] O termo compartilhado se aplica àqueles instrumentos que fazem mais de um controle ou aqueles encarregados da monitoração de muitas variáveis, como é o caso dos sistemas digitais descritos no item 1.4, subitem 1.4.12.

[38] Computadores de processos são computadores interligados aos sistemas digitais que realizam cálculos com os dados de processo com o objetivo de controle, otimização e acompanhamento operacional da unidade de processamento. Podem ser computadores de grande ou médio porte, ou microcomputadores.

Figura 1.6.3 – Simbologia de instrumento instalado em um painel secundário ou auxiliar.

(a) (b) (c) (d)

Fonte: autor

A norma apresenta ainda símbolos para instrumentos ou funções que, embora existam, não são visíveis pelo operador, como por exemplo, cálculos matemáticos e ajuste de pontos de alarmes. Nestes casos, a figura que simboliza o instrumento terá uma linha tracejada, como na figura 1.6.4. Com este símbolo se indica que "o instrumento não é visível ao operador", ou também como sendo um "instrumento localizado atrás do painel" numa referência à instalação de instrumentos embutidos em painéis ou não visualizados em interfaces homem-máquina.

Figura 1.6.4 – Simbologia para instrumento não visível pelo operador: (a) instrumento instalado em casa de controle principal; (b) instrumento instalado em casa de controle auxiliar

(a) (b)

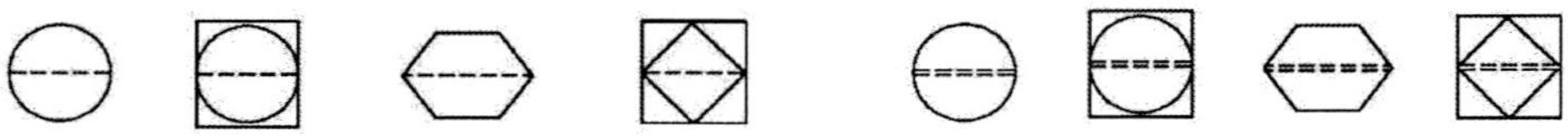

Fonte: autor

1.6.3 - Identificação dos instrumentos

Os instrumentos ou funções representadas por símbolos são também identificados por um conjunto de letras e caracteres alfanuméricos. As identificações terão *no mínimo duas letras.* O alfanumérico poderá conter só números ou números e letras. A representação básica da identificação está na figura 1.6.5.

Figura 1.6.5 – Identificação de instrumentos.

L_1 se refere às letras apresentadas na primeira coluna do quadro 1.6.1. L_2 em geral se refere às funções do instrumento, explicitadas nas colunas 3 e 4 do quadro 1.6.1.

α N se refere ao dado alfanumérico, o qual poderá só conter números.

Fonte: autor

Na identificação do instrumento ou função, a *primeira* das letras (L_1) se referirá sempre à *variável de processo* que está sendo medida. Assim, por exemplo, se a letra for "T", é porque o instrumento ou função estará vinculado à informação de um sensor de temperatura, que será, neste caso, a variável medida. Se for "P" é porque funciona a partir de um sensor de pressão (variável medida é pressão) e assim por diante. Para o significado de outras, ver quadro 6.1.

Se a identificação tiver somente duas letras, como na figura 1.6.5, a *segunda letra* (L_2 na figura 1.6.5) se referirá à *função do instrumento*, que como vimos no item 1.3 pode ser, por exemplo, a de um transmissor, caso em que a segunda letra será um "T" ou a de um controlador, caso em que será um "C". Assim, um instrumento identificado como "TC" será um controlador de temperatura[39].

O quadro 1.6.1[40] apresenta, na primeira coluna, as letras do alfabeto e na segunda o significado desta letra quando ocupando a *primeira posição* (L_1 na figura 1.6.5). Pelo quadro vemos que instrumentos associados à medida de vazão iniciarão sua identificação por "F", os associados à temperatura por "T" e assim por diante.

Nas quarta e quinta colunas do quadro 1.6.1 estão os significados das letras na *segunda posição da identificação*, para identificações com somente duas letras. Nesta situação as letras identificarão as funções dos instrumentos. A diferença entre a quarta e a quinta coluna é que na quarta estão letras que identificam *funções* chamadas *passivas*, ou seja, funções que não geram saída de sinal. Na quinta estão as *funções ativas*, ou seja, aquelas associadas a instrumentos que geram sinais de saída, como os transmissores e os controladores. Assim, um instrumento registrador de temperatura, que é passivo, ou seja, não emite sinal, será identificado como "TR". Como um mesmo instrumento pode ter função passiva e ativa terá, neste caso, *mais de duas letras*, como por exemplo, "TIC" que identificará um instrumento Indicador e Controlador de Temperatura. A *função passiva* deverá vir *em primeiro lugar* na identificação, ou seja, "TIC" e não "TCI".

Nas terceira e sexta colunas do quadro 1.6.1 estão letras que modificam ou adicionam um sentido na identificação da variável (neste caso virão após a primeira letra que identifica a variável medida) ou à função do instrumento (neste caso virão como última letra), respectivamente. Os instrumentos com letras modificadoras terão identificações com mais de duas letras. Assim, por exemplo, quando adicionado um "D" à variável medida temperatura, ou seja, quando identificamos o instrumento por um "TD" estamos indicando que medimos não uma temperatura simplesmente, mas uma diferença entre duas temperaturas. Quando adicionamos um "H" a um alarme de pressão, estamos acrescentando um sentido à função de alarme o qual seria representado simplesmente por um "PA" (alarme de pressão). Com a adição do "H" teremos então um "PAH", ou seja, um alarme de pressão alta (H = *high*).

---

[39] Lembrar que como a nomenclatura é em inglês, as letras aparecem na ordem inversa, no exemplo, TC significa *Temperature Controller*.

[40] Adaptada da tabela 4.1 da ISA, 2009.

A segunda parte da informação contida na identificação dos instrumentos, a alfanumérica, tem algumas funções:

a- diferenciar instrumentos que têm as mesmas letras. Exemplo: FI-03 e FI-04;

b- de forma opcional, identificar a unidade industrial onde se situa o instrumento.

Exemplo: Se temos duas unidades industriais uma de número 110 e outra de número 120, podemos numerar dois instrumentos indicadores de vazão de mesmo número final como: FI-11003 e FI-12003;

c- para identificar instrumentos de uma mesma malha, como será discutido no subitem 1.6.5.

Quadro 1.6.1 – Definição das letras de identificação dos instrumentos (ver comentários após o quadro)

LETRA	VARIÁVEL MEDIDA	LETRA QUE MODIFICA O SIGNFICADO DA VARIÁVEL MEDIDA	FUNÇÃO PASSIVA DO INSTRUMENTO	FUNÇÃO ATIVA DO INSTRUMENTO	LETRA QUE MODIFICA A FUNÇÃO DO INSTRUMENTO
A	ver comentário 1		**Alarme**		
B	**Queimador ou Combustão**		ver comentário 2	ver comentário 2	ver comentário 2
C	ver comentário 2			**Controlador** ver comentário 10	**Fechado (em geral para válvulas, *dampers*, etc.)**
D	ver comentário 2	**Diferencial ou Diferença**			**Desvio** ver comentário 11
E	**Voltagem**		**Sensor ou Elemento Primário**		
F	**Vazão ou Percentual de vazão**	**Razão entre duas variáveis**			
G	ver comentário 2		**Visor, Medidor ou Dispositivo de Visualização**		
H	**De atuação manual**				**Alto (em geral alarmes ou posição de plugue de válvulas)**

I	**Corrente elétrica**		**Indicador**		
J	**Potência**		ver comentário 3		
K	**Tempo ou programação no tempo**	**Variações do valor de uma variável no tempo**		**Estação de controle** (ver comentário 4)	
L	**Nível**		**Luz (lâmpada)**		**Baixo (em geral alarmes ou posição de plugue de válvulas)**
M	ver comentário 2				**Valor médio entre valores de variáveis**
N	ver comentário 2		ver comentário 2	ver comentário 2	ver comentário 2
O	ver comentário 2		**Orifício que restringe a área de passagem de fluido**		**Aberto (em geral para válvulas, *dampers*, etc.)**
P	**Pressão**		**Ponto de conexão para teste de instrumento**		
Q	**Quantidade**	**Integrador ou Totalizador de valor**	**Integrador ou Totalizador de valor**		
R	**Radiação**		**Registrador** ver comentário 9		**Partida ou funcionamento**
S	**Velocidade ou Frequência**	**Segurança** ver comentário 8	**Chave (switch)**		**Parada**
T	**Temperatura**			**Transmissor**	
U	**Multivariável** ver comentário 5		**Multifunção** ver comentário 5	**Multifunção** ver comentário 5	
V	**Vibração de máquinas ou outra análise mecânica**			**Válvulas, *dampers* ou persianas de restrição de fluxo** ver comentário 10	

W	**Peso ou Força**		**Poço termométrico ou tomada de amostra para análise**		
X	**Não classificada** ver comentário 6	**Indica que a medida se efetua no eixo X de referência**	**Acessórios ou dispositivos não classificados** ver comentário 6	**Não classificado** ver comentário 6	**Não classificado** ver comentário 6
Y	**Evento ou estado como ligado e desligado ou presença de algo**	**Indica que a medida se efetua no eixo Y de referência**		**Dispositivo auxiliar** ver comentário 7	
Z	**Posição ou dimensão**	**Indica que a medida se efetua no eixo Z de referência ou indica Sistema de Segurança Instrumentado**		**Driver, atuador ou dispositivo final de controle não classificado**	

Fonte: ISA, 2009

Comentários sobre a tabela:

(1) A letra "A" na primeira posição da identificação do instrumento indica análise química ou física. Deve ser explicitado externamente ao círculo do instrumento que tipo de análise é feita, como nos exemplos da figura 1.6.6.

(2)

Figura 1.6.6 – Analisadores com a explicitação da variável que está sendo analisada

(a) registrador de análise de oxigênio (b) registrador de análise de acidez (pH)

Fonte: autor, com base na ISA, 2009.

(2) Estas letras terão o significado definido pelo usuário. Nos documentos de engenharia deve aparecer em nota ou legenda o significado de cada letra dentre estas utilizadas como variável de processo ou função.

(3) A letra J é utilizada em instrumentos ou funções, que associados a mais de um sensor de uma mesma variável, como vários sensores de temperatura, ou sensores de diferentes variáveis como temperatura, pressão e vazão, por exemplo, indicam periodicamente o valor de cada uma das variáveis a ele associadas, de

forma cíclica através de uma varredura (*scan*) das entradas. Os instrumentos são denominados multipontos. A figura 1.6.7 exemplifica a representação para um indicador multiponto de temperatura.

Figura 1.6.7 – Indicador multiponto de temperatura.

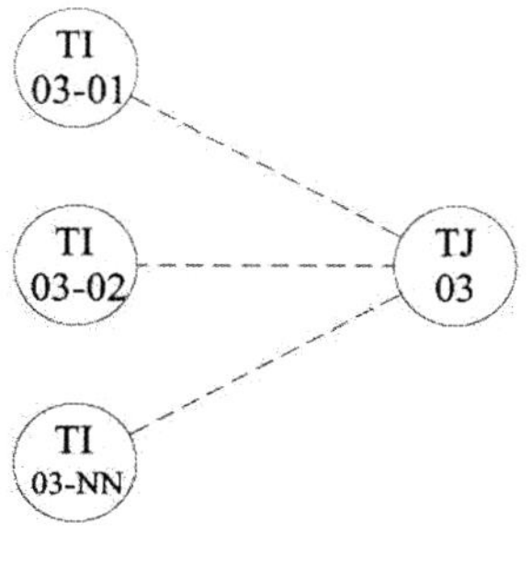

Fonte: autor, com base na ISA 2009.

(4) Estação de controle é um dispositivo acessível ao operador, como uma chave ou botoeira, que permite a troca entre o controle automático e manual ou uma botoeira liga/desliga, como representado na figura 1.6.8.

Figura 1.6.8 – Exemplo de estação de controle: (a) chave auto-desliga-manual (*Hand-Off-Auto* – H-O-A); (b) botoeira liga/desliga

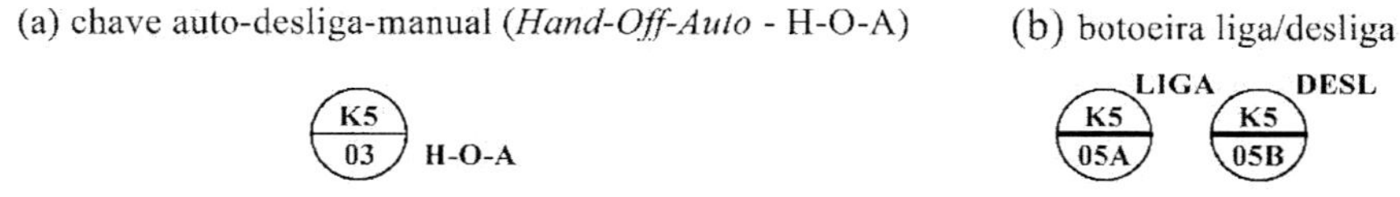

Fonte: autor com base na ISA, 2009.

(5) Multivariável se refere a instrumento que está associado a sensores de diferentes variáveis de processo (pressão, temperatura, vazão, por exemplo). Multifunção se refere a instrumentos que desempenham diferentes funções (alarme, controle, transmissão, por exemplo). Ver figura 1.6.9.

Figura 1.6.9 – instrumento ou função (a) multivariável; (b) multifunção

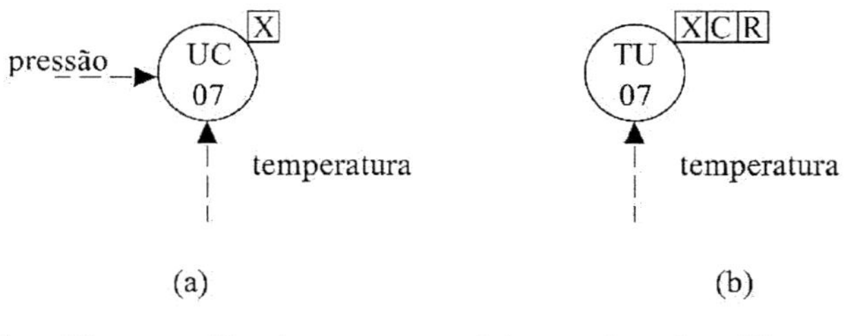

(6) A letra X é usada para identificar variáveis que o usuário queira classificar no seu documento, como por exemplo, deformação de um material, e também para nomear dispositivos ou funções não classificadas na tabela, como osciloscópios ou aparelhos de raio X. Se X for utilizado para vários significados, estes devem ser explicitados fora do círculo que representa o instrumento ou em nota no documento.

Exemplo: X = deformação (como variável de processo): XR-05 será um registrador de deformação

X = osciloscópio (como função): XX-08 será um osciloscópio associado à deformação.

Como função passiva pode indicar um dispositivo que seja requerido para a operação do instrumento, como selos para evitar contato do fluido de processo com o instrumento.

(7) Y indica um dispositivo ou função auxiliar como um conversor, um cálculo matemático, como na figura 1.6.10.

Figura 1.6.10 – (a) conversor de sinal elétrico (I) para pneumático (P) – ver símbolos de sinais no quadro 1.6.2; (b) instrumento que executa a soma de sinais.

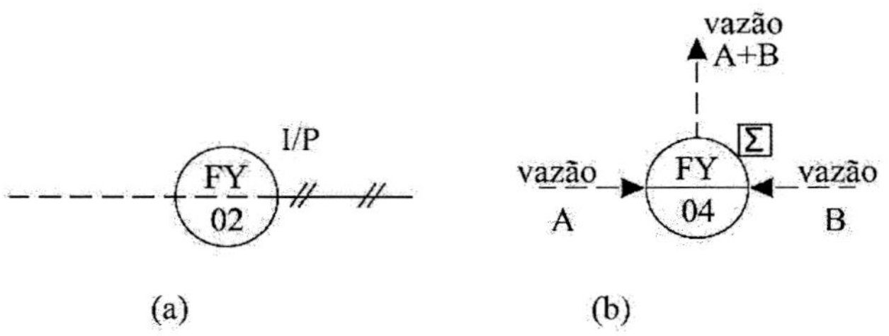

Fonte: autor, com base na ISA, 2009.

(8) O termo "Segurança" só se aplica para instrumentos dedicados a evitarem a operação do sistema em condições perigosas (risco pessoal ou material). O caso mais comum é o de PSV que significa "*Pressure Safety Valve*", ou seja, uma válvula feita para aliviar a pressão do sistema no caso de ocorrência de pressão alta e perigosa. (ver símbolo na figura 1.6.15).

(9) A função "Registrador" aplica-se a qualquer dispositivo que armazene e permita a recuperação das informações por qualquer meio.

(10) A combinação das letras C e V da função do instrumento é permitida no caso de válvulas auto-operadas, ou seja, válvulas que abrem e fecham por ação da pressão do próprio fluido que por ela passa. (ver figura 1.6.17).

(11) As letras modificadoras de função "L" ou "H", quando repetidas, representam desvios anormais da variável de processo. A letra "D" também pode ser utilizada para isto, como, por exemplo, LALL-09 (alarme de nível muito baixo) ou LAHH-11 (alarme de nível muito alto) ou LDA (alarme de desvio no nível), como na figura 1.6.11.

Figura 1.6.11 – Representação de alarmes de desvio: (a) alarme de nível muito alto ou de desvio alto; (b) alarme de temperatura muito baixa ou desvio baixo (no sistema digital, o círculo pode ser omitido).

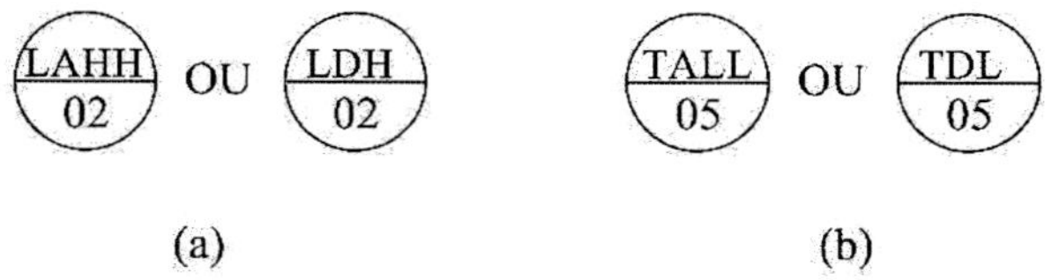

Fonte: autor com base na ISA, 2009.

1.6.4 – Símbolos de conexão (sinais de comunicação) entre instrumentos

Nos documentos de engenharia que representam os instrumentos por símbolos, estes aparecem, quando associados aos sensores, conectados ao processo onde medem a variável e muitas vezes interconectados, ou seja, trocando informações. As interconexões ou sinais de comunicação entre os instrumentos são de vários tipos como pneumáticos, hidráulicos, elétricos e ondas eletromagnéticas, sendo estas conexões comumente representadas nos documentos gráficos.

Os símbolos padronizados pela ISA S-5.1 (2009) mais usuais para indicar a conexão ao processo (aos tubos, máquinas e equipamentos, em geral) e as interconexões entre instrumentos através de sinais estão na figura 1.6.12.

Figura 1.6.12 – Representação das interconexões ou sinais mais usuais entre os instrumentos.

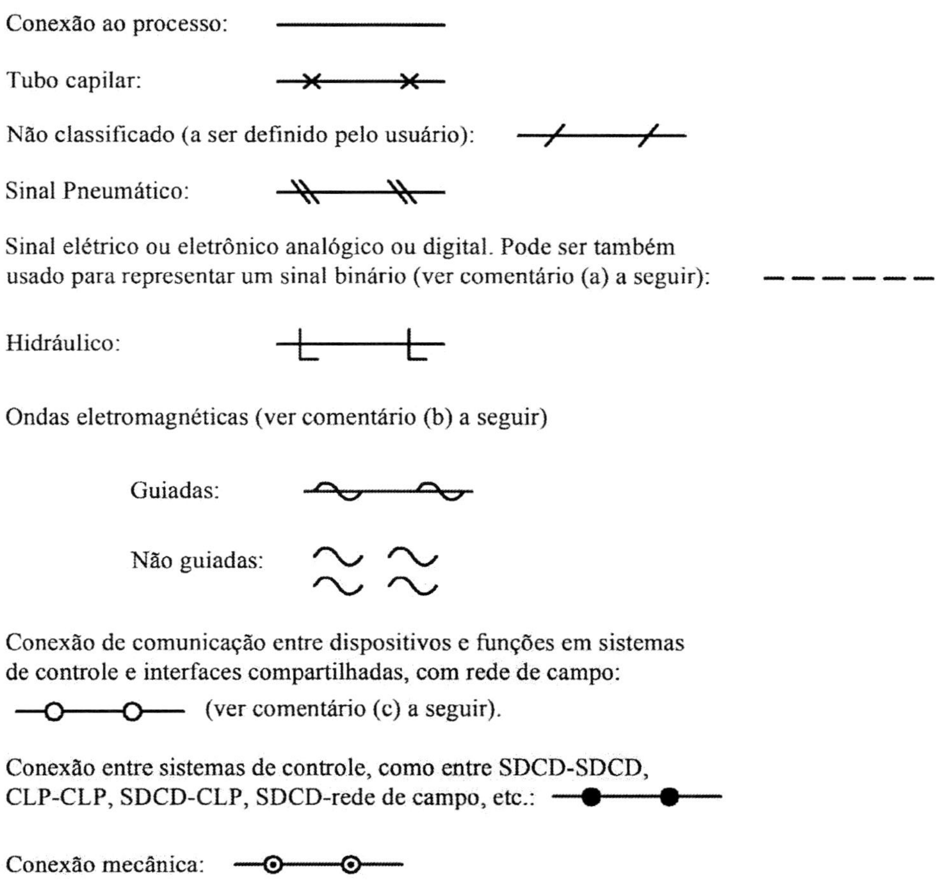

Comentários:

(a) Sinal binário é aquele que só existe em dois estados opostos, não assumindo valor entre estes. Assim, o sinal existe ou não existe, está energizado ou não.

(b) O fenômeno eletromagnético inclui calor, ondas de rádio, radiação nuclear e luz.

(c) Quando os instrumentos são de fato funções, ou seja, não tem existência física sendo "configurados"[41] em sistemas como um SDCD ou CLP ou computadores, e têm informações trocadas ou dependentes, através de conexões entre eles, recebem o símbolo de "conexão de comunicação com rede" da figura 1.6.12 ou o símbolo de comunicação entre sistemas, se estiverem em sistemas distintos, ou seja, um em um SDCD o outro em outro SDCD, por exemplo.

Fonte: autor, adaptado da norma ISA S-5.1, 2009, tabelas 5.3.1 e 5.3.2.

Em algumas situações pode ser de interesse representar o suprimento de energia para o instrumento ou outro tipo de alimentação, como a elétrica, hidráulica, pneumática, etc. O suprimento geralmente não é representado nos documentos a menos que queiramos, por maior clareza, explicitá-lo. Quando representado, devemos escrever ou colocar abreviaturas que indiquem o tipo de suprimento, como na figura 1.6.13, a qual apresenta também as abreviaturas mais comuns para estas alimentações.

Figura 1.6.13 – Representação de alimentação de energia para os instrumentos (exemplo para ar de suprimento).

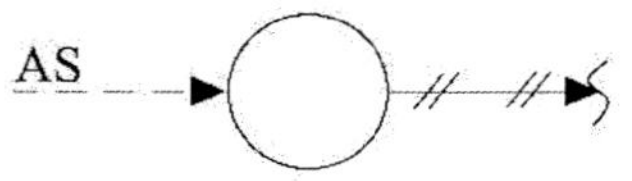

AS - ar de suprimento

ES - suprimento elétrico

GS - suprimento de gás

HS - suprimento hidráulico

Fonte: autor com base na ISA, 2009.

1.6.5 – Lógica de numeração dos instrumentos

1.6.5.1 – Método geral de numeração

A ISA S-5.1(2009) propõe dois sistemas básicos para numeração dos instrumentos: o serial e o paralelo. No serial, os instrumentos são numerados em sequência (01, 02,...) seguindo o fluxo do processo na forma que for mais conveniente. Neste sistema de numeração não aparecerão números repetidos.

Na numeração paralela, os instrumentos relativos a variáveis de processo diferentes, ou seja, instrumentos que começam por P, T, etc., iniciam a numeração pelo menor número (exemplo: PIC-11001, TIC-11001, ...).

[41] O termo configurado é utilizado para a atividade de uso dos símbolos e funções disponíveis em sistemas digitais, ajustando-os aos arranjos de instrumentos desejados. Não é uma programação, pois não trabalha com linguagem.

Pode-se usar, se for mais conveniente para o usuário, uma numeração mista com sequências seriais e outras paralelas.

1.6.5.2 – Numeração de malha de instrumentos

O que entendemos como *malha de instrumentos* é um conjunto de instrumentos que trabalham *interligados* e trocando informações em função da medida gerada por *um único sensor*.

Na figura 1.6.14 temos representada uma malha de instrumentos a qual possui um transmissor de vazão (FT-02), um registrador de vazão (FR-02), um controlador indicador de vazão (FIC-02), um conversor de sinal (I/P) (FX-02) e uma válvula de controle (FV-02) todos interligados e funcionando a partir da medição de vazão efetuada pelo sensor de vazão FE-02. Por constituírem uma malha de instrumentação, todos os instrumentos têm sua simbologia começando com a letra da variável medida (F) recebendo a mesma numeração (02), a qual identifica a malha do instrumento.

Figura 1.6.14 – Malha de instrumentos voltada para registro e controle de vazão. Todos os instrumentos começam com a letra F (*flow*=vazão) e recebem a mesma numeração.

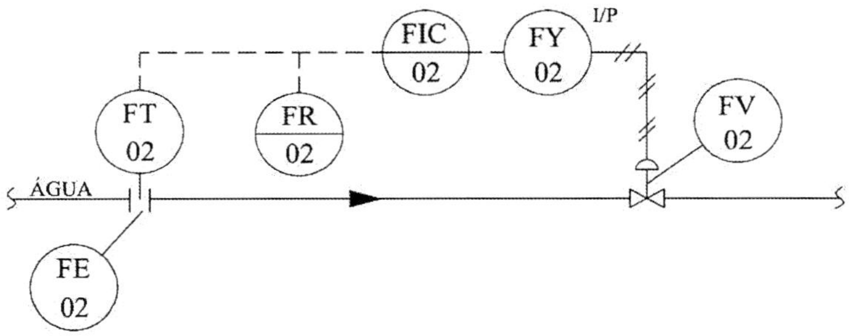

Fonte: autor

1.6.6 - Representações gráficas complementares

Alguns símbolos específicos são utilizados nos desenhos de engenharia para tornar mais explícito o tipo de instrumento que está sendo representado.

A figura 1.6.15 apresenta alguns símbolos usados para corpos de válvulas.

Figura 1.6.15 – Símbolos usados para corpos de válvulas de controle e válvulas de alívio com mola (a) uso geral; (b) válvula borboleta; (c) válvula de 3 vias; (d) válvula de 4 vias; (e) válvula ângulo; (f) válvula de alívio de pressão (PSV).

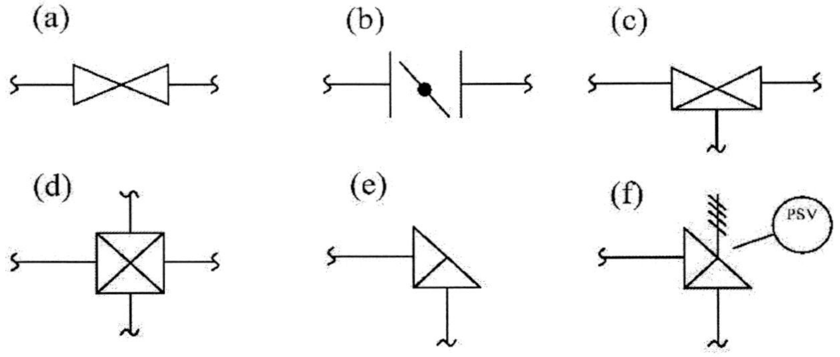

Fonte: adaptado da ISA, 2009, tabelas 5.4.1 e 5.4.3.

A figura 1.6.16 apresenta alguns símbolos usados para *atuadores* de válvulas de controle.

Figura 1.6.16 – Símbolos para atuadores de válvulas (a) atuador diafragma com retorno por mola; (b) idem com posicionador pneumático (ver comentário (1) a seguir); (c) cilindro com retorno por mola; (d) cilindro de dupla ação; (e) solenoide; (f) solenoide com rearme local ou remoto (ver comentário (2) a seguir); (g) motor rotativo (elétrico, hidráulico ou pneumático); (h) atuador manual.

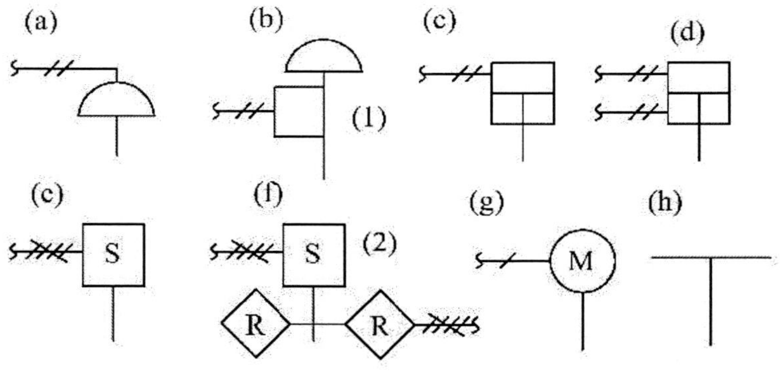

Comentários relativos à figura 1.6.16:

(1) O quadrado ligado ao atuador diafragma representa o posicionador pneumático. O posicionador é um dispositivo acessório de válvulas de controle (ver item 1.3, subitem 1.3.6.2(b)) que garante relação linear entre o sinal que a ele chega e o percentual de abertura da válvula de controle.

(2) O rearme "R" é o ato de recolocar a solenoide pronta para o desarme sob comando de um sinal. O rearme pode ser feito pelo operador localmente ou através de comando elétrico remoto.

Fonte: adaptado da ISA S-5.1, tabela 5.4.2.

A figura 1.6.17 apresenta alguns símbolos usados para válvulas reguladoras auto-operadas (ver subitem 1.3.6.3).

Figura 1.6.17 – Símbolos de válvulas reguladoras auto-operadas: (a) válvula de controle de vazão; (b) reguladora de nível com atuador tipo boia; (c) reguladora de pressão diferencial; (d) reguladora de pressão à jusante; (e) reguladora de pressão à montante; (f) termostática atuada por sistema selado.

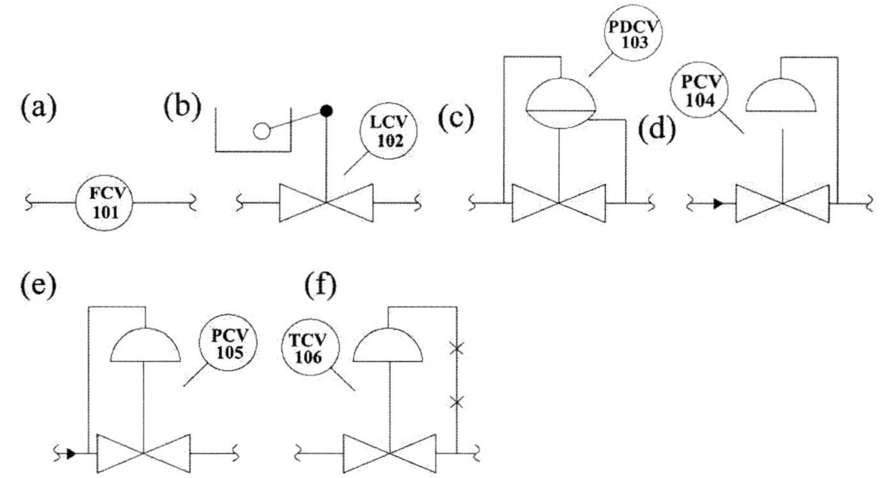

Fonte: adaptado da ISA, 2009, tabela 5.4.3

A figura 1.6.18 apresenta alguns símbolos utilizados para medidores de vazão. Os medidores de vazão serão discutidos no item 2.5, onde apresentaremos o funcionamento dos medidores simbolizados na figura 1.6.18.

Figura 1.6.18 – Símbolos usados para diferentes tipos de medidores de vazão (a) placa de orifício; (b) tubo venturi; (c) medidor tipo turbina; (d) medidor tipo deslocamento positivo; (e) tubo pitot; (f) medidor de área variável (tipo rotâmetro); (g) bocal de vazão; (h) dispositivo usado para troca rápida de placas de orifício em tubulações.

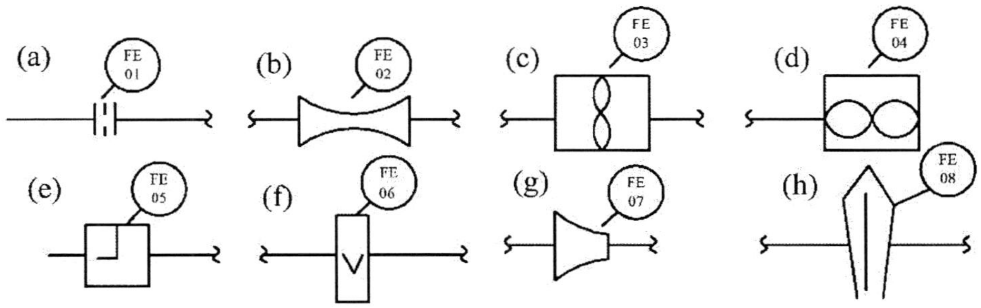

Fonte: adaptado da ISA, 2009, tabela 5.2.3

A figura 1.6.19 apresenta outros símbolos que frequentemente aparecem em documentos de instrumentação.

Figura 1.6.19 – Símbolos adicionais (a) alternativa de representação de instrumento usada quando a numeração é longa (válido para qualquer tipo de símbolo); (b) símbolo usado para instrumento discreto (não compartilhado) com dupla função (aqui usada a função de transmissão e chave em um único instrumento); (c) lâmpada piloto; (d) entrada ou saída para/de sistema de intertravamento.

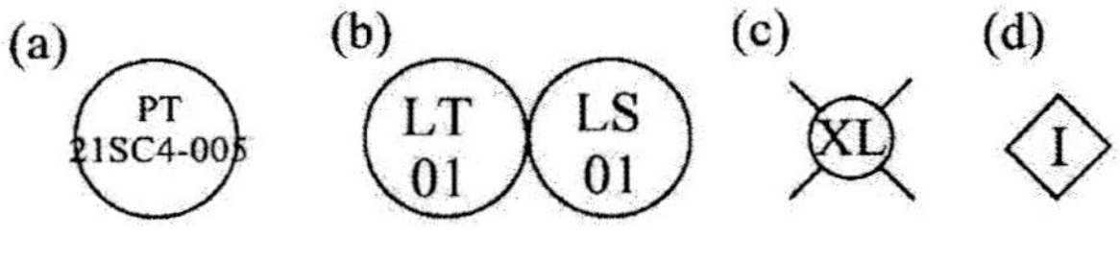

Fonte: ISA, 2009.

Existem outros símbolos utilizados em documentos de engenharia e ligados à instrumentação, porém os apresentados neste item permitem conhecer os básicos para representar sistemas de instrumentação.

Com os conhecimentos adquiridos até aqui, torna-se possível o entendimento da instrumentação representada no Sistema de Destilação de Álcool, mostrado na figura 1.6.20.

Figura 1.6.20 – Fluxograma de um sistema de destilação de álcool instrumentado.

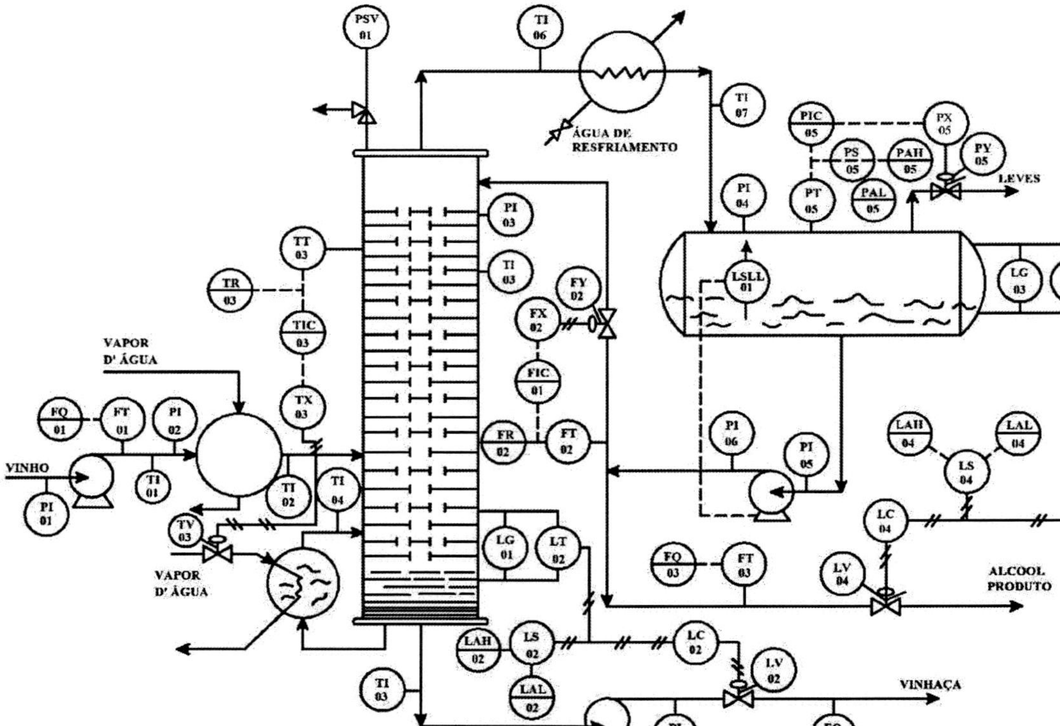

Fonte: autor

Nesse fluxograma identificamos os equipamentos, as tubulações e os instrumentos necessários para a operação da planta de álcool. Observemos as letras dentro dos círculos (instrumentos), a numeração feita em paralelo por variáveis (pressão, temperatura, etc.), os sinais de interconexão dos instrumentos e a válvula de alívio de pressão (PSV-01).

1.6.7 – Simbologia para sistemas lógicos e blocos funcionais

A norma ISA S-5.1 (2009) define símbolos para a construção de lógicas binárias (com zeros e uns) em sistemas de controles lógicos e também símbolos para serem utilizados quando for necessário representarmos blocos de processamento de funções matemáticas, como soma de sinais, subtração de sinais, funções temporais, e outras.

O quadro 1.6.2, adaptado da ISA S-5.1, apresenta um resumo dos símbolos mais utilizados em blocos de funções. O quadro 1.6.3, um resumo dos símbolos lógicos mais utilizados em diagramas lógicos.

Quadro 1.6.2 – Símbolos de blocos funcionais para processamento de sinais.

símbolo	significado	Ação: bloco gera sinal de saída
Σ Σ/n Δ X /	somatório / média / diferença / multiplicação / divisão	proporcional à soma / média / diferença / multiplicação / divisão dos sinais de entrada
X^n / $\sqrt[n]{\ }$	exponencial / extração de raiz	proporcional à potência ou à raiz do sinal de entrada
K ou P / -K ou -P / ∫ / d/dt	proporcional / proporcional inverso / integral / derivativo	diretamente proporcional / inversamente proporcional / proporcional à integral / proporcional à derivada do sinal de entrada.
$f(x)$ / $f(t)$	função não linear / função do tempo	proporcional à função definida em uma variável genérica "x" / idem no tempo "t".
> / < / ≯ / ≮	seletor do sinal mais alto / seletor do sinal mais baixo / limitador de sinal alto / limitador de sinal baixo	igual ao sinal mais alto que chega ao bloco / igual ao sinal mais baixo / limitado ao valor definido como mais alto / idem ao mais baixo
I/O	conversor de sinais	converte o sinal de entrada "I" em um sinal proporcional de saída "O". "I" e "O" podem ser sinais: A=Analógico; B=Binário; D=Digital; E=Voltagem; F=Frequência; H=Hidráulico; O=Eletromagnético; I=Corrente; P=Pneumático; R=Resistência.
+ / -	bias positivo / bias negativo	com um valor fixo somado / subtraído do sinal de entrada.

Fonte: adaptada pelo autor ISA S-5.1 (2009).

Quadro 1.6.3 – Símbolos Lógicos Binários.

símbolo	significado	ação
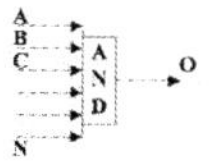	porta lógica "E"	gera saída "O" de nível lógico 1 quando *todas* as entradas (A,B...) são de nível lógico 1.
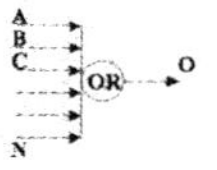	porta lógica "OU"	gera saída "O" de nível lógico 1 quando *qualquer* uma das entradas (A,B...) for 1.
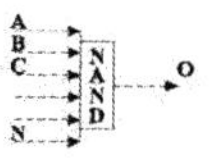	porta lógica "Não E"	gera saída "O" de nível lógico 1 se todas as entradas (A,B,...) tiverem nível lógico 0. A saída será 0 se qualquer entrada tiver nível lógico 1.
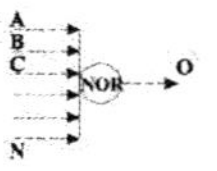	porta lógica "Não OU"	gera saída "O" de nível lógico 0 se qualquer entrada (A,B,...) for 1. A saída será 1 se todas as entradas forem 0.
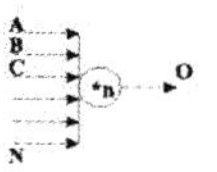	"OU" qualificado	(*) pode ser =, >, <, caso em que a saída será 1 se o número de entradas de nível lógico 1 for = ou maior ou menor que "n". (* pode ser outro qualificador, como maior ou igual, diferente, etc.)
	função negadora	gera saída "O" 0 quando entrada "A" for 1, e saída 1 quando a entrada for 0.
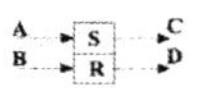	memória básica	as saídas C e D serão sempre opostas. Se A for igual a 1, C irá para 1 e D para 0. Se A vai para 0, C permanecerá 1 até que B vá para 1. Se B igual a 1, C vai para 0 e D para 1. Se B volte a 0, saída D fica em 1 e C em 0 até que A volta para 1. Se A=B=1 as saídas mudam de estado.
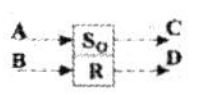	memória com set dominante	As saídas C e D serão sempre opostas. Se A for igual a 1, C irá para 1 e D para 0. Se A vai para 0, C permanecerá 1 até que B vá para 1. Se B igual a 1, C vai para 0 e D para 1. Se B volte a 0, saída D fica em 1 e C em 0 até que A volta para 1. Se A=B=1, a saída C irá para 1 e a D para 0.
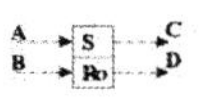	memória com reset dominante	as saídas C e D serão sempre opostas. Se A for igual a 1, C irá para 1 e D para 0. Se A vai para 0, C permanecerá 1 até que B vá para 1. Se B igual a 1, C vai para 0 e D para 1. Se B volta a 0, saída D fica em 1 e C em 0 até que A volte para 1. Se A=B=1 a saída C irá para 0 e a D para 1.
	fixador de duração de pulso	quando a entrada "I" vai para 1, a saída "O" muda seu nível lógico de 0 para 1 e permanece 1 pelo tempo "t" ajustado, não importando se a entrada "I" permanece 1 ou volta para 0.
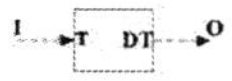	retardador de pulso	quando a entrada "I" vai para 1, a saída "O" muda seu nível lógico de 0 para 1, permanecendo neste nível por um tempo "t" após "I" voltar para zero. Mesmo que a entrada volte para 0 em um tempo menor que "t", a saída "O" permanecerá 1 por um tempo "t" ajustado após a saída ter mudado para 0. A saída só mudará de 1 para 0 depois de "t".

Fonte: autor com base na tabela 5.7 da ISA, 2009 - *Binary logic symbols*.

A norma ISA S-5.1 apresenta ainda alguns símbolos comumente utilizados na construção de diagramas elétricos. Um resumo destes símbolos está no quadro 1.6.4.

Quadro 1.6.4 – Símbolos para esquemas elétricos.

SÍMBOLO	DESCRIÇÃO
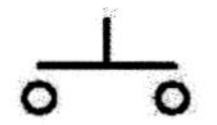	botoeira de pulso ou pressão, normalmente aberta no momento em que é representada.
	botoeira de pulso ou pressão, normalmente fechada no momento em que é representada.
	interruptor/comutador de polo simples, normalmente aberto.
	interruptor/comutador de polo simples, normalmente fechado.
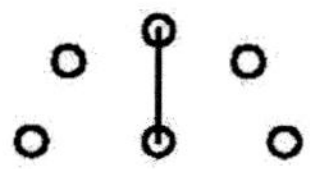	chave seletora (representada uma de 5 polos). Pode ser com 3,4, etc. polos.
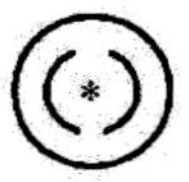	bobina de relé. (*) identifica a qual relé pertence a bobina. Pode ser um número ou outra forma de identificação. Exemplos: R-02; B-05, etc.
	simboliza um contato normalmente fechado. Se for contato de um relé, será identificado pelo número do relé ou bobina. Exemplo: C1B1 (contato 1 associado à bobina ou ao relé 1).
	simboliza um contato normalmente aberto. Se for contato de um relé, será identificado pelo número do relé ou bobina. Exemplo: C2B5 (contato 2 associado à bobina ou ao relé 5).

Fonte: adaptado pelo autor da ISA S-5.1, 2009, tabela 5.8.

1.6.8 – Exemplo de diagrama de instrumentação, lógico e elétrico

Exemplo 1.6.1 - Representar uma malha de instrumentação composta de um transmissor de pressão (PT-05) com sua tomada de impulso em uma tubulação, um indicador controlador recebendo o sinal de saída do transmissor e atuando em uma válvula de controle com posicionador pneumático e instalada em uma segunda tubulação. Represente a instrumentação necessária para tal, considerando as diferentes características dos instrumentos como listado a seguir (ver respostas na figura 1.6.21):

a – instrumentos dedicados (discretos) com comunicação por sinal eletrônico e controlador no painel;

b – controlador em sala de controle com interface homem-máquina e controle compartilhados;

c – controlador em sala de controle com conexão de comunicação com o transmissor através de rede de campo, com função de controle e interfaces compartilhadas;

d – controlador digital integrado com o transmissor no campo;

e – instrumentos se comunicando por rede sem fio, com o controlador na sala de controle com tela e controle compartilhado.

Figura 1.6.21 – Representações para os itens do exemplo 1.6.1: (a) instrumentos dedicados, eletrônicos e como controlador eletrônico em painel; (b) controlador em sala de controle com interface homem-máquina e controle compartilhados; (c) controlador em sala de controle com conexão de comunicação com o transmissor através de rede de campo, com função de controle e interfaces compartilhadas; (d) o controlador digital integrado com o transmissor no campo; (e) instrumentos se comunicando por rede sem fio, com o controlador na sala de controle com tela e controle compartilhado.

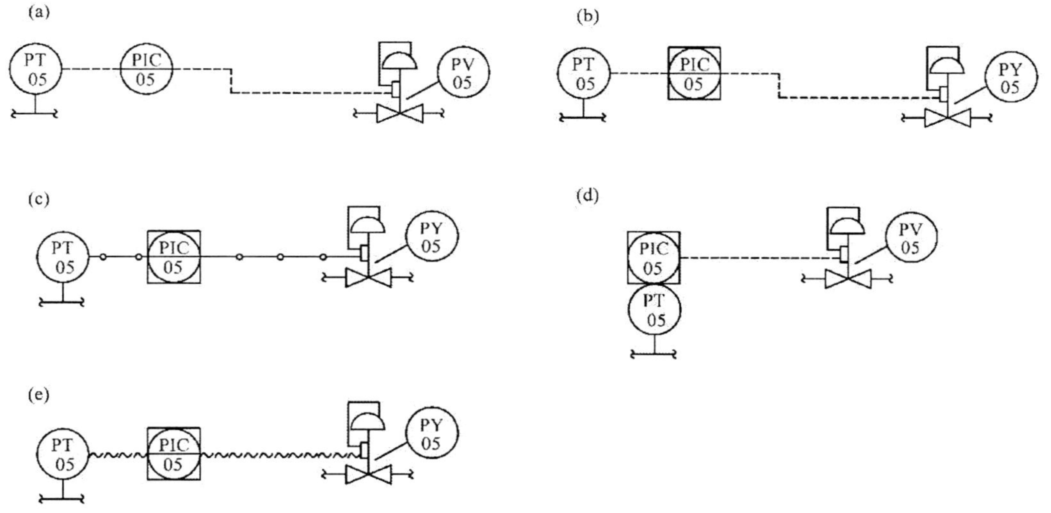

Fonte: autor

Exemplo 1.6.2 – No esquema representado na figura 1.6.22, o que ocorrerá com o motor se a *chave de pulso* HS-08A for acionada. E o que acontecerá se acionarmos a HS-08B algum tempo depois?

Figura 1.6.22 – Sistema de liga-desliga do motor elétrico.

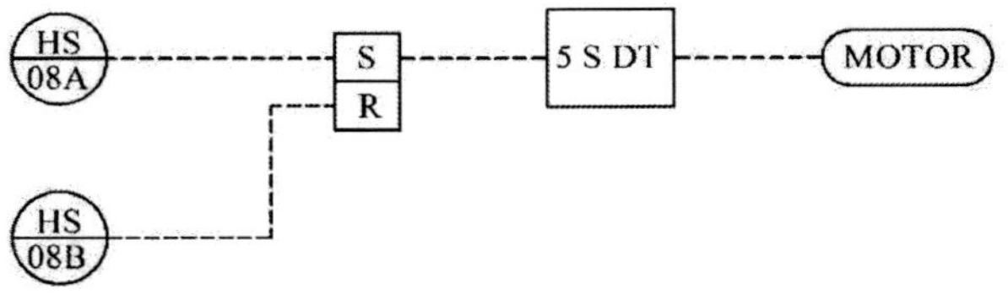

Fonte: autor

Resposta: Acionando a HS-08A a memória básica gerará um pulso 1 na saída S, ligando o motor instantaneamente. Como a chave emite um pulso que cessa logo após acionado o sinal que chega à "S" irá para 1, quando a chave for pulsada, e permanecerá em 1 mesmo após o pulso cessar. O sinal 1 em "S" será mantido até que a HS-08B, quando pulsada, gere o valor 1 na entrada de *reset* da memória, levando a saída da memória para zero. Como na saída tem um temporizador com retardo para desligar, ajustado em 5 segundos, o motor desligará 5 segundos após o acionamento das HS-08B.

Exemplo 1.6.3 – Para o esquema da figura anterior, desenhar um diagrama elétrico com relés, temporizador com retardo na saída e memória básica, que execute a mesma função do sistema da figura 1.6.22.

Resposta: No diagrama esquematizado na figura 1.6.23 vemos que ao pulsarmos a HS-08A a bobina 1 será energizada, fechando o contato C11, o qual permanecerá fechado mesmo que a HS-08A seja liberada, uma vez que a bobina estará energizada pelo circuito fechado pelo próprio contato C11. O motor ficará ligado até que a HS-08B seja pulsada. Nesta situação a corrente em B1 será interrompida e o contato C11 abrirá. Com a presença do temporizador de retardo, o motor será desligado 5 segundos após a HS-08B ser acionada.

Figura 1.6.23 – Resposta exemplo 1.6.3.

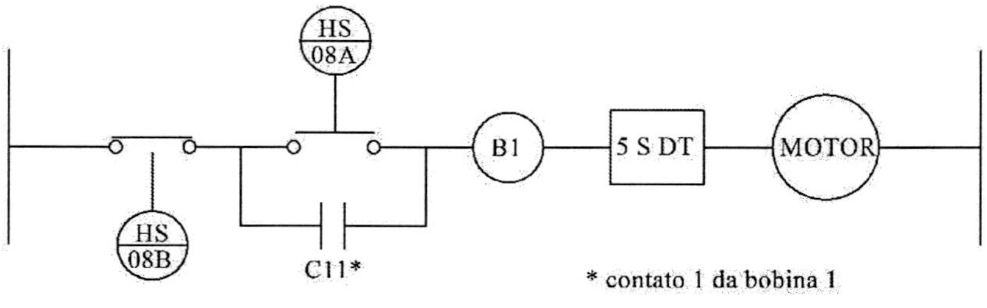

Fonte: autor

Exemplo 1.6.4 – Explique em linhas gerais o funcionamento do sistema representado na figura 1.6.24.

Figura 1.6.24 – Exemplo de aplicação de alguns símbolos apresentados neste item.

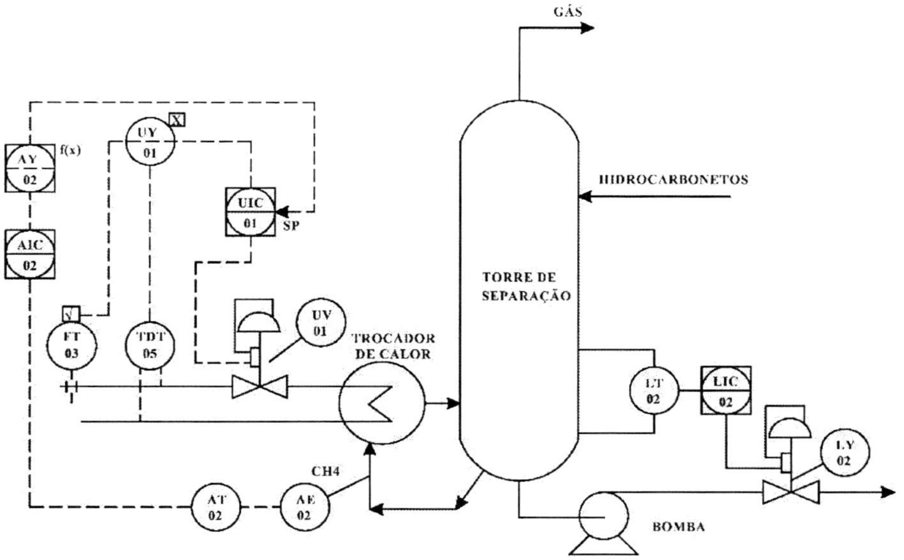

Fonte: autor

Resposta: O sistema representa uma malha com arquitetura em cascata (ver arquitetura em cascata no subitem 1.4.10.3), para controle do teor de metano (CH4) no produto que recircula no fundo da torre de separação (malha de controle associada ao AE-02), e outra malha de controle do nível no fundo na mesma torre (associada ao LT-02). A malha de controle do CH4, tendo como controlador mestre da malha em cascata o AIC-02, é composta de um transmissor de CH4 "AT-02", por um controlador de CH4, "AIC-02" e pelo AY-02, que gera o set-point do UIC-01, em função (f(x)) do teor de CH4. A malha multivariável (malha associada ao UIC-01) tem dois transmissores, um de vazão do produto que passa pelos tubos do trocador de calor, o qual tem um extrator de raiz associado, FT-03, e outro que gera sinal de saída em função da diferença de temperatura entre o fluido na entrada e na saída dos tubos do trocador, percebida pelos sensores de temperatura associados ao TDT-05. Os sinais destes dois transmissores, FT-03 e TDT-05, são multiplicados no UY-01 e o resultado da multiplicação é informado ao controlador UIC-01, o qual regula a carga térmica cedida pelo produto que passa pelos tubos do trocador, ao produto que recircula no fundo da torre, uma vez que a carga térmica depende da vazão deste produto e da diferença entre a temperatura de entrada e de saída do produto. O controle do teor de metano é feito, portanto, por uma malha de controle com arquitetura em cascata, onde o controlador de CH4, AIC-02, ajusta (cascateia) o *set-point* do controlador de carga térmica, UIC-01. Nesta arquitetura o AIC-02 é o controlador "*master*" e o UIC-01 o "*slave*". O UIC-01, por sua vez, é um controlador multivariável que atua variando (manipulando) a massa de fluido que circula nos tubos do trocador que aquece o fluido que recircula na torre, de forma a manter a carga térmica cedida para o fluido que recircula no fundo da torre num valor constante. A vazão do produto que passa nos tubos do trocador de calor só variará seu valor se o AIC-02 comandar a mudança do valor do *set-point* do UIC-01 por variação no teor de CH4. Fora esta situação, a malha de controle associada ao UIC-01 manterá a quantidade de calor cedida ao produto que recircula no fundo da torre num valor constante. A segunda malha de controle, a de controle de nível, é formada por um transmissor de nível (LT-02), por um controlador de nível (LIC-02) e pela válvula de controle (LIV-02), a qual tem um posicionador, representado pelo pequeno retângulo na haste da válvula. No caso do aumento de nível detetado pelo sensor associado ao LT-02, o LIC-02 comandará a abertura da LV-02. Observa-se pela representação, que os controladores e o instrumento de função (AY-02) estão em sistema digital compartilhado, provavelmente um SDCD.

Exemplo 1.6.5[42] - Representar com simbologia ISA o Sistema de Instrumentação, o Diagrama Lógico e o Esquema Elétrico necessário para realizar o descrito a seguir para o funcionamento do sistema de drenagem do vaso V-01 (figura 1.6.25). Sabe-se que o vaso V-01 recebe uma mistura de gás e líquido e que uma chave de três posições, automática-manual-desligada, (HS-01), atuada pelo operador, quando na posição manual "M", permite que o sistema drene o líquido do vaso de forma contínua sob o comando do controlador LIC-02 (mestre) cascateado sobre o FIC-01 (escravo). Como a saída do controle de nível (malha do LIC-02) é cascateada na malha de controle de vazão (malha do FIC-01), o *set-point* do FIC-01 será determinado pelo sinal de saída do LIC-02. Se o nível começar a subir, o LIC-02 comandará o aumento do *set-point* do FIC-01, aumentando a saída de líquido do vaso separador, de forma a retornar o nível para o *set-point*. Nesta situação a bomba funcionará continuamente.

Sabe-se que quando a HS-01 estiver na posição "A" (controle automático) a FV-01 ficará aberta e o líquido será drenado diretamente do vaso ligando e desligando automaticamente a bomba de fundo do vaso. A chave HS-01 também poderá desenergizar a bomba mantendo-a parada em qualquer situação operacional, quando estiver na posição "O" (off). No *modo de operação automático,* HS-01 na posição "A", a bomba será ligada, sob o comando de um sistema lógico de controle, "UC", quando o nível atingir o valor alto (nesta situação a LSH-02 gerará sinal de nível lógico 1) e desligada quando o nível atingir valor baixo, o que é detetado pela chave LSL-02 (nesta situação o LSL-02 gerará sinal de nível lógico 0). A bomba também poderá ser ligada pela HS-03A que é uma botoeira de impulso-liga e desligada pelo acionamento da chave HS-03B (botoeira de impulso-desliga) em qualquer instante que o operador deseje. A chave "liga" (HS-03A), quando acionada, gerará um sinal de nível lógico 1 e a de "desliga" (HS-03B) quando acionada gerará na saída um sinal de nível lógico 0 (quando não acionada gera saída 1).

Solução

Com esta descrição dada do sistema de automação podemos desenhar (ver figura 1.6.25) os instrumentos, que estão representados como sendo todos eletrônicos (traço interrompido). A chave de três posições, HS-01, e as botoeiras de impulso, HS-03 A e B estão na sala de controle, assim como estão os

[42] Exemplo adaptado da ISA, 2009, anexo B (exemplo B-13).

controladores LIC-02 e FIC-01. As chaves LSH-02 e LSL-02 estão representadas invisíveis ao operador (linha tracejada no meio do círculo que representa o instrumento). Na representação aparece o posicionador da FV-01 que também faz a conversão corrente-pressão (I/P), uma vez que a FV-01 é uma válvula pneumática.

Figura 1.6.25 – Diagrama do sistema de instrumentação do vaso separador de líquido.

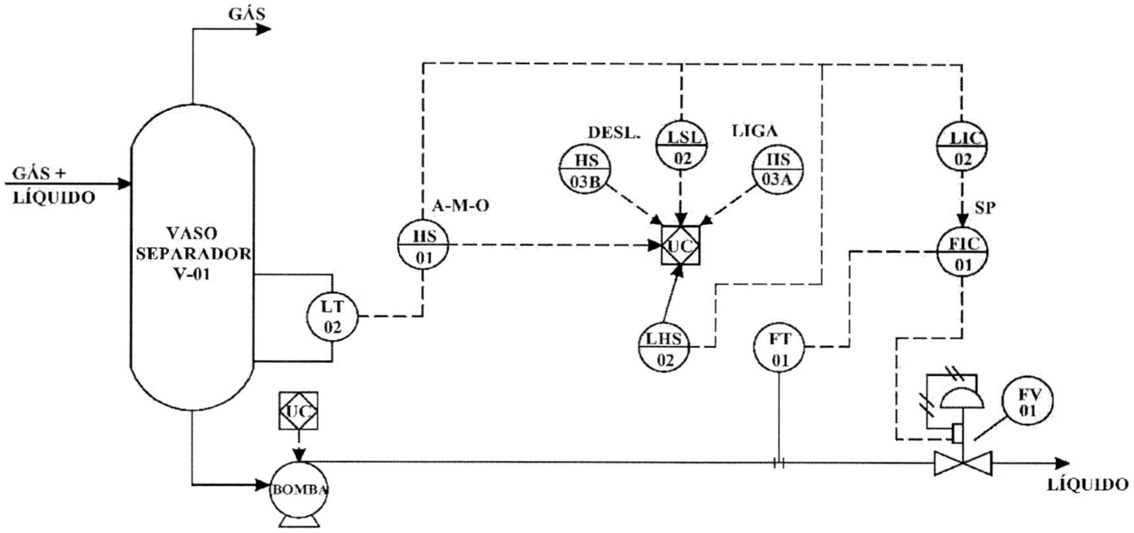

Fonte: adaptado pelo autor da ISA 2009, exemplo B.13

Na figura 1.6.26 está representada a lógica executada pelo sistema de controle lógico (um CLP, por exemplo), para acionamento automático da bomba, (HS-01 em "A"), onde os eventos de entrada do sistema lógico de controle são informados pelas chaves LSH-02, LSL-02 e HS-01 e pelas *botoeiras de impulso* HS-03A e B. O evento de saída do sistema de controle lógico é o acionamento ou desligamento da bomba de drenagem do vaso.

De forma a facilitar a compreensão do diagrama, as portas lógicas foram numeradas de 1 a 5 e as duas memórias de *reset* dominante, numeradas como 6 e 7. As entradas das portas foram identificadas por letras maiúsculas do alfabeto e as saídas pela letra S, seguida da numeração de 1 a 8 (S1, S2...).

Analisando o diagrama da figura 1.6.26 vemos que se a HS-01 estiver na posição automática "A", as entradas B, C e J estarão com nível lógico 1. Suponhamos que a bomba esteja parada, ou seja, saídas S6 e S7 com nível lógico 0.

Figura 1.6.26 – Diagrama Lógico do sistema de partida e parada automática da bomba de drenagem do vaso.

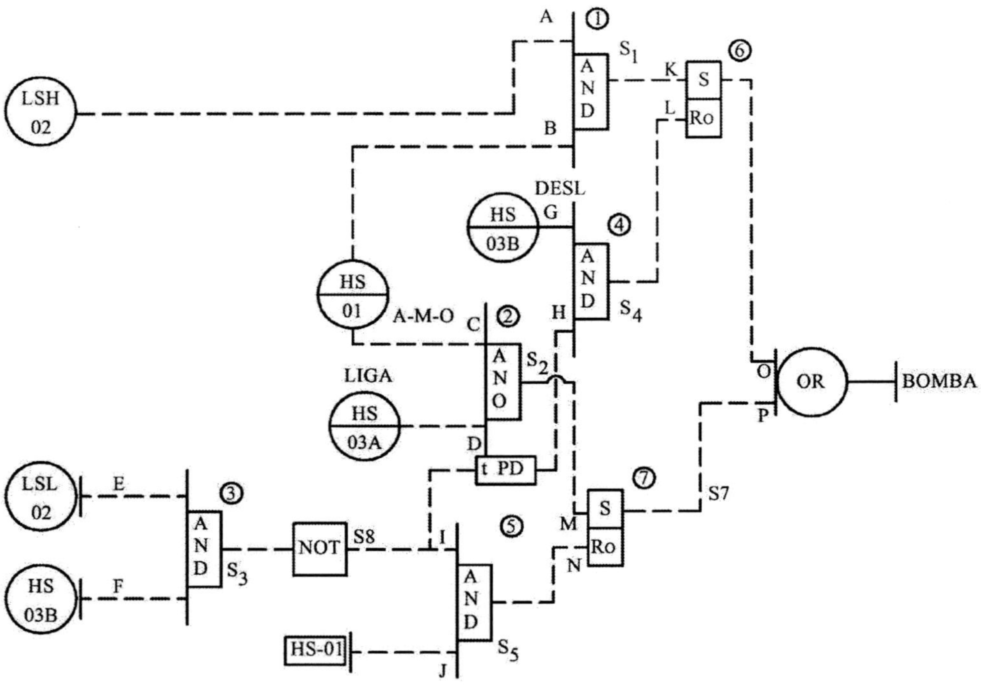

Fonte: adaptado pelo autor da ISA, 2009, exemplo B.13.

Com o nível não baixo a LSL-02 (chave de nível baixo) estará energizada (nível lógico 1). A saída da HS-03B, que não está sendo acionada terá nível lógico 1. Com isto a saída S3 estará em nível lógico 1 e a saída da porta "NOT" (saída "S8") irá para o nível lógico 0 (zero), mantendo "I", "H" em 1 e "N" e "L" em zero mantendo a bomba ligada se já estiver ligada e desligada se já estiver desligada ("O" e "P" com nível lógico mantido). Se a LSL-02 ou a HS- 03B for acionada, gerando sinal de nível lógico zero (0) na saída S3, "I" e "H" irão para "1" e como HS-01 está em "1" (sistema em automático "A") a saída "N" irá imediatamente para "1", "ressetando" o sistema, e a saída "G" irá para zero, voltando a 1 quando a chave pulsante for solta. Nesta situação G volta para 1 e H permanece em 1 por um tempo "t" em função da presença do fixador de pulso, levando "L" para 1 e "ressetando" a memória "R/S 6". Assim S6 e S7 irão para zero, já que temos uma memória com reset dominante em 6 e 7, e "O" e "P" valerão zero (0), desligando a bomba.

Se o nível voltar a subir até atingir a LSH-02, a entrada A irá para 1 e junto S1, gerando a entrada "K" da porta "R/S 6" igual a 1 e ligando a bomba, a qual só desligará quando a entrada "L" da porta "R/S 6" passar a valer 1, o que ocorrerá com a chave de três vias indo para OFF ou com a LSL-02 sendo acionada ou com o botão de parada HS-03B sendo acionado (6 e 7 são memórias com reset dominante).

Na figura 1.6.27 está representado o diagrama elétrico da instalação. Da análise deste diagrama podemos ver que a bomba será ligada quando a botoeira de partida, HS-03A, for pulsada, gerando o fechamento do contato

"C11" associado à bobina 1, o qual só abrirá se a botoeira de parada da bomba for acionada ou se a LSL-02 indicar nível baixo ou se a chave de 3 vias for para a posição off "O" ou manual "M".

A bomba será igualmente ligada pela LSH-02 pelo ramo paralelo do circuito elétrico, que fechará o contato "C12" associado à bobina 2, mantendo fechado o circuito que alimenta a bomba até que a LSL-02 ou a HS-03B seja acionada, desligando a bomba.

Figura 1.6.27 – Esquema elétrico do sistema de automação de partida e parada da bomba de drenagem do vaso separador V-01.

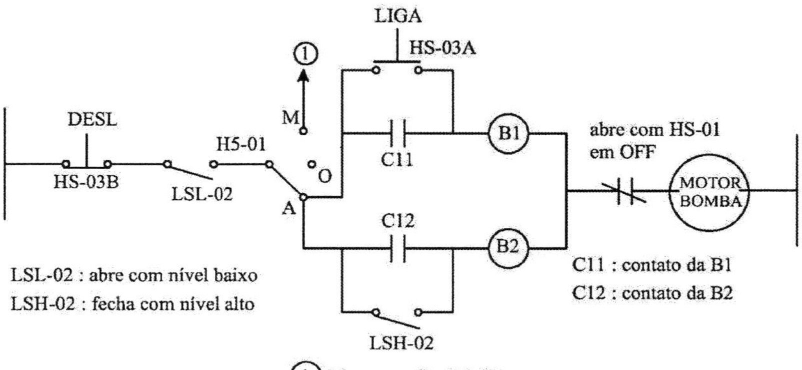

Fonte: adaptado pelo autor da ISA, 2009, exemplo B 13.

Questões de síntese do conteúdo

1.6.1– Identifique erros de representação nas malhas a seguir:

Figura 1.6.28 - Questão 1.6.1.

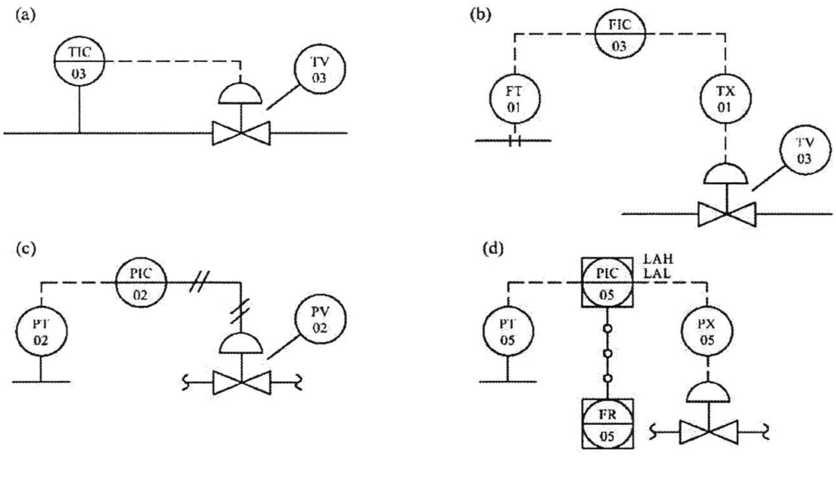

Fonte: autor

1.6.2– O que indica o QI-01 na malha representada?

Figura 1.6.29 - Questão 1.6.2.

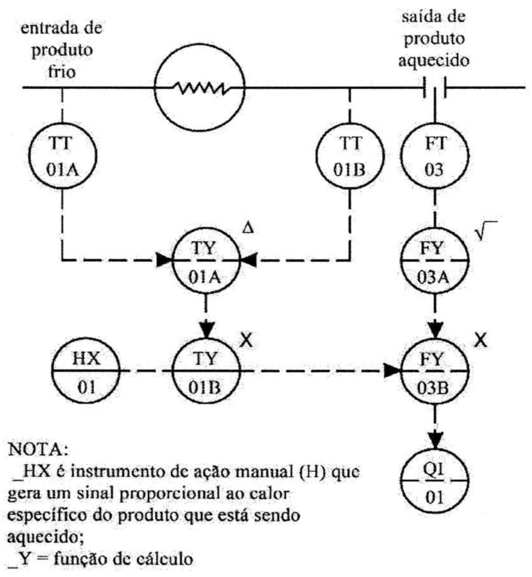

Fonte: autor

1.6.3- Para que serve a válvula solenoide na malha representada na figura a seguir?

Figura 1.6.30 - Questão 1.6.3.

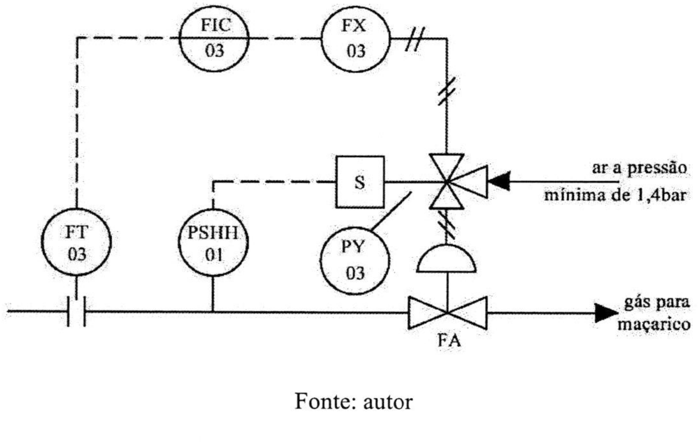

Fonte: autor

1.6.4 – A "tabela verdade", tabela 1.6.1, representa a sequência dos eventos das entradas PSL-01 e TSH-04, representadas na figura 1.6.31, que são duas chaves de um processo não representado. Complete a tabela verdade para o diagrama lógico esquematizado.

Tabela 1.6.1 - Tabela verdade questão 1.6.4.

ENTRADAS PSL-01	TSH-04	SAÍDA CARGA
1	1	
1	0	
0	1	
0	0	

Fonte: autor

Figura 1.6.31 - Diagrama Lógico da questão 1.6.4.

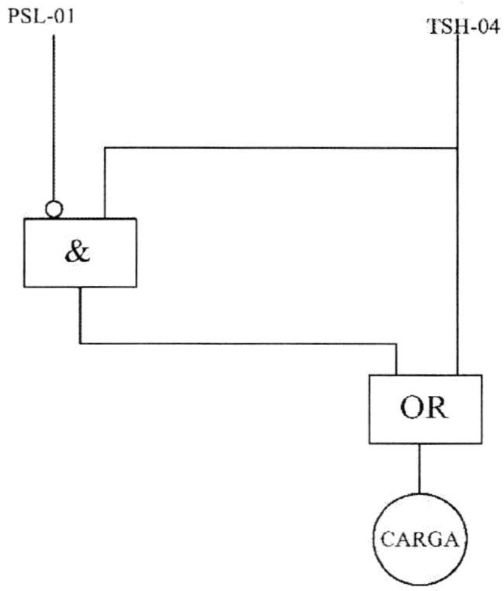

Fonte: autor

1.6.5 – Para o esquema elétrico representado na figura 1.6.32, o que acontecerá com o MOTOR se a *chave de impulso* normalmente aberta, HS-05 for acionada? E se a botoeira de impulso normalmente fechada, HS-06 for acionada? Explique sua análise do sistema. C11 e C21 são os contatos 1 e 2 associados à bobina 1 e C12 o contato 1 associado à bobina 2.

Figura 1.6.32 – Questão 1.6.5

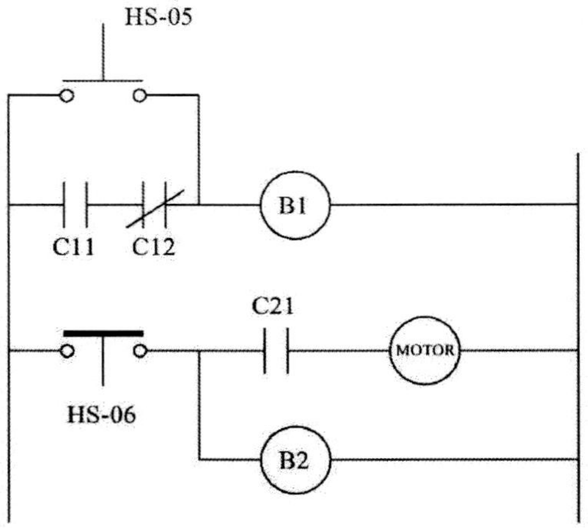

Fonte: autor

1.6.6 - Represente com simbologia ISA S-5.1 as malhas de instrumentação pedidas:

(a) malha de controle de corrente da soldadora automática representada na figura 1.6.33(a). A variável controlada é a corrente que circula pelo eletrodo (símbolo da corrente "I"). A variável manipulada é a velocidade do motor elétrico que alimenta o eletrodo a ser derretido. Se a corrente aumenta, a velocidade do motor se reduz para manter o afastamento do eletrodo em relação à peça. O controlador é de painel. A mesa que carrega a peça a ser soldada se desloca com velocidade constante (v);

(b) a malha que alarme temperatura alta do produto na saída do trocador de calor P-01 da figura 1.6.33(b) e que registre esta temperatura na sala de controle (o alarme e o registro estão associados à mesma malha, ou seja, ao mesmo sensor). Represente como malha de instrumentos eletrônicos analógicos e como malha de instrumentos digitais, instalados em SDCD (Sistema Digital de Controle Distribuído);

(c) a malha de controle de velocidade de rotação do conjunto turbogerador representado na figura 1.6.33(c), sabendo-se que todos os instrumentos da malha são eletrônicos com tecnologia digital, exceto a válvula de controle que é pneumática e falha-abre, e que a malha possui um controlador de painel, um registrador e um alarme de velocidade alta. A variável controlada é a velocidade do eixo do conjunto turbogerador e a manipulada a vazão de vapor para a turbina;

(d) a malha de controle capaz de realizar o controle do pH (acidez) do produto saindo do tanque, TQ-01, de água neutralizada. Na malha de instrumentos existe um alarme de pH alto e um indicador de pH, ambos no painel da sala de controle. O sistema de neutralização de pH da água, mostrado na figura 1.6.33(d), tem por objetivo manter o pH da água que sai do tanque TQ-01 em valor controlado. Para tanto, deve ser instalado em painel de controle central, um controlador indicador de análise do pH da água (AIC-01) que recebe a informação da medida do pH da água na saída do tanque e manipula a vazão de ácido a ser misturado com a água;

(e) a malha de controle de pressão do ar comprimido na descarga do compressor de ar da figura 1.6.33(e). A malha controla pressão, manipula a vazão de vapor entrando na turbina e é digital. Na malha existem ainda um alarme de pressão alta e um registrador de pressão. Para uma segunda instância de proteção contra alta pressão deve ser instalada ainda uma válvula de alívio de pressão (PSV) na descarga do compressor.

Figura 1.6.33 - Questão 1.6.6.

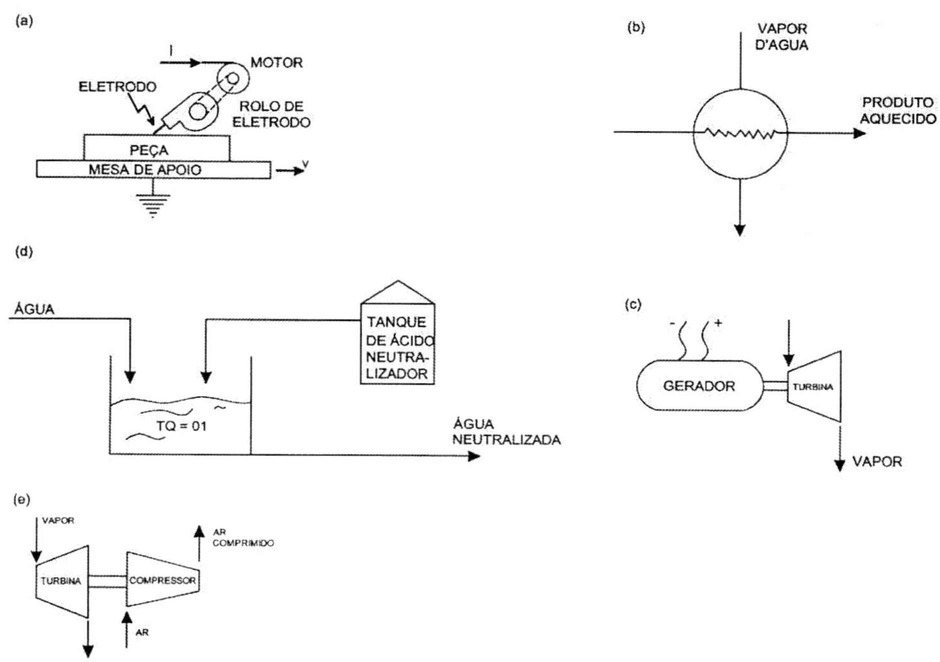

Fonte: autor

1.6.7 - Represente a malha de controle da posição (posição símbolo Z) da haste do cilindro hidráulico representado na figura 1.6.34. A posição da haste do pistão hidráulico dependerá da pressão do óleo na câmara do cilindro. Se a pressão do óleo diminui, porque a válvula de controle representada na figura abre, a mola faz a haste caminhar para a esquerda. Se a válvula fecha a pressão no cilindro aumenta gradativamente na câmara, movimentando a haste para a direita.

A malha completa deverá ter:

- um indicador/controlador de posição instalado em um SDCD;
- um alarme de posição extrema à direita (posição alta) em SDCD;
- um conversor de sinal I/P;
- um registrador instalado em painel não digital

Sabe-se que: - os instrumentos são eletrônicos;

- a válvula de manipulação da pressão (vazão) de óleo é a válvula de controle representada na figura 1.6.34;

- o sensor/transmissor de posição já está mostrado na figura, com suas letras e número de identificação (ZT-07).

Figura 1.6.34 - Questão 1.6.7.

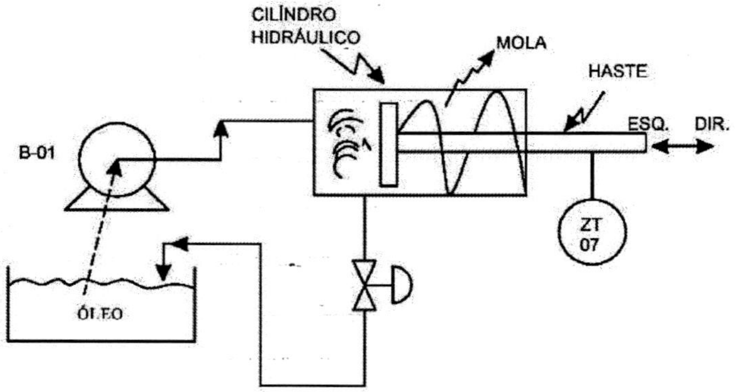

Fonte: autor

1.6.8 - Explicitar a função de cada um dos instrumentos que aparecem nas malhas de instrumentos associados ao V-01 da figura 1.6.35, sendo os instrumentos eletrônicos de natureza analógica (sinal 4 a 20 mA).

Encaminhamento de Solução:

Com base na simbologia sumária apresentada no quadro 1.6.1 e na nomenclatura apresentada na figura 1.6.35, temos as seguintes funções para os instrumentos associados ao V-01:

Figura 1.6.35 – Sistema de instrumentação associado ao V-01 do sistema de destilação.

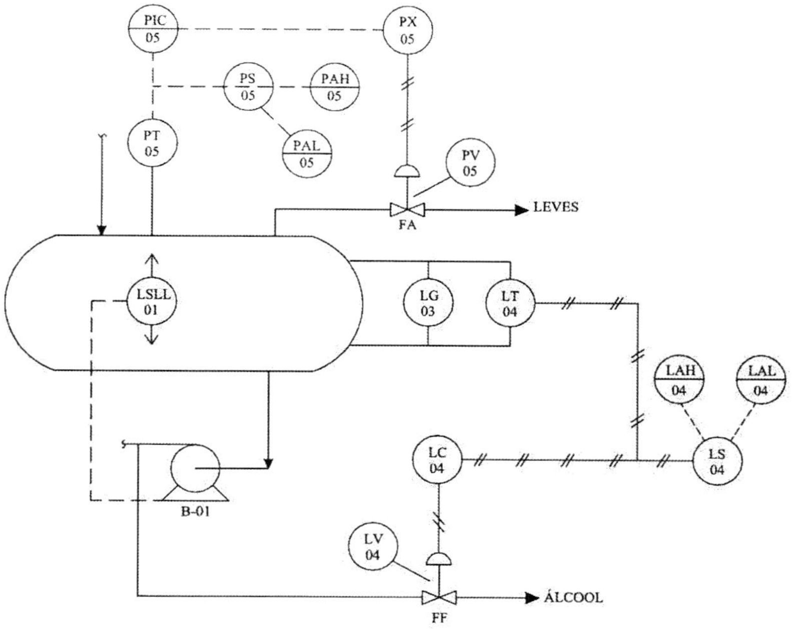

Fonte: autor

- *malha 05 de pressão*

PT-05 - transmissor de pressão que gera sinal de 4 a 20 mA (transmissor eletrônico-sinal com linha tracejada ----) linear com a pressão no V-01. Este instrumento coloca disponível a informação da pressão ao indicador-controlador PIC-05 e à chave PS-05;

PIC-05 – indicador-controlador de pressão, o qual avaliando o erro ou desvio da pressão em relação ao valor desejado de pressão (*set-point*), gera um sinal eletrônico de 4 a 20 mA que vai comandar a abertura ou fechamento da válvula de controle (PV-05) de forma a levar a pressão no V-01 para o *set-point*;

PX-05 – conversor de sinal eletrônico (4 a 20 mA) gerado pelo controlador, em sinal pneumático (0,2 a 1,0 bar, por exemplo) para ação no atuador pneumático da PV-05;

PV-05 – válvula de controle com atuador pneumático. As letras FA sob a válvula significam que a válvula é falha-abre, ou seja, atinge 100% de abertura com sinal baixo (0,2 bar) e fecha totalmente com sinal alto (1,0 bar);

PS-05 – chave de pressão. Este instrumento recebe o sinal de 4 a 20 mA e possui dois contatos elétricos: um para acionamento do alarme de pressão alta (PAH-05) e outro para o alarme de pressão baixa (PSL-05). Desta forma, num determinado valor de corrente (4,5 mA, por exemplo), o PAL-05 será acionado, fazendo soar uma buzina e disparando um alarme visual. Da mesma forma, num determinado valor de corrente próximo a 20 mA (19 mA, por exemplo), o PAH-05 será acionado por um dos contatos do PSH-05.

- *malha 01 de nível*

Consiste somente de uma chave de nível muito baixo (LSLL-01) que, quando acionada, desligará a bomba B-01.

- *malha 03 de nível*

Consiste de um visor de nível (LG-03 – *level gauge*). Os visores são tubos de vidro que nos permitem enxergar o nível dentro dos equipamentos, permitindo, assim, a monitoração do nível dentro do V-01.

- *malha 04 de nível*

Análoga à malha 05 de pressão com a diferença de que o transmissor é pneumático (sinal --//--//--) em lugar de eletrônico (sinal -- --). Desta forma, o indicador-controlador (LIC-04) e a chave (LS-04) funcionarão a partir da recepção de um sinal de 0,2 a 1,0 bar e não de sinal de 4 a 20 mA.

Além disso, foi usado um controlador de campo (simbolizado pelo círculo sem traço), bem como uma chave de campo (simbolizada por um círculo sem qualquer linha interna a ele).

A válvula de controle também é falha-fecha (FF) e não falha-abre (FA) como a PV-05. Desta forma, ela abrirá com sinal de 1,0 bar e fechará com 0,2 bar.

Referências

ASSOCIAÇÃO BRASILEIRA DE NORMAS TÉCNICAS. *ABNT NR 8897 - Símbolos gráficos para sistemas e componentes hidráulicos e pneumáticos transformações de energia*: simbologia. Rio de Janeiro: ABNT, 1985.

BRITES, Felipe Gonçalves; SANTOS Vinicius Puga. *Motor de passo*. Niteroi: UFF, 2008. Disponível em: http://www.telecom.uff.br/pet/petws/downloads/tutoriais/stepmotor/stepmotor2k81119.pdf. Acesso em: 05 maio 2022.

C&I – REVISTA CONTROLE E INSTRUMENTAÇÃO. *Ainda em busca da convergência*. ed. 243. São Paulo: Valete, 2018. Disponível em: http://www.controleinstrumentacao.com.br/arquivo/ed_243/cp_243.html. Acesso em: 04 maio 2022.

CAMPOS, Mário Massa de; SAITO, Kaku. *Sistemas inteligentes em controle e automação de processos*. Rio de Janeiro: Ciência Moderna, 2004.

DORF, Richard; BISHOP, Robert. *Sistemas de controle modernos*. Rio de Janeiro: LTC, 2018.

HEALTH AND SAFETY EXECUTIVE – HSE. *The explosion and fires at the Texaco Refinery, Milford* Heaven: 24 July 1994. Inglaterra: HSE, 1997. Disponível em: https://www.hse.gov.uk/comah/sragtech/casetexaco94.htm. Acesso em: 05 maio 2022.

IEC - INTERNATIONAL ELECTROTECHNICAL COMMISSION. *IEC 61131-3:2013: Programmable controllers - Part 3: Programming languages*. Suiça, Genebra: IEC, 2013.

________. *IEC 63088 Smart manufacturing – Reference architecture model industry 4.0 (RAMI4.0)*. Suiça, Genebra: IEC, 2017.

________. *IEC 61158 Industrial communication networks - Fieldbus specifications - Part 1: Overview and guidance for the IEC 61158 and IEC 61784 series*. Suiça, Genebra: IEC, 2019a.

________. *IEC 61158-1, Industrial Communication Networks - Fieldbus Specifications - Part 1: overview and guidance for the IEC 61158 and IEC 61784 series*. 2ed. Suiça: IEC, 2019b.

________. *IEC 61784-3 Industrial communication networks - Profiles - Part 3: Functional safety fieldbuses - General rules and profile definitions*. Suiça, Genebra: IEC, 2021a.

IEEE STANDARDS ASSOCIATION. *IEEE 802.11-2016 - Standard for information technology--telecommunications and information exchange between systems local and metropolitan area networks--Specific requirements: Part 11: Wireless LAN Medium Access Control (MAC) and Physical Layer (PHY) Specifications*. Estados Unidos: IEEE, 2016.

ISA - INTERNATIONAL SOCIETY OF AUTOMATION. *ANSI/ISA-88.00.02-2001: Batch Control Part 2*: Data Structures and Guidelines for Languages. Estados Unidos: ISA, 2001.

________. *ISA.ANSI/ISA-TR99.00.01-2007: Security Technologies for Industrial Automation and Control Systems.* Estados Unidos: ISA, 2007.

________. *ANSI/ISA-5.1-2009. Instrumentation Symbols and Identification.* Estados Unidos: ISA, 2009.

________. *ANSI/ISA-88.00.01-2010: Batch Control Part 1: Models and Terminology*. Estados Unidos: ISA, 2010a.

________. *ANSI/ISA-95.00.01-2010 (IEC 62264-1 Mod): Enterprise-Control System Integration - Part 1: Models and Terminology*. Estados Unidos: ISA, 2010b.

________. *ANSI/ISA-50.00.01-1975 (R2012): Compatibility of Analog Signals for Electronic Industrial Process Instruments*. Estados Unidos: ISA, 2012a.

________. *ANSI/ISA-95.00.03-2013: Enterprise-Control System Integration - Part 3: Activity Models of Manufacturing Operations Management.* Estados Unidos: ISA, 2013b.

________. *ISA-TR106.00.01: Procedure Automation for Continuous Process Operations - Models and Terminology*. Estados Unidos: ISA, 2013c.

________. *ANSI/ISA–95.00.06–2014: Enterprise-Control System Integration--Part 6: Messaging Service Model*. Estados Unidos: ISA, 2014.

________. *ANSI/ISA-18.2 – 2016: Management of Alarm Systems for The Process Industries*. Estados Unidos: ISA, 2016.

________. *ANSI/ISA-95.00.07-2017: Enterprise-Control System Integration -Part 7: Alias Service Model*. Estados Unidos: ISA, 2017a.

________. *ISA-TR106.00.02-2017: Procedure Automation for Continuous Process Operations – Work Processes*. Estados Unidos: ISA, 2017b.

________. *ANSI/ISA-95.00.02-2018: Enterprise-Control System Integration - Part 2: Objects and Attributes for Enterprise-Control System Integration*. Estados Unidos: ISA, 2018a.

________. *ANSI/ISA-95.00.04-2018: Enterprise-Control System Integration - Part 4: Objects and Attributes for Manufacturing Operations Management Integration*. Estados Unidos: ISA, 2018b.

________. *ANSI/ISA-95.00.05-2018: Enterprise-Control System Integration - Part 5: Business-to-Manufacturing Transactions*. Estados Unidos: ISA, 2018c.

________. *ISA-TR50.02-Parts 3 & 4-2000 Fieldbus Standard for Use in Industrial Control Systems, Parts 3 & 4: Technical Report for Fieldbus Data Link Layer — Tutorial*. Estados Unidos: ISA, 2020a.

________. *ISA–TR50.02, Part 9–2000: Fieldbus Standard for Use in Industrial Control Systems: User Layer Technical Report*. Estados Unidos: ISA, 2020b.

ISO - INTERNATIONAL ORGANIZATION FOR STANDARDIZATION. ISO/IEC 7498-1:1994 (rev. 2000): Technology — Open Systems Interconnection — Basic Reference Model: The Basic Model. Suiça: ISO, 1994.

________. *ISO 1219-1:2012: Fluid power systems and components — Graphical symbols and circuit diagrams — Part 1: Graphical symbols for conventional use and data-processing applications*. Suiça: ISO, 2012.

________. *ISO/IEC 18000-6:2013 Information technology — Radio frequency identification for item management — Part 6: Parameters for air interface communications at 860 MHz to 960 MHz*. Suiça: ISO, 2013.

________. *ISO/IEC 18004:2015: Information technology — Automatic identification and data capture techniques — QR Code bar code symbology specification*. Suiça: ISO, 2015.

KAGERMANN, Henning.; WAHLSTER, Wolfgang.; HELBIG, Johannes. *Recommendations for implementing the strategic initiative Industrie 4.0: Final report of the Industrie 4.0 Working Group*. Frankfurt: Acatech, 2013.

LOGIQUE INTELIGÊNCIA DE SISTEMAS. *O que é Gerenciamento de Alarmes? Entenda o que é Gerenciamento de Alarmes e seu impacto nas indústrias*. Blog de Automação Industrial da Logique: 05 mai. 2017. Disponível em: https://www.logiquesistemas.com.br/blog/gerenciamento-de-alarmes/. Acesso em: 09 maio 2022.

MASCHERONI, JOSÉ et al. (coord.). *Guia de Aplicação: inversores de frequência*. 3 ed. Santa Catarina: WEG automação, 2005. Disponível em: http://paginapessoal.utfpr.edu.br/waltersanchez/MATERIAL%20WEG/Guia%20de%20Aplicacao%20e%20Inversores%20de%20Frequencia%20WEG%203%20Edicao.pdf/view. Acesso: 09 maio 2022.

MICROSOFT AZURE. *O que é computação em nuvem?* [Brasil]: Microsoft, c2021. Disponível em: https://azure.microsoft.com/pt-br/overview/what-is-cloud-computing/. Acesso em: 09 maio 2022.

MOTORCONTROL. *Como funciona um variador de velocidade?*. [Porto Alegre]: Motorcontrol, c2021. Disponível em: http://motorcontrol.pt/como-funciona-um-variador-de-velocidade. Acesso: 09 maio 2022.

OGATA, Katsuhiko. *Engenharia de Controle Moderno*. 5ed. Rio de Janeiro: Prentice/Hall, 2010.

PLATTFORM INDUSTRIE 4.0. *Desing principles in industrie 4.0*. Alemanha: Plattform industrie, c2021a, Disponível em: https://www.plattform-i40.de/SiteGlobals/PI40/Forms/Suche/EN/Servicesuche_Formular_Responsive.html?input_=1109550&gtp=1022696_list%253D2&resourceId=1093394&templateQueryString=desing+principles+in+industrie+4.0&pageLocale=en. Acesso em: 15 maio 2022.

________. *O que é a indústria 4.0?*. Plattforma industrie, c2021b, Disponível em: https://www.plattform-i40.de/PI40/Navigation/DE/Home/home.html. Acesso em: 09 maio 2022.

ROCKWELL AUTOMATION. *Essentials of the modern DCS.* USA: Rockwell, 2015. Disponível em: file:///C:/Users/jcami/OneDrive/Área%20de%20Trabalho/LIVRO%20INSTRUMENTAÇÃO%20PARA%20AUTOMAÇÃO%20INDUSTRIAL/material%20capitulo%201.4/SDCD%20ROCKwellproces-sp050_-en-e.pdf. Acesso em: 09 maio 2022.

SEIMBRA AUTOMAÇÃO. *O que é automação industrial?* Vinhedo (SP): Seimbra, c2021. Disponível em: https://www.siembra.com.br/noticias/o-que-e-automacao-industrial/#:~:text=%C2%B7%20Interoperabilidade%3A%20a%20capacidade%20dos%20sistemas,e%20da%20Computa%C3%A7%C3%A3o%20em%20Nuvem. Acesso em: 15 maio. 2022.

TD - TRANSFORMAÇÃO DIGITAL. *O que é transformação digital?*. [Brasil]: TD, [201-]. Disponível em: https://transformacaodigital.com/o-que-e-transformacao-digital/. Acesso em: 09 maio 2022.

Impressão e acabamento
Gráfica da Editora Ciência Moderna Ltda.
Tel: (21) 2201-6662